中国人的人生策略

胡　适　著

中国城市出版社

·北京·

图书在版编目（CIP）数据

中国人的人生策略／胡适著．—北京：中国城市出版社，2012.10

ISBN 978－7－5074－2657－1

Ⅰ.①中…　Ⅱ.①胡…　Ⅲ.①人生哲学—中国—通俗读物　Ⅳ.①B821－49

中国版本图书馆 CIP 数据核字（2012）第 183028 号

责任编辑　吕洪梅
封面设计　红十月设计室
责任技术编辑　张建军
出版发行　中国城市出版社
地　址　北京市西城区广安门南街甲 30 号　（邮编　100053）
网　址　www.citypress.cn
发行部电话　（010）63454857　63289949
发行部传真　（010）63421417　63400635
总编室电话　（010）68171928
总编室信箱　citypress@sina.com
经　销　新华书店
印　刷　北京圣夫亚美印刷有限公司
字　数　354 千字　　印张 21.25
开　本　710×1000（毫米）　1/16
版　次　2013 年 1 月第 1 版
印　次　2013 年 1 月第 1 次印刷
定　价　36.00 元

目录

CONTENTS

我的信仰

1

我父胡传，是一位学者，也是一个意志坚强，有行政才干的人。经过一个时期的古典文史训练后，他对于地理研究，特别是边省的地理，抱有浓厚的兴趣。他怀揣一封介绍书，前往京师；又走了四十二日而达北满吉林，去晋见钦差大臣吴大徵。吴氏作为中国的一个伟大考古学家，现在见知于欧洲的汉学家们。

吴氏延见他，问有什么可以替他为力的。我父说道："没有什么，只求准我随节去解决中俄界务的纠纷，俾我得以研究东北各省的地理。"吴氏对于这个只有秀才底子，且在关外长途跋涉之后，差不多已是身无分文的学者，觉得有味。他带着这个少年去干他那历史上有名的差使，得他做了一个最有价值、最肯做事的帮手。

有一次与我父亲同走的一队人，迷陷在一个广阔的大森林之内，三天找不着出路。到粮食告罄，一切侦察均归失败时，我父亲就提议寻觅溪流。溪流是多半流向森林外面去的。一条溪流找到了手，他们一班人就顺流而行，得达安全的地方。我父亲作了一首长诗纪念这一件事。及四十年后，我在一篇《杜威论思想》的论文里，[①] 以这件事实为例证，虽则我未尝提到他的名字，有好些与我父亲相熟而犹生存着的人，都还认得出这件故事，并写信问我是不是他们故世已久的朋友的一个小儿子。

---

① 《杜威论思想》是胡适的长篇哲学论文《实验主义》的第六部分，收入《胡适文存》卷二。

吴大徵对我父亲虽曾一度向政府荐举他为“有治省才的人”，他在政治上却并未得臻通显，历官江苏、台湾后，遂于台湾因中日战争的结果而割让于日本时，以五十五岁的寿辰逝世。

2

我是我父亲的幼儿，也是我母亲的独子。我父亲娶妻凡三次：前妻死于太平天国之乱，乱军掠遍安徽南部各县，将其化为灰烬。次妻生了三个儿子、四个女儿。长子从小便证明是个难望洗心革面的败子。我父亲丧了次妻后，写信回家，说他一定要讨一个纯良强健的、做庄稼人家的女儿。

我外祖父务农，于年终几个月内且兼业裁缝。他是出身于一个循善的农家，在太平天国之乱中，全家被杀。因他还只是一个小孩子，故被太平军掠做俘虏，带往军中当差。为要防他逃走，他的脸上就刺了“太平天国”四字，终其身都还留着。但是他吃了种种困苦，居然逃了出来，回到家乡，只寻得一片焦土，无一个家人还得活着。他勤苦工作，耕种田地，兼做裁缝，裁缝的手艺，是他在贼营里学来的。他渐渐长成，娶了一房妻子，生下四个儿女，我母亲就是最长的。

我外祖父一生的心愿就是想重建被太平军毁了的家传老屋。他每天早上，太阳未出，便到溪头去拣选三大担石子，分三次挑回废屋的地基。挑完之后，他才去种田或去做裁缝。到了晚上回家时，又去三次，挑了三担石子，才吃晚饭。凡此辛苦恒毅的工作，都给我母亲默默看在眼里，她暗恨身为女儿，毫无一点法子能减轻他父亲的辛苦，促他的梦想实现。

随后来了个媒人，在田里与我外祖父会见，雄辩滔滔的向他替我父亲要他大女儿的庚帖（按：胡适《我的母亲的订婚》一章里面，用的是“八字”二字，英文系 Birth date paper，故译庚帖似较贴切）。我外祖父答应回去和家里商量。但是到他在晚上把所提的话对他的妻子说了，她就大生气。她说：“不行！把我女儿嫁给一个大她三十岁的人，你真想得起？况且他的儿女也有年纪比我们女儿还大的！还有一层，人家自然要说我们嫁女儿给一个老官，是为了钱财体面而把她牺牲的。”于是这一对老夫妻吵了一场。后来做父亲的说：“我们问问女儿自己。说来说去，这到底是她自己的事。”

到这个问题对我母亲提了出来，她不肯开口。中国女子遇到同类的情形常是这样的。但她心里却在深思沉想。嫁与中年丧偶、兼有成年儿女的人做填房，送给女家的聘金财礼比一般婚媾却要重得多。这点于她父亲盖房子的计划将大有帮助。况且她以前又是见过我父亲的，知道他为全县人所敬重。她爱慕他，愿意嫁他，为的半是英雄崇拜的意识，但大半却是想望帮助劳苦的父亲的孝思。所以到她给父母逼着答话，她就坚决地说："只要你们俩都说他是好人，请你们俩做主。男人家四十七岁也不能算是老。"我外祖父听了，叹了一口气，我外祖母可气的跳起来，愤愤地说："好呵！你想做官太太了！好罢，听你情愿罢！"

3

我母亲于1889年结婚，时年十七，我则生在1891年12月。我父殁于1895年，留下我母亲二十三岁做了寡妇。我父弃世，我母便做了一个有许多成年儿女的大家庭的家长。中国做后母的地位是十分困难的，她的生活自此时起，自是一个长时间的含辛茹苦。

我母最大的禀赋就是容忍。中国史书记载唐朝有个皇帝垂询张公仪那位家长，问他家以什么道理能九世同居而不分离拆散。那位老人家因过于衰迈，难以口述，请准用笔写出回答。他就写了一百个"忍"字。中国道德家时常举出"百忍"的故事为家庭生活最好的例子，但他们似乎没有一个曾觉察到许多苦恼、倾轧、压迫和不平，使容忍成了一种必不可少的事情。

那班接脚媳妇凶恶不善的感情，利如锋刃的话语，含有敌意的嘴脸，我母亲事事都耐心容忍。她有时忍到不可再忍，这才早上不起床，柔声大哭，哭她早丧丈夫。她从不开罪她的媳妇，也不提开罪的那件事。但是这些眼泪，每次都有神秘莫测的效果。我总听得有一位嫂嫂的房门开了，和一个妇人的脚步声向厨房走去。不多一会，她转来敲我们房门了。她走进来捧着一碗热茶，送给我的母亲，劝她止哭。母亲接了茶碗，受了她不出声的认错。然后家里又太平清静得个把月。

我母亲虽则并不知书识字，却把她的全副希望放在我的教育上。我是一个早慧的小孩，不满三岁时，就已认了八百多字，都是我父亲每天用红笺方块教我的。我才满三岁零点，便在学堂里念书。我当时是个多病的小孩，没有搀扶，不能跨一个六英寸高的门槛。但我比学堂里所有别的学生都能读能记些。我从不跟着村中孩子们一块儿玩。更因我缺少游戏，我五岁时就得了“先生”的绰号。十五年后，我在康奈耳大学读二年级时，也同是为了这个弱点，而被了 Doc（即 Doctor 缩读，音与 dog 同，故用作谐称。译者）的诨名。

每天天还未亮时，我母亲便把我喊醒，叫我在床上坐起。她然后把对我父亲所知的一切告诉我。她说她望我踏上他的脚步，她一生只晓得他是最善良最伟大的人。据她说，他是一个多么受人敬重的人，以致在他间或休假回家的时期中，附近烟窟赌馆都概行停业。她对我说我唯有行为好，学业科考成功，才能使他们两老增光；又说她所受的种种苦楚，得以由我勤敏读书来酬偿。我往往眼睛半睁半闭的听。但她除遇有女客与我们同住在一个房间的时候外，罕有不施这番晨训的。

到天大明时，她才把我的衣服穿好，催我去上学。我年稍长，我总是第一个先到学堂，并且差不多每天早晨都是去敲先生的门要钥匙去开学堂的门。钥匙从门缝里递了出来，我隔一会就坐在我的座位上朗念生书了。学堂里到薄暮才放学，届时每个学生都向朱印石刻的孔夫子大像和先生鞠躬回家。每日上课的时间平均是十二小时。

我母亲一面不许我有任何种的儿童游戏，一面对于我建一座孔圣庙的孩子气的企图，却给我种种鼓励。我是从我同父异母的姊姊的长子，大我五岁的一个小孩那里学来的。他拿各种华丽的色纸扎了一座孔庙，使我心里羡慕。我用一个大纸匣子作为正殿，背后开了一个方洞，用一只小匣子糊上去，做了摆孔子牌位的内堂。外殿我供了孔子的各大贤徒，并贴了些小小的匾对，书着颂扬这位大圣人的字句，其中半系录自我外甥的庙里，半系自书中抄来。在这座玩具的庙前，频频有香炷燃着。我母亲对于我这番有孩子气的虔敬也觉得欢喜，暗信孔子的神灵一定有报应，使我成为一个有名的学者，并在科考中成为一个及第的士子。

我父亲是一个经学家，也是一个严守朱熹（1130—1200）的新儒教理学的人。他对于释道两教强烈反对。我还记得见我叔父家（那是我的开蒙学堂）的门上有一张日光晒淡了的字条，写着“僧道无缘”几个字。我后来才得知道这是我父亲所遗理学家规例的一部。但是我父亲业已去世，我那彬彬儒雅的叔父，又到皖北去做了一员小吏，而我的几位哥子则都在上海。剩在家里的妇女们，对于我父亲的理学遗规，没有什么拘束了。她们遵守敬奉祖宗的常礼，并随风俗时会所趋，而自由礼神拜佛。观音菩萨是她们所最爱的神，我母亲为了是出于焦虑我的健康福祉的念头，也做了观音的虔诚信士。我记得有一次她到山上观音阁里去进香，她虽缠足，——缠足是苦了一生的，——在整段的山路上，还是步行来回。

我在村塾（村中共有七所）里读书，读了九年（1895—1904）。在此期间，我读习并记诵了下列几部书：

1. 《孝经》：孔子后的一部经籍，作者不明。

2. 《小学》：一部论新儒教道德学说的书，普通谓系宋哲朱熹所作。

3. 《四书》：《论语》、《孟子》、《大学》、《中庸》。

4. 《五经》中的四经：《诗经》、《尚书》、《易经》、《礼记》。

我母亲对于家用向来是节省的，而付我先生的学金，却坚要比平常要多三倍。平常学金两块银元一年，她首先便送六块钱，后又逐渐增加到十二元。由增加学金这一点小事情，我得到千百倍于上述数目比率所未能给的利益。因为那两元的学生，单单是高声朗读，用心记诵，先生从不劳神去对他讲解所记的字。独我为了有额外学金的缘故，得享受把功课中每字每句解给我听，就是将死板文字译作白话这项难得的权利。

我年还不满八岁，就能自己念书。由我二哥的提议，先生使我读《资治通鉴》。这部书，实在是大历史学家司马光于1084年所辑编年式的中国通史。这番读史，使我发生很大的兴趣，我不久就从事把各朝代各帝王各年号编成有韵的歌诀，以资记忆。

随后有一天，我在叔父家里的废纸箱中，偶然看见一本《水浒传》的残本，便站在箱边把它看完了。我跑遍全村，不久居然得着全部。从此以后，我像老饕一般读尽了本村邻村所知的小说。这些小说都是用白话或口语写的，既易了解，又有引人入胜的趣味。它们教我人生，好的也教，坏的也教，又给了我一件文艺的工具，若干年后，使我能在中国开始众所称为"文艺复兴"的运动。

其时，我的宗教生活经过一个特异的激变。我系生长在拜偶像的环境，习于诸神凶恶丑怪的面孔，和天堂地狱的民间传说。我十一岁时，一日，温习朱子的《小学》，这部书是我能背诵而不甚了解的。我念到这位理学家引司马光那位史家攻击天堂地狱的通俗信仰的话。这段话说："形既朽灭，神亦飘散，虽有剉烧舂磨，亦无所施。"这话好像说得很有道理，我对于死后审判的观念，就开始怀疑起来。

往后不久，我读司马光的《资治通鉴》，读到第一百三十六卷中有一段，使我成了一个无神论者。所说起的这一段，述记公元五世纪一位名叫范缜的哲学家，与朝众竞辩“神灭论”。朝廷当时是提倡大乘佛法的。范缜的见解，由司马光摄述为这几句话：“形者神之质，神者形之用也。神之于形，犹利之于刀。未闻刀没而利存，岂容形亡而神在哉？”

这比司马光的形灭神散的见解——一种仍认有精神的理论——还更透彻有理。范缜根本否认精神为一种实体，谓其仅系神之用。这一番化繁为简合着我儿童的心胸。读到“朝野喧哗，难之，终不能屈”，更使我心悦。

同在那一段内，又引据范缜反对因果轮回说的事。他与竟陵王谈论，王对他说：“君不信因果，何得有富贵贫贱？”范缜答道：“人生如树花同发，随风而散；或拂帘幌，坠茵席之上；或关篱墙，落粪溷之中。堕茵席者，殿下是也；落粪溷者，下官是也。贵贱虽复殊途，因果竟在何处？”

因果之说，由印度传来，在中国人思想生活上已成了主要部分的少数最有力的观念之一。中国古代道德家，常以善有善报、恶有恶报为训。但在现实生活上并不真确。佛教的因果优于中国果报观念的地方，就是可以躲过这个问题，将其归之于前世来世不断的轮回。

但是范缜的比喻，引起了我幼稚的幻想，使我摆脱了噩梦似的因果绝对论。这是以偶然论来对定命论。而我以十一岁的儿童就取了偶然论而叛离了运命。我在那个儿童时代是没有牵强附会的推理的，仅仅是脾性的迎拒罢了。我是我父亲的儿子，司马光和范缜又得了我的心。仅此而已。

4

但是这一种心境的激变，在我早年不无可笑的结果。1903 年的新年里，我到我住在二十四里外的大姊家去拜年。在她家住了几天，我和她的儿子回家，他是来给我母亲拜年。他家的一个长工替他挑着新年礼物。我们回到路上，经过一个亭子，供着几个奇形怪状的神像。我停下来对我外甥说：“这里没有人看见，我们来把这几个菩萨抛到污泥坑里去罢。”我这带孩子气的毁坏神像主张，把我的同伴大大地吓住了。他们劝我走路，莫去惹那些本来已经濒于危境的神道。

这一天正是元宵灯节。我们到了家中，家里有许多客人，我的肚子已经饿了，开饭的时候，我外甥又劝我喝了一杯烧酒。酒在我的肚子里，便作怪起来。我不久便在院子里跑，喊月亮下来看灯。我母亲不悦，叫人来捉我。我在他们前头跑，酒力因我跑路，作用更起得快。我终被捉住，但还努力想挣脱。我母亲抱住我，不久便有许多人朝我们围拢来。

我心里害怕，便胡言乱道起来。于是我外甥家的长工走到我母亲身边，低低地说："外婆，我相信他定是精神错乱了。恐怕是神道怪了他。今天下午我们路过三门亭，他提议要把几尊菩萨抛到污泥坑里去。一定是这番话弄出来的事。"我窃听了长工的话，忽然想出一条妙计。我喊叫得更凶，好像我就真是三门亭的一个神一样。我母亲于是便当空焚香祷告，说我年幼无知无咎，许下如果蒙神恕我小孩子的罪过，定到亭上去烧香还愿。

这时候，得报说龙灯来了，在我们屋里的人，都急忙跑去看，只剩下我和母亲两个人。一会儿我就睡着了。母亲许的愿，显然是灵应了。一个月后，我母亲和我上外婆家去，她叫我恭恭敬敬地在三门亭还我们许下的愿。

5

我年甫十三，即离家上路七日，以求"新教育"于上海。自这次别离后，我于十四年之中，只省候过我母亲三次，一总同她住了大约七个月。出自她对我伟大的爱忱，她送我出门，分明没有洒过一滴眼泪就让我在这广大的世界中，独自求我自己的教育和发展，所带着的，只是一个母亲的爱，一个读书的习惯，和一点点怀疑的倾向。

我在上海过了六年（1904—1910），在美国过了七年（1910—1917）。在我停留在上海的时期内，我经历过三个学校（无一个是教会学校），一个都没有毕业。我读了当时所谓的"新教育"的基本东西，以历史、地理、英文、数学，和一点零碎的自然科学为主。从已故林纾氏及其他诸人的意译文字中，我初次认识一大批英国和欧洲的小说家，司各特（Scott）、狄更斯（Dickens）、大小仲马（Dumas père and fils）、雨果（Hugo），以及托尔斯泰（Tolstoy）等氏的都在内。我读了中国上古、中古几位非儒教和新儒教哲学家的著作，并喜欢墨翟的兼爱说与老子、庄子有自然色彩的哲学。

从当代力量最大的学者梁启超氏的通俗文字中，我渐得略知霍布斯（Hobbes）、笛卡儿（Descartes）、卢梭（Rousseau）、边沁（Bentham）、康德（Kant）、达尔文（Darwin）等诸泰西思想家。梁氏是一个崇拜近代西方文明的人，连续发表了一系列文字，坦然承认中国人以一个民族而言，对于欧洲人所具的许多良好特性，感受缺乏；显著的是注重公共道德，国家思想，爱冒险，私人权利观念与热心防其被侵，爱自由，自治能力，结合的本事与组织的努力，注意身体的培养与健康等。就是这几篇文字猛力把我以我们古旧文明为自足，除战争的武器，商业转运的工具外，没有什么要向西方求学的这种安乐梦中，震醒出来。它们开了给我，也就好像开了给几千几百别的人一样，对于世界整个的新眼界。

我又读过严复所译穆勒（John Stuart Mill）的《自由论》（*On Liberty*）和赫胥黎（Huxley）的《天演论》（*Evolution and Ethic*）。严氏所译赫胥黎的论著，于1898年就出版，并立即得到知识阶级的接受。有钱的人拿钱出来翻印新版以广流传（当时并没有版权），因为有人以达尔文的言论，尤其是它在社会上与政治上的运用，对于一个感受惰性与濡滞日久的民族，乃是一个合宜的刺激。

数年之间，许多的进化名词在当时报章杂志的文字上，就成了口头禅。无数的人，都采来做自己的和儿辈的名号，由是提醒他们国家与个人在生存竞争中消灭的祸害。向尝一度闻名的陈炯明以“竞存”为号。我有两个同学名杨天择和孙竞存。

就是我自己的名字，对于中国以进化论为时尚，也是一个证据。我请我二哥替我起个学名的那天早晨，我还记得清楚。他只想了一刻，他就说，“‘适者生存’中的‘适’字怎么样？”我表同意；先用来做笔名，最后于1910年就用作我的名字。

6

我对于达尔文与斯宾塞两氏进化假说的一些知识，很容易的与几个中国古代思想家的自然学说联了起来。例如在道家伪书《列子》所述的下面这个故事中，发现两千年前有一个一样年轻，同抱一样信仰的人，使我的童心欢悦：

齐田氏祖于庭，食客千人。中坐有献鱼雁者，田氏视之，乃叹曰："天之于民厚矣！殖五谷，生鱼鸟以为之用。"众客和之如响。鲍氏之子，年十二，预于次，进曰："不如君言。天地万物，与我并生，类也。类无贵贱，徒以大小智力而相制，迭相食，非相为而生之。人取食者而食之，岂天本为人而生之？且蚊蚋噆肤，虎狼食肉，岂天本为蚊蚋生人，虎狼生肉者哉？"①

1906年，我在中国公学同学中，有几位办了一个定期刊物，名《竞业旬报》，——达尔文学说通行的又一例子——其主旨在以新思想灌输于未受教育的民众，系以白话刊行。我被邀在创刊号撰稿。一年之后，我独自做编辑。我编辑这个杂志的工作不但帮助我启发运用现行口语为一种文艺工具的才能，且以明白的话语及合理的次序，想出自我幼年就已具了形式的观念和思想。在我为这个杂志所著的许多论文内，我猛力攻击人民的迷信，且坦然主张毁弃神道，兼持无神论。

1908年，我家因营业失败，经济大感困难。我于十七岁上，就必须供给我自己读书，兼供养家中的母亲。我有一年多停学，教授初等英文，每日授课五小时，月得修金八十元。1910年，我教了几个月的国文。

那几年（1909—1910）是中国历史上的黑暗时代，也是我个人历史上的黑暗时代。革命在好几省内爆发，每次都归失败。中国公学原是革命活动的中心，我在那里的旧同学参加此等密谋的实繁有徒，丧失生命的为数也不少。这班政治犯有好些来到上海与我住在一起，我们都是意气消沉，厌世悲观的。我们喝酒，作悲观的诗词，日夜谈论，且往往作没有输赢的赌博。我们甚至还请了一个老伶工来教我们唱戏。有一天早上，我作了一首诗，中有这一句："霜浓欺日淡！"②（"How proudly does the wintry frost scorn the powerless rays of the sun."）

意气消沉与执劳任役驱使我们走入了种种的流浪放荡。有一个雨夜，我

① 此段话引自《列子·说符》。

② 此句见胡适《藏晖室日记》己酉第五册十二月三十日所记《岁暮杂感》一律；《胡适留学日记》第一册1914年1月29日《乐观主义》条亦有"日淡霜浓可奈何"之句。

喝酒喝得醺醺大醉，在街上与巡捕角斗，把我自己弄进监里去关了一夜。到我次晨回寓，在镜中看出我脸上的血痕，就记起李白饮酒歌中的这一句："天生我材必有用。"（Some use might yet be made of this material born in me.）我决心脱离教书和我的这班朋友。下了一个月的苦工夫，我就前往北京投考用美国退还庚子赔款所设的学额。我考试及格，即于七月间放洋赴美。

7

我到美国，满怀悲观。但不久便交结了些朋友，对于那个国家和人民都很喜爱。美国人出自天真的乐观与朝气给了我很好的印象。在这个地方，似乎无一事一物不能由人类智力做得成的。我不能避免这种对于人生持有喜气的眼光的传染，数年之间，就渐渐治疗了我少年老成的态度。

我第一次去看足球比赛时，我坐在那里以哲学的态度看球赛时的粗暴及狂叫欢呼为乐。而这种狂叫欢呼在我看来，似乎是很不够大学生的尊严的。但是到竞争愈渐激烈，我也就开始领悟这种热心。随后我偶然回头望见白了头发的植物学教授劳理先生（Mr. W. W. Rowlee）诚心诚意地在欢呼狂叫，我觉得如是的自惭，以致我不久也就热心的陪着众人欢呼了。

就是在民国初年最黑暗的时期内，我还是想法子打起我的精神。在致一个华友的信里面，我说道："除了你我自己灰心失意，以为无希望外，没有事情是无希望的。"在我的日记上，我记下些引录的句子，如引克洛浦（Clough）的这一句："如果希望是麻醉物，恐惧就是作伪者。"又如我自己译自勃朗宁的这一节诗：①

从不转背而挺身向前，
从不怀疑云要破裂，
虽合理的弄糟，违理的战胜，
而从不作迷梦的，
相信我们沉而再升，败而再战，
睡而再醒。

---

① 见《胡适留学日记》第一册，1914 年 1 月 29 日《乐观主义》。

1914年1月，我写这一句在我的日记上："我相信我自离开中国后，所学得的最大的事情，就是这种乐观的人生哲学了。"1915年，我以关于勃朗宁最优的论文得受柯生奖金（Hiram Corson Prize）。我论文的题目是《勃朗宁乐观主义辨》（In Defense of Browning's Optimism）。我想来大半是我渐次改变了的人生观使我于替他辩护时，以一种诚信的意识来发言。

我系以在康奈耳大学做纽约农科学院的学生开始我的大学生涯。我的选择是根据了当时中国盛行的，谓中国学生须学点有用的技艺，文学、哲学是没有什么实用的这个信念。但是也有一个经济的动机。农科学院当时不收学费，我心想或许还能够把每月的月费省下一部来汇给我的母亲。

农场上的经验我一点都不曾有过，并且我的心也不在农业上。一年级的英国文学及德文课程，较之农场实习和养果学，反使我感觉兴趣。踌躇观望了一年又半，以立即缴纳四个学期的学费为处罚，以受了八个月困扰为代价，我最后转入文理学院。但是我对于我的新学科觉得更为自然，从不懊悔这番改变。

有一科"欧洲哲学史"——归故克莱顿教授（Professer J. E. Creighton）那位恩师主持，——领导我以哲学做了主科。我对于英国文学与政治学也深有兴趣。康奈耳的哲学院（The Sage School of Philosophy）是唯心论的重镇。在其领导之下，我读了古代近代古典派哲学家比较重要的著作。我也读过晚近唯心论者如布拉特莱（Bradley）、鲍森揆（Bosanquet）等的作品，但是他们提出的问题从未引起我的兴趣。

1915年，我往哥伦比亚大学（Columbia University），就学于杜威教授（Professor John Dewey），直至1917年我回国之时为止。得着杜威的鼓励，我著成我的论文《先秦名学史》这篇论文，使我把中国古代哲学著作重读一过，并立下我对于中国思想史的一切研究的基础。

8

我留美的七年间，我有许多课外的活动，影响我的生命和思想，说不定也与我的大学课业一样。当意气颓唐的时候，我对于基督教大感兴趣，且差不多把《圣经》读完。1911年夏，我出席于在宾雪凡尼亚（Pennsylvania）普柯诺派恩司（Pocono Pines）举行的中国基督教学生会的大会做来宾时，我几乎打定主意做了基督徒。

但是我渐渐地与基督教脱离，虽则我对于其发达的历史曾多有习读，因为有好久时光我是一个信仰无抵抗主义的信徒。耶稣降生前五百年，中国哲学家老子曾传授过上善若水，水善应万物而不争。我早年接收老子的这个教训，使我大大的爱着《登山宝训》。

1914 年，世界大战爆发，我深为比利时的命运所动，而成了一个确定的无抵抗者。我在康奈耳大同俱乐部（Cornell Cosmopoli-tan Club）住了三年，结交了许多各种国籍的热心朋友。受着像那士密氏（George Nasmyth）和麦慈（John Mez）那样唯心的平和论者的影响，我自己也成了一个热心的平和论者。大学废军联盟因维腊特（Oswald Garrison Villard）的提议而成立于 1915 年，我是其创办人之一。

到后来，各国际政治俱乐部（International Polity Clubs）成立，我在那士密氏和安格尔（Norman Angell）的领导之下，做了一个最活动的会员，且曾参加过其起首两届的年会。1916 年，我以我的论文《国际关系中有代替武力的吗?》（Is There a Substitute for Force in International Relations?）得受国际政治俱乐部的奖金。在这篇论文里面，我阐明依据以法律为有组织的武力建立一个国际联盟的哲理。

我的和平主义与国际大同主义往往使我陷入十分麻烦的地位。日本由攻击德国在山东的领土以加入世界大战时，向世界宣布说，这些领土“终将归还中国”。我是留美华人中唯一相信这个宣言的人，并以文字辩驳说，日本于其所言，说不定是意在必行的。关于这一层，我为许多同辈的学生所嘲笑。及 1915 年日本提出有名的对华二十一条件，留美学生，人人都赞成立即与日本开战。我写了一封公开的信给《中国留美学生月报》，劝告处之以温和，持之以冷静。我为这封信受了各方面的严厉攻击，且屡被斥为卖国贼。战争是因中国接受一部要求而得避免了，但德国在华领土则直至七年之后才交还中国。

我读易卜生（Ibsen）、莫黎（John Morley）和赫胥黎诸氏的著作，教我思考诚实与发言诚实的重要。我读过易卜生所有的戏剧，特别爱着《人民之敌》（An Enemy of the People）、莫黎的《论妥协》（On Compromise），先由我的好友威廉思女士（Miss Edith Clifford Williams）介绍给我，她是一直做了左右我生命最重要的精神力量。莫黎曾教我：“一种主义，如果健全的话，是代表一种较大的便宜的。为了一时似是而非的便宜而将其放弃，乃是为小善而牺牲大善。疲弊时代，剥夺高贵的行为和向上的品格，再没有什么有这样拿得定的了。”

赫胥黎还更进一步教授一种理知诚实的方法。他单单是说：“拿也如同可以证明我相信别的东西为合理的那种种证据来，那么我就相信人的不朽了。向我说类比和或能是无用的。我说我相信倒转平方律时，我是知道我意何所指的，我必不把我的生命和希望放在较弱的信证上。”赫胥黎也曾说过，“一个人生命中最神圣的举动，就是说出并感觉得我相信某项某项是真的。生在世上一切最大的赏，一切最重要的罚，都是系在这个举动上”。

人生最神圣的责任是努力思想得好（to think well），我就是从杜威教授学来的。或思想得不精，或思想而不严格的到它的前因后果，接受现成的整块的概念以为思想的前提，而于不知不觉间受其个人的影响，或多把个人的观念由造成结果而加以测验，在理知上都是没有责任心的。真理的一切最大的发现，历史上一切最大的灾祸，都有赖于此。

杜威给了我们一种思想的哲学，以思想为一种艺术，为一种技术。在《思维术》（How To Think）和《实验逻辑论文集》（Essays in Experimental Logic）里面，他制出这项技术。我查出不但于实验科学上的发明为然，即于历史科学上最佳的探讨，内容的详定，文字的改造，及高等的批评等也是如此。在这种种境域内，曾由同是这个技术而得到最佳的结果。这个技术主体上是具有大胆提出假设，加上诚恳留意于制裁与证实。这个实验的思想技术，堪当创造的智力（creative intelligence）这个名称，因其在运用想象机智以寻求证据，做成实验上，和在自思想有成就的结实所发出满意的结果上，实实在在是有创造性的。

奇怪之极，这种功利主义的逻辑竟使我变成了一个做历史探讨工作的人。我曾用进化的方法去思想，而这种有进化性的思想习惯，就做了我此后在思想史及文学工作上的成功之钥。尤更奇怪的，这个历史的思想方法并没有使我成为一个守旧的人，而时常是进步的人。例如，我在中国对于文学革命的辩论，全是根据无可否认的历史进化的事实，且一向都非我的对方所能答复得来的。

9

我母亲于1918年逝世。她的逝世，就是引导我把我在这广大世界中摸索了十四年多些的信条第一次列成条文的时机。这个信条系于1919年发表在以《不朽》（Immortality，My Re-ligion）为题的一篇文章里面。

因有我在幼童时期读书得来的学识，我早久就已摒弃了个人死后生存的观念了。好多年来，我都是以一种“三不朽”的古说为满意，这种古说我是在《春秋左氏传》里面找出来的。传记里载贤臣叔孙豹于纪元前五四八年（时孔子还只有三岁。译者按，即鲁襄公二十四年）谓有立德、立功、立言三不朽。此三者“虽久不忘，此之谓不朽”。这种学说引动我心有如是之甚，以致我每每向我的外国朋友谈起，并给了它一个名字，叫做“三W的不朽主义”（三W即Worth，Work，Words三字的头一个字母）。

我母亲的逝世使我重新想到这个问题。我就开始觉得三不朽的学说有修正的必要。第一层，其弱点在太过概括一切。在这个世界上，有多少人其在德行功绩言语上的成就，其哲理上的智慧能久久不忘的呢？例如哥伦布是可以不朽的了，但是他那些别的水手怎样呢？那些替他造船或供给他用具的人，那许多或由作有勇敢的思考，或由在海洋中作有成无成的探险，替他铺下道路的前导又怎样呢？简括的说，一个人应有多大的成就，才可以得不朽呢？

次一层，这个学说对于人类的行为没有消极的裁制。美德固是不朽的了，但是恶德又怎样呢？我们还要再去借重审判日或地狱之火吗？

我母亲的活动从未超出家庭间琐屑细事之外，但是她的左右力，能清清楚楚的从来吊祭她的男男女女的脸上看得出来。我检阅我已死的母亲的生平，我追忆我父亲个人对她毕生左右的力量，及其对我本身垂久的影响，我遂诚信一切事物都是不朽的。我们所做的一切什么人，我们所干的一切什么事，我们所讲的一切什么话，从在世界上某个地方自有其影响这个意义看来，都是不朽的。这个影响又将依次在别个地方有其效果，而此事又将继续入于无限的空间与时间。

正如莱布尼茨（Leibnitz）有一次所说，“人人都感觉到在宇宙中所经历的一切，以使那目睹一切的人，可以从经历其他各处的事物，甚至曾经并将识别现在的事物中，解释出在时间与空间上已被移动的事物。我们是看不见一切的，但一切事物都在那里，达到无穷境无穷期”。一个人就是他所吃的东西，所以达柯塔的务农者，加利芳尼亚的种果者，以及千百万别的粮食供给者的工作，都是生活在他的身上。一个人就是他所想的东西，所以凡曾于他有所左右的人——自苏格拉底（Socrates）、柏拉图（Plato）、孔子以至于他本区教会的牧师和抚育保姆——都是生活在他的身上。一个人也就是他所享乐的东西，所以无数美术家和以技取悦的人，无论现尚生存或久已物故，有名无名，崇高粗俗，都是生活在他的身上。诸如此类，以至于无穷。

一千四百年前，有一个人写了一篇论“神灭”的文章，被认为亵渎神圣，有如是之甚，以致其君皇敕七十个大儒来相驳难，竟给其驳倒。但是五百年后，有一位史家把这篇文章在他的伟大的史籍中记了一个撮要。又过了九百年，然后有一个十一岁的小孩偶然碰到这个三十五个字的简单撮要，而这三十五个字，于埋没了一千四百年之后，突然活了起来而生活于他的身上，更由他而生活于千百个男男女女的身上。

1912 年，我的母校来了一位英国讲师，发表一篇演说：《论中国建立共和的不可能》。他的演讲当时我觉得很为不通，但是我以他对于母音 O 的特异的发音方法为有趣，我就坐在那里摹拟以自娱。他的演说久已忘记了，但是他对于母音 O 的发音方法，这些年来却总与我不离，说不定现在还在我的几千百个学生的口上，而从没有觉察到是由于我对于布兰特先生（Mr. J. C. P. Bland）的恶作剧的模仿，而布兰特先生也是从不知道的。

两千五百年前，喜马拉雅山的一个山峡里死了一个乞丐。他的尸体在路旁已在就腐了，来了一个少年王子，看见这个怕人的景象，就从事思考起来。他想到人生及其他一切事物的无常，遂决心脱离家庭，前往旷野中去想出一个自救以救人类的方法。多年后，他从旷野里出来，做了释迦佛，而向世界宣布他所找出的拯救的方法。这样，甚至一个死丐尸体的腐溃，对于创立世界上一个最大的宗教，也曾不知不觉的贡献了其一部分。

这一个推想的线索引导我信了可以称为社会不朽（Social lmmortality）的宗教，因为这个推想在大体上全系根据于社会对我的影响，日积月累而成小我，小我对于其本身是些什么，对于可以称社会、人类或大自在的那个大我有些什么施为，都留有一个抹不去的痕迹这番意思。小我是会要死的，但是他还是继续存活在这个大我身上。这个大我乃是不朽的，他的一切善恶功罪，他的一切言行思想，无论是显著的或细微的，对的或不对的，有好处或有坏处——样样都是生存在其对于大我所产生的影响上。这个大我永远生存，做了无数小我胜利或失败的垂久宏大的佐证。

这个社会不朽的概念之所以比中国古代三不朽学说更为满意，就在于包括英雄圣贤，也包括贱者微者，包括美德，也包括恶德，包括功绩，也包括罪孽。就是这项承认善的不朽，也承认恶的不朽，才构成这种学说道德上的许可。一具死尸的腐烂可以创立一个宗教，但也可以为患全个大陆。一个酒店侍女偶发一个议论，可以使一个波斯僧侣豁然大悟，但是一个错误的政治或社会改造议论，却可以引起几百年的杀人流血。发现一个极微的杆菌，可以福利几千百万人，但是一个害痨的人吐出的一小点痰涎，也可以害死大批的人，害死几世几代。

人所做的恶事，的确是在他们身后还存在的！就是明白承认行为的结果才构成我们道德责任的意识。小我对于较大的社会的我负有巨大的债项，把他干的什么事情，作的什么思想，做的什么人物，概行对之负起责任，乃是他的职分。人类之为现在的人类，固是由我们祖先的智行愚行所造而成，但是到我们做完了我们分内时，我们又将由人类将成为怎么样而受裁判了。我们要说，“我们之后是大灾大厄”吗？抑或要说，“我们之后是幸福无疆”吗？

10

1923年，我又得了一个时机把我们信条列成更普通的条文。地质学家丁文江氏所著，在我所主编的一个周报上发表，论《科学与人生观》的一篇文章，开始了一场差不多延迟了一个足年的长期论战。在中国凡有点地位的思想家，全都曾参与其事。到1923年终，由某个善经营的出版家把这论战的文章收集起来，字数竟达二十五万。我被请为这个集子作序。我的序言给这本已卷帙繁重的文集又加了一万字，而以我所拟议的“新宇宙观和新人生观的轮廓”为结论，不过有些含有敌意的基督教会，却以恶作剧的口吻，称其为“胡适的新十诫”，我现在为其自有其价值而选译出来：

(1) 根据于天文学和物理学的知识，叫人知道空间的无限之大。

(2) 根据于地质学及古生物学的知识，叫人知道时间的无穷之长。

(3) 根据于一切科学，叫人知道宇宙及其中万物的运行变迁皆是自然的，——自己如此的，——正用不着什么超自然的主宰或造物者。

(4) 根据于生物学的科学知识，叫人知道生物界的生存竞争的浪费与残酷，——因此叫人更可以明白那“有好生之德”的主宰的假设是不能成立的。

(5) 根据于生物学、生理学、心理学的知识，叫人知道人不过是动物的一种；他和别种动物只有程序的差异，并无种类的区别。

(6) 根据于生物的科学及人类学、人种学、社会学的知识，叫人知道生物及人类社会演进的历史和演进的原因。

(7) 根据于生物的及心理的科学，叫人知道一切心理的现象都是有因的。

(8) 根据于生物学及社会学的知识，叫人知道道德礼教是变迁的，而变迁的原因都是可以用科学的方法寻求出来的。

(9) 根据于新的物理化学的知识，叫人知道物质不是死的，是活的；不是静的，是动的。

(10) 根据于生物学及社会学的知识，叫人知道个人——“小我”——是要死灭的，而人类——“大我”——不是死的，不朽的；叫人知道“为全种万世而生活”就是宗教，就是最高的宗教。而那些替个人谋死后的“天堂”“净土”的宗教，乃是自私自利的宗教。

我结论道：这种新人生观是建筑在二三百年的科学常识之上的一个大假设，我们也许可以给它加上“科学的人生观”的尊号。但为避免无谓的争论起见，我主张叫它做“自然主义的人生观”。

我们在那个自然主义的宇宙里，在那无穷之大的空间里，在那无穷之长的时间里，这个平均高五尺六寸，上寿不过百年的两手动物——人——真是一个藐乎其小的微生物了。在那个自然主义的宇宙里，天行是有常度的，物变是有自然法则的，因果的大法支配着他——人——的一切生活，生存竞争的惨剧鞭策着他的一切行为，——这个两手动物的自由真是很有限的了。

然而那个自然主义的宇宙里的这个渺小的两手动物，却也有他的相当的地位和相当的价值。他用的两手和一个大脑，居然能作出许多器具，想出许多方法，造成一点文化。他不但驯服了许多禽兽，他还能考究宇宙间的自然法则，利用这些法则来驾驭天行，到现在他居然能叫电气给他赶车，以太给他送信了。

他的智慧的长进就是他的能力的增加。然而智慧的长进却又使他的胸襟扩大，想象力提高。他也曾拜物拜畜生，也曾怕神怕鬼，但他现在渐渐地脱离了这种种幼稚的时期，他现在渐渐明白：空间之大只增加他对于宇宙的美感；时间之长只使他格外明了祖宗创业之艰难；天行之有常只增加他制裁自然界的能力。

甚至于因果律之笼罩一切，也并不见得束缚他的自由。因为因果律的作用，一方面使他可以由因求果，由果推因，解释过去，预测未来；一方面又使他可以运用他的智慧，创造新因，以求新果。甚至于生存竞争的观念也并不见得就使他成为一个冷酷无情的畜生，也许还可以格外增加他对于同类的同情心，格外使他深信互助的重要，格外使他注重人为的努力，以减免天然竞争的残酷与浪费。总而言之，这个自然主义的人生观里，未尝没有美，未尝没有诗意，未尝没有道德的责任，未尝没有充分运用创造的智慧的机会。

问题与主义

一 多研究些问题，少谈些“主义”!

本报（《每周评论》）第二十八号里，我曾说过:

> 现在舆论界大危险，就是偏向纸上的学说，不去实地考察中国今日的社会需要究竟是什么东西。那些提倡尊孔祀天的人，固然是不懂得现时社会的需要。那些迷信军国主义或无政府主义的人，就可算是懂得现时社会的需要么?
>
> 要知道舆论家的第一天职，就是细心考察社会的实在情形。一切学理，一切‘主义’，都是这种考察的工具。有了学理作参考材料，便可使我们容易懂得所考察的情形，容易明白某种情形有什么意义，应该用什么救济的方法。

我这种议论，有许多人一定不愿意听。但是前几天北京《公言报》、《新民国报》、《新民报》（皆安福部的报），和日本文的《新支那报》，都极力恭维安福部首领王揖唐主张民生主义的演说，并且恭维安福部设立“民生主义的研究会”的办法。有许多人自然嘲笑这种假充时髦的行为。但是我看了这种消息，发生一种感想。这种感想是：“安福部也来高谈民生主义了，这不够给我们这班新舆论家一个教训吗?”什么教训呢?这可分三层说:

第一，空谈好听的“主义”，是极容易的事，是阿猫阿狗都能做的事，是鹦鹉和留声机器都能做的事。

第二，空谈外来进口的“主义”，是没有什么用处的。一切主义都是某时某地的有心人，对于那时那地的社会需要的救济方法。我们不去实地研究我们现在的社会需要，单会高谈某某主义，好比医生单记得许多汤头歌诀，不去研究病人的症候，如何能有用呢？

第三，偏向纸上的“主义”，是很危险的。这种口头禅很容易被无耻政客利用来做种种害人的事。欧洲政客和资本家利用国家主义的流毒，都是人所共知的。现在中国的政客，又要利用某种某种主义来欺人了。罗兰夫人说，“自由自由，天下多少罪恶，都是借你的名做出的！”一切好听的主义，都有这种危险。

这三条合起来看，可以看出“主义”的性质。凡“主义”都是应时势而起的。某种社会，到了某时代，受了某种的影响，呈现某种不满意的现状。于是有一些有心人，观察这种现象，想出某种救济的法子。这是“主义”的缘起。主义初起时，大都是一种救时的具体主张。后来这种主张传播出去，传播的人要图简便，便用一两个字来代表这种具体的主张，所以叫它做“某某主义”。主张成了主义，便由具体的计划，变成一个抽象的名词。“主义”的弱点和危险就在这里。因为世间没有一个抽象名词能把某人某派的具体主张都包括在里面。比如“社会主义”一个名词，马克思的社会主义，和王揖唐的社会主义不同；你的社会主义，和我的社会主义不同：绝不是这一个抽象名词所能包括。你谈你的社会主义，我谈我的社会主义，王揖唐又谈他的社会主义，同用一个名词，中间也许隔开七八个世纪，也许隔开两三万里路，然而你和我和王揖唐都可自称社会主义家，都可用这一个抽象名词来骗人。这不是“主义”的大缺点和大危险吗？

我再举现在人人嘴里挂着的“过激主义”做一个例：现在中国有几个人知道这一个名词做何意义？但是大家都痛恨痛骂“过激主义”，内务部下令严防“过激主义”，曹锟也行文严禁“过激主义”，卢永祥也出示查禁“过激主义”。前两个月，北京有几个老官僚在酒席上叹气，说，“不好了，过激派到了中国了。”前两天有一个小官僚，看见我写的一把扇子，大诧异道，“这不是过激党胡适吗？”哈哈，这就是“主义”的用处！

我因为深觉得高谈主义的危险，所以我现在奉劝新舆论界的同志道：“请你们多提出一些问题，少谈一些纸上的主义。”

更进一步说：“请你们多多研究这个问题如何解决，那个问题如何解决，不要高谈这种主义如何新奇，那种主义如何奥妙。”

现在中国应该赶紧解决的问题，真多得很。从人力车夫的生计问题，到大总统的权限问题；从卖淫问题到卖官卖国问题；从解散安福部问题到加入国际联盟问题；从女子解放问题到男子解放问题；……哪一个不是火烧眉毛的紧急问题？

我们不去研究人力车夫的生计，却去高谈社会主义；不去研究女子如何解放，家庭制度如何纠正，却去高谈共妻主义和自由恋爱；不去研究安福部如何解散，不去研究南北问题如何解决，却去高谈无政府主义；我们还要得意扬扬夸口道，我们所谈的是根本“解决”。老实说罢，这是自欺欺人的梦话，这是中国思想界破产的铁证，这是中国社会改良的死刑宣告！

为什么谈主义的人那么多，为什么研究问题的人那么少呢？这都由于一个懒字。懒的定义是避难就易。研究问题是极困难的事，高谈主义是极容易的事。比如研究安福部如何解散，研究南北和议如何解决，这都是要费工夫，挖心血，搜集材料，征求意见，考察情形，还要冒险吃苦，方才可以得一种解决的意见。又没有成例可援，又没有黄梨洲、柏拉图的话可引，又没有《大英百科全书》可查，全凭研究考察的工夫：这岂不是难事吗？高谈“无政府主义”便不同了。买一两本实社《自由录》，看一两本西文无政府主义的小册子，再翻一翻《大英百科全书》，便可以高谈无忌了：这岂不是极容易的事吗？

高谈主义，不研究问题的人，只是畏难求易，只是懒。

凡是有价值的思想，都是从这个那个具体的问题下手的。先研究了问题的种种方面的种种的事实，看看究竟病在何处，这是思想的第一步工夫。然后根据于一生经验学问，提出种种解决的方法，提出种种医病的丹方，这是思想的第二步工夫。然后用一生的经验学问，加上想象的能力，推想每一种假定的解决法，该有什么样的效果，推想这种效果是否真能解决眼前这个困难问题。推想的结果，拣定一种假定的解决，认为我的主张，这是思想的第三步工夫。凡是有价值的主张，都是先经过这三步工夫来的。不如此，不算舆论家，只可算是抄书手。

读者不要误会我的意思。我并不是劝人不研究一切学说和一切“主义”。学理是我们研究问题的一种工具。没有学理做工具，就如同王阳明对着竹子痴坐，妄想“格物”，那是做不到的事。种种学说和主义，我们都应该研究。有了许多学理做材料，见了具体的问题，方才能寻出一个解决的方法。但是我希望中国的舆论家，把一切“主义”摆在脑背后，做参考资料，不要挂在嘴上做招牌，不要叫一知半解的人拾了这些半生不熟的主义去做口头禅。

“主义”的大危险，就是能使人心满意足，自以为寻着包医百病的“根本解决”，从此用不着费心力去研究这个那个具体问题的解决法了。

民国八年七月

（原载 1919 年 7 月 20 日《每周评论》第 31 号）

二　附录　蓝志先先生《问题与主义》

本报三十一期，有我的《多研究些问题，少谈些主义》一篇文章。我的朋友知非先生，把他转载到《国民公报》上，又在那报上发表了《问题与主义》一篇文章。知非先生的议论，有许多地方可以补正我的原作。他那篇文章约有七千字，本报篇幅有限，不能全载，故略加删节，转录于此。所删去几段，如论人类的神秘性之类，大概都是不很紧要的材料，请作者原谅。

（适）

近日《每周评论》上，有一篇胡君适之的文章，劝人少讲主义，多研究问题，说得非常精辟。吾们舆论界，从这篇文章里，得的益处一定不少。但是中国今日的思想界，混沌已极，是个“扶得东来西又倒”的东西。胡君这篇议论，恐怕会得一个意想外的结果。况且他的议论里头，太注重了实际的问题，把主义学理那一面的效果抹杀了一大半，也有些因噎废食的毛病。现在记者且把自己的意见，分几层写出来，就正胡君，并质之一般舆论界。

现在请先一论问题的性质。

一、凡是构成一个问题，必定是社会生活上遇着了一种困难。这困难是从三种情形来的：（一）旧存的制度，和新有的理想冲突；（二）新变化的生活（外来的或自发的原因），和旧事物的冲突；（三）社会中有扰乱迫害的事实发生。因有这三种情形问题的性质，便有理想和现实的区别。其解决的方法，也就不能一律并论了。

二、问题本因实际利害而起。但是在这不等质的社会，各部分的利害，常不一致。甲部分的问题，未必不是乙部分的问题，甚或互相冲突，各自构成相反的问题。故问题的范围常不相同，有世界的问题，有一民族的问题，有一地方的或一阶级的问题。问题愈广，理想的分子亦愈多；问题愈狭，现实的色彩亦愈甚：决不可以一概而论的。

三、问题之发生，固起于困难；但构成一种问题，非必由于客观的事实，而全赖主观的反省。有主观的反省，虽小事亦可成为问题；无主观的反省，即遇着极不合理的，或是极困难的事实，也未必能成为问题。譬如专制君主的毒害，在中国行了几千年，并没有人觉它不合理，拿来成一问题。及至最近数十年，西方的思想输入，人民有了比较，起了反省，即便成了极大的问题，产生出辛亥革命的大事件。又如东方的家族制度，奴隶劳动，在今日思想已经进步的时候，尚不能成为问题，若移到西方去，立刻便成了一种不可终日的问题了。可见构成问题的要素，全在这主观的反省。

问题的性质既是这样的复杂，那解决的方法当然不能简单一样。遇着局部的现实的经过反省，成了问题的时候，自然用不着主义学说来鼓吹，只要求具体的解决方法，便有结果。若是一种广泛的含有无数理想的分子的——即为尚未试验实行的方法，——问题，并且一般人民，对于它全无反省，尚不能成为问题的时候，恐怕具体的方法，也不过等于空谈，决没有什么效果可言的么！况且解决一种问题，全靠与这问题有关系的人自动地起来解决，方有效果可言。若是有关系的人无丝毫感觉这问题重要，即使人起来代劳，其效果不是零便是恶，是可断定的。故所以吾们要提出一种具体的方法来解决问题，必定先要鼓吹这问题的意义，以及理论上的根据，引起了一般人的反省，便成了问题，才能采纳吾们的方法。否则问题尚不成，有什么方法可言呢？

通常提到问题两个字，一定把它当做具体的性质看；其实不尽然。哲学科学上的且不提，即如与吾们实际生活有关系的问题，抽象性质的也很多。……从它根本的方面着眼，即成了抽象性的问题，从它实行的方面着眼，便成了具体性的问题。……

像吾上文第一项所举的旧制度和新理想的冲突问题：这种问题，大概通常称为革命的问题（广义的）。初起的时候，一定是在那是非善恶的方面争，即标示的改革方法，也绝不是什么具体方法，一定是一种趋向的标准（这种标示，与其说是方法，毋宁说是目标）。譬如法国大革命时候所标示的自由，平等，和中国辛亥革命所标示排满，算是具体的方法呢，还是理想的目标呢？这可以不言而知的。故凡是革命的问题，一定从许多要求中，抽出几点共通性，加上理想的色彩，成一种抽象性的问题，才能发生效力。若是罗列许多具体方法，即就变成一种条陈，连问题都不成，如何能做一般的进行方针呢？于此可见问题不限于具体性，而抽象性的问题，更重要的了。

像吾上文第二项所举的例，凡是一阶级一地方的实际利害，自然是具体问题居多。但是涉于事物制度起源的问题，那就变成抽象了。譬如选举权及自治权的问题，在起初的时候，绝不是它内容如何的问题，一定是正当不正当及权利义务的理论问题。何况自一阶级以及他阶级，一地方以及他地方？若不是抽出共通点来做进行的标准，那人力车夫的利害问题，如何能算小学教员的问题；小学教员的问题，又如何能算是女工的问题？其中能一致的地方，自然是抽象的结果子。“去其特别点而取其共通点。”若如民族的世界的问题，因它范围之广，那抽象性是自然越发增大的了。故问题的范围愈大，那抽象性亦愈增加。于此更可见抽象性问题的重要了。

像吾上文所举第三项的例，人类主观的反省，固多起于实际苦痛的压迫。但是人有一种习惯性，它的性质异常固定，可以使人麻木不仁。任你如何活动的物事，一成习惯，便如生铁铸成，决不能动它秋毫。古今无量数的人，为苦痛压迫的牺牲，因为这习惯的桎梏，宛转就死，尚不知其所以然，并没有人把它提出来做个问题。必定等到有少数天才有识的人，把它提作问题，加以种种理论上的鼓吹，然后才成一个共通的问题。故抽象问题，常在具体问题之先，到了第二步才变成具体的性质的。

从这三点看起来，问题不限于具体，抽象性的更为重要；而当问题初起之时，一定先为抽象性，后才变成具体性的。照此讲法，主义学说，如何可以说是不重要，而一笔抹杀呢？吾且再把主义学说的性质论一论。

主义是什么呢？胡君说，从一种救时的具体主张，因为传播的缘故，才变成一种抽象的主义（简略胡君原语）。这话果然不错。但是有许多主义，它的重要部分，并不在从具体主张变成抽象名词，却在那未来的理想。世间有许多极有力量的主义，在它发生的时候，即为一种理想，并不是什么具体方法，信仰这主义的，也只是信仰它的理想，并不考究它的实行方法。即如从具体方法变成主义的，也绝不是单依着抽象方法便能构成，尚须经过理想的洗练炮制，改造成的。故理想乃主义的最要部分。一种主张能成主义与否，也全靠这点。

主义是多数人共同行动的标准，或是对于某种问题的进行趋向或是态度。一种主张能成为标准趋向态度，与具体的方法却成反比例（因为愈具体，各部分利害愈不一致），全看它所含抱的理想的强弱。设个比方：主义好像航海的罗盘针，或是灯台上的照海灯。航海的人，照着它进行罢了。至于航海的方法，以及器具，却是另一件事，与它无必然的关系。故主义是一件事，实行的方法又是一件事，其间虽有连属的关系，却不是必然不可分离的。一个主义，可以有种种的实行方法，甚至可以互相冲突，绝不相容。各种的实行方法，也都是按着各部分人的利害必要，个个不同。因为方法与主义，不过是目标与路径的关系；向着这目标走，果然是一定不变；至于从哪一条路走，路中所遇事物何如，行路中间所起的事变何如，与这目标并无必然的关系。换一句话讲，主义并不一定含着实行的方法，那实行的方法，也并不是一定要从主义中推演出来的。故所以同一主义，在甲地成了某种现象，在乙地又成一种现象。乃同在一地，信奉同一主义的人，因实行方法的不同，变成种种极不相容的党派。这种例证，古今不知多少，亦不用再举的了。

胡君说，主义的弱点和危险，都在这抽象一点上：这话也不尽然。吾上文已经说过，范围愈广，它的抽象性亦愈大。因为抽象性大，涵盖力可以增大。涵盖力愈大，归依的人数自然愈增多。

自来宗教上，道德上，政治上，主义能鼓动一世，发生极大效力，都因为它能涵盖一切，做各部分人的共同趋向的缘故。若愈近具体，则必切合一部分的利害。它的发动的力量，顶大也只限于一部分的人，如何能鼓动各部分的人呢？故往往有一种主义，在主义进行的时候，效力非常之大，各部分的团结也非常坚强；一到具体问题的时候，主张分歧，立刻成一种扰攘的现象。像那法国大革命，中国的辛亥革命，以及今日的俄、德革命，都是极好的一个例。它们当初所以能成功，都因为共同奉着一个抽象主义。若是起初就拿具体的方法来进行，恐怕在革命前，便已互相冲突纷乱扰攘，早为旧势力所扑灭，还能等到革命后来纷扰么？

胡君说主义有危险。依吾的意见，主义的自身并没有什么危险。所谓危险，都在贯彻主义的实行方法。何以故呢？因为凡是主义，必定含着一种未来的理想。在尚未实现的时候，如何能判定它危险不危险呢？若指它试验中间所发生的种种恶现象而言，则凡属试验的事物，必须经过种种错误，才能成功，——所谓错误，也只是方法上的错误，——不独主义为然。况且主义不过是一种标准趋向态度，并非实行方法。在同一主义之下，可以有种种不同或是相反的方法。危险不危险，全看选择的精确不精确。择术不精，才有危险。如何能怪及主义呢？譬如罗盘针虽是航海的趋向标准；但同一方向的海路，本不只一条，海中间所有的危险，也不只一途；你自测量不精，走错了路，如何能怪及罗盘针指示的方向不对呢？故说主义危险，实是因果倒置。……

照吾以上说法，问题与主义，并不是相反而不能并立的东西。现在且把问题主义方法三种相连的关系，归结到下列五点。

（一）一种问题的实行方法，本有种种条款，有重要的，有不重要的，有连属的，有矛盾的。若无一贯的精神把他整齐贯串，如何能实行有效呢？这种一贯的精神，就是主义。故说主义是方法的标准趋向和态度。

（二）问题愈大，性质愈复杂。一个问题，往往含有无数相反的可能性。其中自有最重要而为问题的中心一点。这最重要而为中心一点，在问题自身，原为解决方法的标准，抽象出来，推行到他部分或是他种问题去，即是主义。

（三）问题的抽象性，涵盖性，很有与主义相类的地方。往往同一事件，从受动这方面去看，是个问题，从能动这方面去看，就是主义。换一句话讲，问题有一贯的中心，是问题之中有主义；主义常待研究解决，是主义之中有问题：二者自不能截然区别的。

（四）社会的环境不同，主义和问题的关系，也就不能一样。在文化运动进步不息的社会，主义常由问题而产生。因为在这种社会，一切事物，都属能动性，常跟时代前进。偶有那不进的事物，立刻便引起一般人的注意，成为问题。有问题，便发生各种运动。从这运动中，便产生了若干主义，拿来做解决方法的实行标准。若是在那文化不进步的社会，一切事物，都成了固定性的习惯，则新问题的发生，须待主义的鼓吹成功，才能引人注意。因为这种社会，问题的发生，极不容易。非有一种强有力的主义鼓吹成熟，征服了旧习惯，则无论何种事物，都有一个天经地义的因袭势力支配在那里。有敢挟丝毫疑义的人，便是大逆不道。如何能拿来当一个问题，去讲求解决方法呢？故在不进步的社会，问题是全靠主义制造成的。

（五）不论何种社会，凡是进到何种程度，文化必定渐渐化为固定性，发生停滞的现象。故必常常有少数天才有识的人，起来鼓吹新理想，促进社会的文化；这种新理想，在一般人渐渐首肯之时，即成为主义。由此主义，发生种种问题，试验又试验，常悬为未来的进行方针。而在旧习惯所支配的社会，自身不能发生新理想，则往往由他国输入富于新理想的主义，开拓出一个改革的基础来。

以上五点，即是吾上文所说的结论。胡君对于主义，于吾上文所说外，尚抱有几个疑点。现请就这几点上讨论。

（一）空谈主义是很容易的事，解决问题是很难的事。难易本来是比较的话，没有绝对的标准。……譬如主义，读一两小册子，便可乱谈，看起来似乎很易。但是要把一种主义的内容和意义，明白得十分透彻，鼓吹到社会上去，使社会的若干部分，成为信徒，发生主义的运动，这事恐怕就很难。又如解决实际问题，往往费尽力量，不得一个圆满的结果，看起来似乎很难。但若不问结果，只要糊里糊涂了结，那了结的方法，正容易呢！可见主义的易，不易在主义本身，而在随便乱谈；问题的难，不难在解决方法，而难在解决后的好结果，再进一步言：解决的结果何以有好坏，好结果何以很难，这不可不有一判别的标准。这个标准，就是一种主义。……胡君不说应当从主义上做工夫，却教吾们去想实际解决的方法，那自然是难极的了。

（二）胡君说空谈外来进口的主义，是没有什么用处的。胡君的意思，以为一切主义，都不过是某时某地一种具体的方法转变来的，和吾们实际的需要未必能符；各有各的需要，各有各的方法；故说外来的主义是无用的。这话果然也很有道理。但是在今日世界，文化交通的时代，各社会的需要，渐渐日即日近，一地有效的主义，在他地也未必无效。吾们只能问主义之有效与否，不必问它是外来的或是自生的。况且所谓实际需要，也得有个解说。在因袭势力支配的旧社会，它的需要和那文化进步的社会，都是大不相同的。……中国今日所有的新需要，新问题，哪一件不是外来的思想主义所产出来的么？如果胡君的话是专指不合现时用的那些极端主义而言，命题果然正确的多；但是亦有未尽然的地方。因为一切主义，都含有几种理想，其中有现时可适用的，有现时不可适用的；甲地可适用的，乙地不可适用的；极端的如是，温和的亦复如是，这是选择应用上的问题，和输入外来的主义无关。即如过激主义和无政府主义，等等，其中不适合的地方，果然很多，有益处的地方也并非绝无。取长去短，以补他种主义之不足，亦未尝无效力可言。要在能否运行。研究它亦正不妨。若是概括以空谈外来主义为无用，未免有几分独断。

（三）胡君说偏向纸上的主义，有为无耻政客用来做害人的危险。胡君这种忧虑，是大可不必有的。因为主义进于鼓吹，已不限于纸上的了。人家受它的鼓吹，信奉它的主义，必定要问这种主义的内容和它的影响结果。无耻政客，决不能用来欺人的。……王揖唐讲社会主义，依然还是一个王揖唐主义，绝没有人去上他当的。至于假借名目，用来作陷害人的器具，那真是欲加之罪，何患无辞？在没有这些主义的时候，他们何尝少害了人呢？横竖吾们是他们眼中钉，有主义也罢，无主义也罢，总有一天拔去了他们才痛快。倒是吾们现时在研究商酌之中，不能自己确立一种最信奉的主义，标明旗帜，和他们短兵相接，是一件最抱憾的事罢。

吾现在再简单总括几句话：吾们因为要解决从人力车夫的生计，到大总统的权限；从卖淫到卖官卖国；从解散安福部到加入国际联盟；从女子解放到男子解放，等等问题：所以要研究种种主义。主义的研究和鼓吹，是解决问题的最重要最切实的第一步。……

（原载1919年8月3日《每周评论》第33号）

三　附录　李大钊先生《再论问题与主义》

适之先生：

我出京的时候，读了先生在本报三十一号发表的那篇论文，题目是《多研究些问题，少谈些主义》，就发生了一些感想。其中有的或可与先生的主张互相发明，有的是我们对社会的告白。现在把它一一写出，请先生指正。

（一）“主义”与“问题”

我觉得“问题”与“主义”有不能十分分离的关系。因为一个社会的解决，必须靠着社会上多数人共同的运动。那么我们要想解决一个问题，应该设法，使他成了社会上多数人共同的问题。要想使一个社会问题，成了社会上多数的共同的问题，应该使这社会上可以共同解决这个那个社会问题的多数人，先有一个共同趋向的理想主义，作他们实验自己生活上满意不满意的尺度（即是一种工具）。有那共同感觉生活上不满意的事实，才能一个一个的成了社会问题，才有解决的希望。不然，你尽管研究你的社会问题，社会上多数人却一点不生关系。那个社会问题，是仍然永没有解决的希望；那个社会问题的研究，也仍然是不能影响于实际。所以我们的社会运动，一方面固然要研究实际的问题，一方面也要宣传理想的主义。这是交相为用的，这是并行不悖的。不过谈主义的人，高谈虽没有什么不可，也须求一个实验。这个实验，无论失败与成功，在人类的精神里，终能留下个很大的痕影，永久不能消灭。从前信奉英国的 Owen 主义的人，和信奉法国的 Fourier 主义的人，在美洲新大陆上都组织过一种新村落新团体。最近日本武者小路氏等在那日向地方，也组织了一个“新村”。这都是世人指为空想家的实验；都是他们的实际运动中最有兴味的事实；都是他们同志中有志者或继承者，集合起来，组织一个团体，在那里实现他们所理想的社会组织，作一个关于理想社会的标本，使一般人由此知道这新社会的生活，可以希望，以求实现世界的改造的计划。Owen 派与 Fourier 派在美洲的运动，虽然因为离开了多数人民，去传播他们的理想，就像在那没有深厚土壤的地方撒布种子一样，归于失败了。而 Noeyes 作《美国社会主义史》，却批评他们，说：Owen 主义的新村落，Fourier 主义的新团体，差不多生下来就死掉了。现在人都把他们忘了。可是社会主义的精神，永远存留在国民生命之中。如今在那几百万不曾参加他们的实验生活，又不是 Owen 主义者，又不是 Fourier 主义者，只是没有理论的社会主义者，只信社会有科学的及道德的改造的可能的人人中，还有方在待晓的一个希望犹尚俨存。这日向的“新村”，有许多点像那在美洲新大陆上已成旧梦的新村。而日本的学者及社会，却很注意。河上肇博士说，他们的企划中，所含的社会改造的精神，也可以作方在待晓的一个希望，永存在人人心中。最近本社仲密先生，自日本来信，也说“此次东行，在日向颇觉愉快”。可见就是这种高谈的理想，只要能寻一个地方去实验，不把他作了纸上的空谈，也能发生些工具的效用，也会在人类社会中有相当的价值。不论高举什么主义，只要你肯竭力向实际运动的方面努力去做，都是对的，都是有效果的。这一点我的意见稍与先生不同。但也承认我们最近发表的言论，偏于纸上空谈的多，涉及实际问题的少。以后誓向实际的方面去做。这是读先生那篇论文后发生的觉悟。

大凡一个主义，都有理想与实际两方面。例如民主主义的理想，不论在哪一国，大致都很相同。把这个理想适用到实际的政治上去，那就因时，因所，因事的性质情形，有些不同。社会主义，亦复如是。它那互助友谊的精神，不论是科学派，空想派，都拿它来做基础。把这个精神适用到实际的方法上去，又都不同。我们只要把这个那个的主义，拿来作工具，用以为实际的运动，它会因时，因所，因事的性质情形，生一种适用环境的变化。在清朝时，我们可用民主主义作工具去推翻爱新觉罗家的皇统。在今日，我们也可以用它作工具去推翻那军阀的势力。在别的资本主义盛行的国家，他们可以用社会主义作工具去打倒资产阶级。在我们这不事生产的官僚强盗横行的国家，我们也可以用它作工具去驱除这一般不劳而生的官僚强盗。一个社会主义者，为使他的主义在世界上发生一些影响，必须要研究怎样可以把他的理想尽量应用于环绕着他的实境。所以现在的社会主义，包含着许多把它的精神变作实际的形势使合于现在需要的企图。这可以证明主义的本性，原有适用实际的可能性。不过被专事空谈的人用了，就变成空的罢了。那么先生所说主义的危险，只怕不是主义的本身带来的，是空谈他的人给它的。

（二）假冒牌号的危险

一个学者一旦成名，他的著作恒至不为人读，而其学说，却如通货一样，因为不断的流通传播，渐渐磨灭，乃至发行人的形象印章，都难分清。亚丹斯密史留下了一部书，人人都称赞他，却没有人读他。马查士留下了一部书，没有一个人读他，大家却都来滥用他。英人邦纳氏（Bonar）早已发过这种感慨。况在今日群众运动的时代，这个主义，那个主义，多半是群众运动的隐语旗帜，多半带着些招牌的性质。既然带着招牌的性质，就难免有假冒招牌的危险。王麻子的刀剪，得了群众的赞许，就有旺麻子等来混用他的招牌；王正大的茶叶，得了群众的照顾，就有汪正大等来混用他的招牌。今日社会主义的名词，很在社会上流行，就有安福部的社会主义跟着发现。这种假冒招牌的现象，讨厌诚然讨厌，危险诚然危险，淆乱真实也诚然淆乱真实。可是这种现象，正如中山先生所云：新开荒的时候，有些杂草毒草，夹杂在善良的谷物花草里长出，也是当然应有的现象。王麻子不能因为旺麻子等也来卖刀剪，就闭了他的剪铺。王正大不能因为汪正大等也来贩茶叶，就歇了他的茶庄。开荒的人，不能因为长了杂草毒草，就并善良的谷物花草一齐都收拾了。我们又何能因为安福派也来讲社会主义，就停止了我们正义的宣传。因为有假冒牌号的人，我们越发应该一面宣传我们的正义，一面就种种问题研究实用的方法，好去本着主义作实际的运动。免得阿猫，阿狗，鹦鹉，留声机来混我们，骗大家。

（三）所谓过激主义

《新青年》和《每周评论》的同人，谈俄国布尔什维克主义的议论很少，仲甫先生和先生等的思想运动，文学运动，据日本《日日新闻》的批评，且说是支那民主主义的正统思想。一方要与旧式的顽迷思想奋战，一方要防遏俄国布尔什维克主义的潮流。我可以自白：我是喜欢谈谈布尔什维克主义的。当那举世若狂，庆祝协约国战胜的时候，我就作了一篇《Bolshevism的胜利》的论文，登在《新青年》上。当时听说孟和先生因为对于布尔什维克主义不满意，对于我的对于布尔什维克的态度，也很不满意（孟和先生游欧归来，思想有无变动，此时不敢断定）。或者因为我这篇论文，给《新青年》的同人，惹出了麻烦，仲甫先生今犹幽闭狱中，而先生又横被过激党的诬名，这真是我的罪过了。不过我总觉得布尔什维克主义的流行，实在是世界文化上一大变动。我们应该研究它，介绍它，把它的害象昭布在人类社会；不可一味听信人家为他们造的谣言，就拿凶暴残忍的话抹杀他们的一切。所以一听人说他们实行“妇女国有”，就按情理断定是人家给他们造的谣言。后来看见美国“New Republic”登出此事的原委，知道这话果然是种谣言，原是布尔什维克政府给俄国某城的无政府党的人造的。以后辗转传讹，人又给他们加上了。最近有了慰慈先生在本报发表的俄国的新宪法，土地法，婚姻法等几篇论文，很可以供我们研究俄事的参考，更可以证明妇女国有的话，全然无根了。后来又听人说，他们把克鲁泡脱金氏枪毙了，又疑这话也是谣言。据近来欧美各报的消息，克氏在莫斯科附近安然无恙。在我们这盲目的社会，他们哪里知道Bolshevism是什么东西，这个名词怎么解释？不过因为迷信资本主义，军国主义的日本人，把它译作“过激主义”，他们看“过激”这两个字，很带着些危险，所以顺手拿来乱给人戴。看见先生们文学改革论激烈一点，他们就说先生是过激党。看见章太炎、孙伯兰政治论激烈一点，他们又说这两位先生是过激党。这个口吻，是根据我们四千年先圣先贤道统的薪传。那“杨子为我，是无君也；墨子兼爱，是无父也；无父无君，是禽兽也”的逻辑，就是他们唯一的经典。现在就没有“过激党”这个新名词，他们也不难把那旧武器拿出来攻击我们。什么“邪说异端”哪，“洪水猛兽”哪，也都可以给我们随便戴上。若说这是谈主义的不是，我们就谈贞操问题，他们又来说我们主张处女应该与人私通。我们译了一篇社会问题的小说，他们又来说我们提倡私生子可以杀他父母。在这种浅薄无知的社会里，发言论事，简直是万难，东也不是，西也不是。我们唯有一面认定我们的主义，用它作材料，作工具，以为实际的运动。一面宣传我们的主义，使社会上多数人都能用它作材料，作工具，以解决具体的社会问题，那些猫，狗，鹦鹉，留声机，尽管它们在旁边乱响；过激主义哪，洪水猛兽哪，邪说异端哪，尽管它们乱给我们头衔。哪有闲工夫去理它！

（四）根本解决

“根本解决”这个话，很容易使人闲却了现在，不去努力，这实在是一个危险。但这也不可一概而论。若在有组织，有生机的社会，一切机能，都很敏活；只要你有一个工具，就有你使用它的机会，马上就可以用这工具做起工来。若在没有组织、没有生机的社会，一切机能，都已闭止，任你有什么工具，都没有你使用做工的机会。这个时候，恐怕必须有一个根本解决，才有把一个一个的具体问题都解决了的希望。就以俄国而论，罗曼诺夫家没有颠覆，经济组织没有改造以前，一切问题，丝毫不能解决。今则全都解决了。依马克思的唯物史观，社会上法律政治伦理等精神的构造，都是表面的构造。它的下面，有经济的构造，作它们一切的基础。经济组织一有变动，它们都跟着变动。换一句话说，就是经济问题的解决，是根本解决。经济问题一旦解决，什么政治问题，法律问题，家族制度问题，女子解放问题，工人解放问题，都可以解决。可是专取这唯物史观（又称历史的唯物主义）的第一说，只信这经济的变动是必然的，是不能免的，而于它的第二说——就是阶级竞争说，——了不注意，丝毫不去用这个学理作工具，为工人联合的实际运动，那经济的革命，恐怕永远不能实现；就能实现，也不知迟了多少时期。有许多马克思派社会主义者，很吃了这个观念的亏。天下只是在群众里传布那集产制必然降临的福音，结果除去等着集产制必然的成熟以外，一点的预备也没有作。这实在是现在各国社会党遭了很大危机的主要原因。我们应该承认：遇着时机，因着情形，或须取一个根本解决的方法；而在根本解决以前还须有相当的准备活动才是。

以上拉杂写来，有的和先生的意见完全相同，有的稍相差异，已经占了很多的篇幅了。如有未当，请赐指教。以后再谈罢。

李大钊寄自昌黎五峰

（原载1919年8月17日《每周评论》第35号）

四 三论问题与主义

我那篇《多研究些问题，少谈些主义》，承蓝知非、李守常两先生，做长篇的文章，同我讨论，把我的一点意思，发挥得更透彻明了，还有许多匡正的地方，我很感激他们两位。

蓝君和李君的意思，有很相同的一点：他们都说主义是一个“共同趋向的理想”（李君的话），是“多数人共同行动的标准，或是对于某种问题的进行趋向或态度”（蓝君的话）。这种界说，和我原文所说的话，并没有冲突。我说，“主义初起时，大都是一种救时的具体主张。后来这种主张，传播出去，传播的人，要图简便，便用一两个字来代表这种具体的主张，所以叫它做某某主义。主张成了主义，便由具体的计划，变成一个抽象的名词”。我所说的是主义的历史，他们所说的是主义的现在的作用。试看一切主义的历史，从老子的无为主义，到现在的布尔什维克主义，哪一个主义起初不是一种“救时的具体主张?”

蓝、李两君的误会，由于他们错解我所用的“具体”两个字。凡是可以指为这个或那个的，凡是关于个体的及特别的事物的，都是具体的。譬如俄国新宪法，主张把私人所有的土地，森林，矿产，水力，银行，收归国有；把制造和运输等事，归工人自己管理；无论何人，必须工作；一切遗产制度，完全废止；一切秘密的国际条约，完全无效：……这都是个体的政策，这都是这个那个政治或社会问题的解决法。——这都是“具体的主张”。现在世界各国，有一班“把耳朵当眼睛”的妄人，耳朵里听见一个“布尔什维克主义”的名词，或只是记得一个“过激主义”的名词，全不懂得这一个抽象名词所代表的是什么具体的主张，便大起恐慌，便出告示捉拿“过激党”，便硬把“过激党”三个字套在某人某人的头上。这种妄人，脑筋里的主义，便是我所攻击的“抽象名词”的主义。我所说的“主义的危险”，便是指这种危险。

蓝君的第二个大误会，是把我所用的“抽象”两个字解错了。我所攻击的“抽象的主义”，乃是指那些空空荡荡，没有具体的内容的全称名词。如现在官场所用的“过激主义”，便是一例；如现在许多盲目文人心里的“文学革命”大恐慌，便是二例。蓝君误会我的意思，把“抽象”两个字，解作“理想”，这便是大错了。理想不是抽象的，是想象的。譬如一个科学家，遇着一个困难的问题，他脑子里推想出几种解决方法，又把每种假设的解决所含的结果，一一想象出来，这都是理想的。但这些理想的内容，都是一个个具体的想象，并不是抽象的。我那篇原文自始至终，不但不曾反对理想，并且极力恭维理想。我说：

> 凡是有价值的思想，都是从这个那个具体的问题下手的。先研究了问题的种种方面的种种事实，看看究竟病在何处，这是思想的第一步工夫。然后根据于一生的经验学问，提出种种解决的方法，提出种种医病的丹方，这是思想的第二步工夫。然后用一生的经验学问，加上想象的能力，推想每一种假定的解决法，该有什么样的效果，推想这种效果，是否真能解决眼前这个困难问题。推想的结果，拣定一种假定的解决，认为我的主张，这是思想的第三步工夫。凡是有价值的主张，都是先经过这三步工夫来的。不如此，算不得舆论家，只可算是抄书手。

这不是极力恭维理想的作用吗？

但是我所说的理想的作用，乃是这一种根据于具体事实和学问的创造的想象力，并不是那些抄袭现成的抽象的口头禅的主义。我所攻击的，也是这种不根据事实的，不从研究问题下手的抄袭成文的主义。

蓝、李两君所辩护的主义，其实乃是些抽象名词所代表的种种具体的主张（这个分别，请两君及一切读者，不要忘记了）。如此所说的主义，我并不曾轻视。我屡次说过，“一切学理，一切主义，都只是我们研究问题的工具”。我又屡次说过，“有了学理做参考的材料，便可使我们容易懂得所考察的情形，看什么意义，应该用什么救济方法”。我这种议论，和李君所说的“应该使社会上多数人，先有一个共同趋向的理想主义，作他们实验自己生活上满意不满意的态度”，并没有什么冲突的地方。和蓝君所说的“我们要提出一种具体的方法来解决问题，必定先要鼓吹这问题的意义，以及理论上的根据，引起一般人的反省”，也没有什么冲突的地方。因为蓝、李两君这两段话，所含的意思，都是要用主义学理作解决问题的工具和参考材料，所以同我的意见相合。如果蓝、李两君认定主义学理的用处，不过是能供给“这问题”的意义，以及理论上的根据，——如果两君认定这观点，我决没有话可以驳回了。

但是蓝君把“抽象”和理想混作一事，故把我所反对的和我所恭维的，也混作一事。如他说“问题愈广，理想的分子亦愈多；问题愈狭，现实的色彩亦愈甚”。这是我所承认的。但是此处所谓“理想的分子”，乃是上文我所说的“推想”，“假设”，“想象”几步工夫，并不是说问题的本身是“抽象的”。凡是能成问题的问题，都是具体的，都只是这个问题或那个问题。决没有空空荡荡，不能指定这个那个的问题，而可以成为问题的。

蓝君说，“问题的范围愈大，那抽象性亦愈增加”。这里他把“抽象性”三字，代替上文的“理想的分子”五字，便容易使人误解了。试看他所举的例，如法国大革命所标的自由平等，如中国辛亥革命所标示的排满，都不是问题本身，都是具体问题的解决。为什么要排满呢？因为满清末年的种种具体的腐败情形，种种具体的民生痛苦，和政治黑暗，刺激一般有思想的志士，成了具体的问题，所以他们提出排满的目标，作为解决当时的问题的计划。这问题是具体的，这解决也是具体的。法国革命以前的情形，社会不平等，人民不自由，痛苦的刺激，引起一般学者的研究。一般学者的答案说：人类本生来自由平等的，一切不平等不自由，都只是不自然的政治社会的结果。故法国大革命所标示的自由平等，乃是对于法国当日情形的具体解决。法国大革命所要解决的问题，都是具体的。大革命所提出的自由平等，在我们眼里，自然很抽象了，在当日都是具体的主张，因为这些抽象名词，在当日所代表的政策，如废王室，废贵族制度，行民主政体，人人互称“同胞”，……哪一件不是具体的主张？

所以我要说：蓝君说的“问题的范围愈大，那抽象性亦愈增加”，是错了。他应该说，“问题的范围愈大，我们研究这种问题时所需要的思想作用格外繁难，格外复杂，思想的方法，应该格外小心，格外精密”。更进一步：他应该说，“问题的范围愈大，里面的具体小问题愈多。我们研究时，决不可单靠几个好听的抽象名词，就可敷衍过去；我们应该把那太大的范围缩小下来，把那复杂的分子分析出来，使它们都成一个一个的具体的简单问题，如此然后可以做研究的工夫”。

我且举几个例：譬如手指割破了，牙齿虫蛀了，这都是很简单的病，可以随手解决。假如你生了肠热症（Typhoid），病状一时不容易明了，因为里面的分子太复杂了。你的医生，必须用种种精密的试验方法，每时记载你的热度，每日画成曲线表，表示热度的升降，诊察你的脉，看你的舌苔，化验你的大小便，取出你的血来，化验血里的微菌：……如此方才可以断定你的病是否肠热症。断定之后，方才可以用疗治的方法。一切大问题，一切复杂的问题，并不是“抽象性增加”；乃是里面所含的具体分子太多了，所以研究的时候，所需要的思想作用，也更复杂繁难了。补救这种繁难，没有别的法子，只有用“分析”，把具体的大问题，分作许多更具体的小问题。

分析之后，然后把各分子的现象，综合起来，看他们有什么共同的意义。譬如医生把病人的脉，血，小便，热度等现象综合起来，寻出肠热症的意义，这便是“综合”。但是这种综合的结果，仍旧是一个具体的问题（肠热病），仍旧要用一种具体的解决法（肠热病的疗法）。并不是如蓝君所说“从许多要求中，抽出几种共同性，加上理想的色彩，成一种抽象性的问题”。

以上所说，泛论“问题与主义”，大旨只有几句话：“凡是能成问题的问题，无论范围大小，都是具体的，绝不是抽象的；凡是一种主义的起初，都是一些具体的主张，绝不是空空荡荡，没有具体的内容的。问题本身，并没有什么抽象性；但是研究问题的时候，往往必须经过一番理想的作用；这一层理想的作用，不可错认作问题本身的抽象性。主义本来都是具体问题的具体解决法。但是一种问题的解决法，在大同小异的别国别时代，往往可以借来做参考材料。所以我们可以说主义的缘起，虽是个体的，主义的应用，有时带着几分普遍性。但不可因为这或有或无的几分普遍性，就说主义本来只是一种抽象的理想。”

蓝君和我有一个根本不同的地方。我认定主义起初都是一些具体的主张。蓝君便不然。他说：

> 一种主张，能成为标准趋向态度，与具体的方法恰成反比例。因为愈具体，各部分的利害愈不一致。……故主义是一件事，实行的方法又是一件事。……主义并不一定含着实行的方法，那实行的方法也并不是一定要从主义中推演出来的。……故往往有一种主义，在主义进行的时候，效力非常之大，各部分的团结也非常坚强。一到具体问题的时候，主张分歧，立刻成一纷扰的现象。

蓝君这几段话，简直是自己证明主义决不可和具体的方法分开。因为有些人，用了几个抽象名词，来号召大众；因为他们的"主义"里面，不幸不曾含有"实行的方法"和"具体的主张"；所以当鼓吹的时候，未尝不能轰轰烈烈的轰动了无数信徒，一到了实行解决具体问题的时候，便闹糟了，便闹出"主张分歧，立刻扰乱"的笑柄来了。所以后来扰乱的原因，正为当初所"鼓吹"的，只不过是几个糊涂的抽象名词，里面并不曾含有具体的主张。最大最明的例，就是这一次威尔逊先生在巴黎和会的大失败。威总统提出了许多好听的抽象名词，——人道，民族自决，永久和平，公道正义，等等，——受了全世界人的崇拜，他的信徒，比释迦牟尼、耶稣在世多了无数倍，总算"效力非常之大"了。但他一到了巴黎，遇着了克里蒙梭、鲁意乔治、牧野、奥兰多等一班大奸雄，他们袖子里抽出无数现成的具体的方法，贴上"人道"，"民族自决"，"永久和平"的签条，——于是威总统大失败了，连口都开不得。这就可证明主义决不可不含具体的主张。没有具体主张的"主义"，必致闹到扰乱失败的地位。所以我说蓝君的"主义是一件事，实行的方法又是一件事"，只是人类一桩大毛病，只是世界一个大祸根，并不是主义应该如此的。

请问我们为什么要提倡一个主义呢？难道单是为了"号召党徒"吗？还是要想收一点实际的效果，做一点实际的改良呢？如果是为了实际的改革，那就应该使主义和实行的方法，合为一件事，决不可分为两件不相关的事。我常说中国人（其实不单是中国人）有一个大毛病，这病有两种病征：一方面是"目的热"，一方面是"方法盲"。蓝君所说的"主义并不一定含着实行的方法"，便是犯了这两种病。只管提出"涵盖力大"的主义，便是目的热；不管实行的方法如何，便是方法盲。

李君的话，也带着这个毛病。他说：

> 大凡一个主义，都有理想与实用两方面。例如民主主义的理想，不论在哪一国，大致都很相同。把这个理想适用到实际的政治上去，那就因时，因地，因事的性质情形，有些不同。……我们只要把这个那个主义拿来做工具，用以为实际的运动，它会因时因地因事的性质情形，生一种适用环境的变化。

这是一种不负责任的主义论。前次杜威先生在教育部讲演，也曾说民治主义在法国便偏重平等；在英国便偏重自由，不认平等；在美国并重自由与平等，但美国所谓自由，又不是英国的消极自由，所谓平等，也不是法国的天然平等。但是我们要知道这并不是民治主义的自然适应环境，这都是因为英国、法国、美国的先哲，当初都能针对当日本国的时势需要，提出具体的主张，故三国的民治各有特别的性质（试看法国革命的第一、二次宪法，和英国边沁等人的驳议，便可见两国本来主张不同）。这一个例，应该给我们一个很明显的教训：我们应该先从研究中国社会上政治上种种具体问题下手；有什么病，下什么药；诊察的时候，可以参用西洋先进国的历史和学说，用作一种"临症须知"；开药方的时候，可以参考西洋先进国的历史和学说，用作一种"验方新编"。不然，我们只记得几首汤头歌诀，便要开方下药，妄想所用的药进了病人肚里，自然"会"起一种适应环境的变化，那就要犯一种"庸医杀人"的大罪了。

蓝君对于主义的抽象性极力推崇，认它为最合于人类的一种神秘性；又说："抽象性大，涵盖力可以增大。涵盖力大，归依的人数愈增多。"这种议论，自然有一部分真理。但是我们同时也该承认人类的这种"神秘性"，实在是人类的一点大缺陷。蓝君所谓"神秘性"，老实说来，只是人类的愚昧性。因为愚昧不明，故容易被人用几个抽象名词骗去赴汤蹈火，牵去为牛为马，为鱼为肉。历史上许多奸雄政客，懂得人类有这一种劣根性，故往往用一些好听的抽象名词，来哄骗大多数的人民，去替他们争权夺利，去做他们的牺牲。不要说别的，试看一个"忠"字，一个"节"字，害死了多少中国人？试看现今世界上多少黑暗无人道的制度，哪一件不是全靠几个抽象名词，在那里替它做护法门神的？人类受这种劣根性的遗毒，也足够了。我们做学者事业的，做舆论家的生活的，正应该可怜人类的弱点，打破他们对于抽象名词的迷信，使他们以后不容易受这种抽象的名词的欺骗。所以我对于蓝君的推崇抽象性和人类的“神秘性”，实在很不满意。蓝君是很有学者态度的人，他将来也许承认我这种不满意是不错的。

但是我们对于人类迷信抽象名词的弱点，该用什么方法去补救他呢？我的答案是：多研究些具体的问题，少谈些抽象的主义。一切主义，一切学理，都该研究，但是只可认作一些假设的见解，不可认作天经地义的信条；只可认作参考印证的材料，不可奉为金科玉律的宗教；只可用作启发心思的工具，切不可用作蒙蔽聪明，停止思想的绝对真理。如此方才可以渐渐养成人类的创造的思想力，方才可以渐渐使人类有解决具体问题的能力，方才可以渐渐解放人类对于抽象名词的迷信。

民国八年七月

（原载1919年8月24日《每周评论》第36号）

名　　教

中国是个没有宗教的国家，中国人是个不迷信宗教的民族。——这是近年来几个学者的结论。有些人听了很洋洋得意，因为他们觉得不迷信宗教是一件光荣的事。有些人听了要做愁眉苦脸，因为他们觉得一个民族没有宗教是要堕落的。

于今好了，得意的也不可太得意了，懊恼的也不必懊恼了。因为我们新发现中国不是没有宗教的：我们中国有一个很伟大的宗教。

孔教早倒霉了，佛教早衰亡了，道教也早冷落了。然而我们却还有我们的宗教。这个宗教是什么教呢？提起此教，大大有名，它就叫做“名教”。

名教信仰什么？信仰“名”。

名教崇拜什么？崇拜“名”。

名教的信条只有一条：“信仰名的万能。”

“名”是什么？这一问似乎要做点考据。《论语》里孔子说，“必也正名乎”，郑玄注：

> 正名，谓正书字也。古者曰名，今世曰字。

《仪礼·聘礼》注：

> 名，书文也。今谓之字。

《周礼·大行人》下注：

> 书名，书文字也。古曰名。

《周礼·外史》下注：

古曰名，今曰字。

《仪礼·聘礼》的释文说：

名，谓文字也。

总括起来，“名”即是文字，即是写的字。

“名教”便是崇拜写的文字的宗教；便是信仰写的字有神力，有魔力的宗教。

这个宗教，我们信仰了几千年，却不自觉我们有这样一个伟大宗教。不自觉的缘故正是因为这个宗教太伟大了，无所不在，无所不包，就如同空气一样，我们日日夜夜在空气里生活，竟不觉得空气的存在了。

现在科学进步了，便有好事的科学家去分析空气是什么，便也有好事的学者去分析这个伟大的名教。

民国十五年有位冯友兰先生发表一篇很精辟的《名教之分析》（《现代评论》第二周年纪念增刊，页一九四一 一九六）。冯先生指出“名教”便是崇拜名词的宗教，是崇拜名词所代表的概念的宗教。

冯先生所分析的还只是上流社会和知识阶级所奉的“名教”，它的势力虽然也很伟大，还算不得“名教”的最重要部分。

这两年来，有位江绍原先生在他的“礼部”职司的范围内，发现了不少有趣味的材料，陆续在《语丝》、《贡献》几种杂志上发表。他同他的朋友们收的材料是细大不捐，雅俗无别的；所以他们的材料使我们渐渐明白我们中国民族崇奉的“名教”是个什么样子。

究竟我们这个贵教是个什么样子呢？且听我慢慢道来。

先从一个小孩生下地说起。古时小孩生下地之后，要请一位专门术家来听小孩的哭声，声中某律，然后取名字（看江绍原《小品》页六八，《贡献》第八期，页二四）。现在的民间变简单了，只请一个算命的，排排八字，看他缺少五行之中的哪一行。若缺水，便取个水旁的名字；若缺金，便取个金旁的名字。若缺火又缺土的，我们徽州人便取个“灶”字。名字可以补气禀的缺陷。

小孩命若不好，便把他“寄名”在观音菩萨的座前，取个和尚式的“法名”，便可以无灾无难了。

小孩若爱啼啼哭哭，睡不安宁，便写一张字帖，贴在行人小便的处所，上写着：

> 天皇皇，地皇皇，我家有个夜啼郎。过路君子念一遍，一夜睡到大天光。

文字的神力真不少。

小孩跌了一跤，受了惊骇，那是骇掉了“魂”了，须得“叫魂”。魂怎么叫呢？到那跌跤的地方，撒把米，高叫小孩子的名字，一路叫回家。叫名便是叫魂了。

小孩渐渐长大了，在村学堂同人打架，打输了，心里恨不过，便拿一条柴炭，在墙上写着诅咒他的仇人的标语：“王阿三热病打死。”他写了几遍，心上的气便平了。

他的母亲也是这样。她受了隔壁王七嫂的气，便拿一把菜刀，在刀板上剁，一面剁，一面喊“王七老婆”的名字，这便等于乱剁王七嫂了。

他的父亲也是“名教”的信徒。他受了王七哥的气，打又打他不过，只好破口骂他，骂他的爹妈，骂他的妹子，骂他的祖宗十八代。骂了便算出了气了。

据江绍原先生的考察，现在这一家人都大进步了。小孩在墙上会写“打倒阿毛”了。他妈也会喊“打倒周小妹”了。他爸爸也会贴“打倒王庆来”了（《贡献》九期，江绍原《小品》页七八）。

他家里人口不平安，有病的，有死的。这也有好法子。请个道士来，画几道符，大门上贴一张，房门上贴一张，茅厕上也贴一张，病鬼便都跑掉了，再不敢进门了。画符自然是“名教”的重要方法。

死了的人又怎么办呢？请一班和尚来，念几卷经，便可以超度死者了。念经自然也是“名教”的重要方法。符是文字，经是文字，都有不可思议的神力。

死了人，要“点主”。把神主牌写好，把那“主”字上头的一点空着。请一位乡绅来点主。把一只雄鸡头上的鸡冠切破，那位赵乡绅把朱笔蘸饱了鸡冠血，点上“主”字。从此死者的灵魂遂凭依在神主牌上了。

吊丧须用挽联，贺婚贺寿须用贺联；讲究的送幛子，更讲究的送祭文寿序。都是文字，都是“名教”的一部分。

豆腐店的老板梦想发大财，也有法子。请村口王老师写副门联：“生意兴隆通四海，财源茂盛达三江。”这也可以过发财的瘾了。

赵乡绅也有他的梦想，所以他也写副门联：“总集福荫，备至嘉祥。”

王老师虽是不通，虽是下流，但他也得写一副门联：“文章华国，忠孝传家。”

豆腐店老板心里还不很满足，又去请王老师替他写一个大红春帖：“对我生财”，贴在对面墙上，于是他的宝号就发财的样子十足了。

王老师去年的家运不大好，所以他今年元旦起来，拜了天地，洗净手，拿起笔来，写个红帖子：“戊辰发笔，添丁进财。”他今年一定时运大来了。

父母祖先的名字是要避讳的。古时候，父名晋，儿子不得应进士考试。现在宽的多了，但避讳的风俗还存在一般社会里。皇帝的名字现在不避讳了。但孙中山死后，“中山”尽管可用作学校地方或货品的名称，“孙文”便很少人用了；忠实同志都应该称他为“先总理”。

南京有一个大学，为了改校名，闹了好几次大风潮，有一次竟把校名牌子抬了送到大学院去。

北京下来之后，名教的信徒又大忙了。北京已改做“北平”了；今天又有人提议改南京做“中京”了。还有人郑重提议“故宫博物院”应该改作“废宫博物院”。将来这样大改革的事业正多呢。

前不多时，南京的《京报副刊》的画报上有一张照片，标题是“军事委员会政治训练部宣传处艺术科写标语之忙碌”。图上是五六个中山装的青年忙着写标语；桌上，椅背上，地板上，满铺着写好了的标语，有大字，有小字，有长句，有短句。

这不过是“写”的一部分工作；还有拟标语的，有讨论审定标语的，还有贴标语的。

5 月初济南事件发生以后，我时时往来淞沪铁路上，每一次四十分钟的旅行所见的标语总在一千张以上；出标语的机关至少总在七八十个以上。有写着“枪毙田中义一”的，有写着“活埋田中义一”的，有写着“杀尽倭贼”而把“倭贼”两字倒转来写，如报纸上寻人广告倒写的“人”字一样。“人”字倒写，人就会回来了；“倭贼”倒写，倭贼也就算打倒了。

现在我们中国已成了口号标语的世界。有人说，这是从苏俄学来的法子。这是很冤枉的。我前年在莫斯科住了三天，就没有看见墙上有一张标语。标语是地道的国货，是“名教”国家的祖传法宝。

试问墙上贴一张“打倒帝国主义”，同墙上贴一张“对我生财”或“抬头见喜”，有什么分别？是不是一个师父传授的衣钵？

试问墙上贴一张“活埋田中义一”，同小孩子贴一张“雷打王阿毛”，有什么分别？是不是一个师父传授的法宝？

试问“打倒唐生智”、“打倒汪精卫”，同王阿毛贴的“阿发黄病打死”，有什么分别？王阿毛尽够做老师了，何须远学莫斯科呢？

自然，在党国领袖的心目中，口号标语是一种宣传的方法，政治的武器。但在中小学生的心里，在第九十九师十五连第三排的政治部人员的心里，口号标语便不过是一种出气泄愤的法子罢了。如果“打倒帝国主义”是标语，那么，第十区的第七小学为什么不可贴“杀尽倭贼”的标语呢？如果“打倒汪精卫”是正当的标语，那么“活埋田中义一”为什么不是正当的标语呢？

如果多贴几张“打倒汪精卫”可以有效果，那么，你何以见得多贴几张“活埋田中义一”不会使田中义一打个寒噤呢？

故从历史考据的眼光看来，口号标语正是“名教”的正传嫡派。因为在绝大多数人的心里，墙上贴一张“国民政府是为全民谋幸福的政府”正等于门上写一条“姜太公在此”，有灵则两者都应该有灵，无效则两者同为废纸而已。

我们试问，为什么豆腐店的张老板要在对门墙上贴一张“对我生财”？岂不是因为他天天对着那张纸可以过一点发财的瘾吗？为什么他元旦开门时嘴里要念“元宝滚进来”？岂不是因为他念这句话时心里感觉舒服吗？

要不然，只有另一个说法，只可说是盲从习俗，毫无意义。张老板的祖宗下来每年都贴一张“对我生财”，况且隔壁剃头店门口也贴了一张，所以他不能不照办。

现在大多数喊口号，贴标语的，也不外这两种理由：一是心理上的过瘾，一是无意义的盲从。

少年人抱着一腔热沸的血，无处发泄，只好在墙上大书“打倒卖国贼”，或“打倒日本帝国主义”。写完之后，那二尺见方的大字，那颜鲁公的书法，个个挺出来，好生威武，他自己看着，血也不沸了，气也稍稍平了，心里觉得舒服得多，可以坦然回去休息了。于是他的一腔义愤，不曾收敛回去，在他的行为上与人格上发生有益的影响，却轻轻地发泄在墙头的标语上面了。

这样的发泄情感，比什么都容易，既痛快，又有面子，谁不爱做呢？一回生，二回熟，便成了惯例了，于是“五一”、“五三”、“五四”、“五七”、“五九”、“六三”……都照样做去：放一天假，开个纪念会，贴无数标语，喊几句口号，就算做了纪念了！

于是月月有纪念，周周做纪念周，墙上处处是标语，人人嘴上有的是口号。于是老祖宗几千年相传的“名教”之道遂大行于今日，而中国遂成了一个“名教”的国家。

我们试进一步，试问，为什么贴一张“雷打王阿毛”或“枪毙田中义一”可以发泄我们的感情，可以出气泄愤呢？

这一问便问到“名教”的哲学上去了。这里面的奥妙无穷，我们现在只能指出几个有趣味的要点。

第一，我们的古代老祖宗深信“名”就是魂，我们至今不知不觉地还逃不了这种古老迷信的影响。“名就是魂”的迷信是世界人类在幼稚时代同有的。埃及人的第八魂就是“名魂”。我们中国古今都有此迷信。《封神演义》上有个张桂芳能够“呼名落马”；他只叫一声“黄飞虎还不下马，更待何时！”黄飞虎就滚下五色神牛了。不幸张桂芳遇见了哪吒，喊来喊去，哪吒立在风火轮上不滚下来，因为哪吒是莲花化身，没有魂的。《西游记》上有个银角大王，他用一个红葫芦，叫一声“孙行者”，孙行者答应一声，就被装进去了。后来孙行者逃出来，又来挑战，改名做“行者孙”，答应了一声，也就被装了进去！因为有名就有魂了（参看《贡献》八期，江绍原《小品》页五四）。民间“叫魂”，只是叫名字，因为叫名字就是叫魂了。因为如此，所以小孩在墙上写“鬼捉王阿毛”，便相信鬼真能把阿毛的魂捉去。党部中人制定“打倒汪精卫”的标语，虽未必相信“千夫所指，无病自死”；但那位贴“枪毙田中义一”的小学生却难保不知不觉地相信他有咒死田中的功用。

第二，我们的古代老祖宗深信“名”（文字）有不可思议的神力，我们也免不了这种迷信的影响。这也是幼稚民族的普通迷信，高等民族也往往不能免除。《西游记》上如来佛写了“唵嘛呢叭𠺗吽”六个字，便把孙猴子压住了一千年。观音菩萨念一个“唵”字咒语，便有诸神来见。他在孙行者手心写一个“𠺗”字，就可以引红孩儿去受擒。小说上的神仙妖道作法，总得“口中念念有词”。一切符咒，都是有神力的文字。现在有许多人似乎真相信多贴几张“打倒军阀”的标语便可以打倒张作霖了。他们若不信这种神力，何以不到前线去打仗，却到吴淞镇的公共厕所墙上张贴“打倒张作霖”的标语呢？

第三，我们的古代圣贤也曾提倡一种“理智化”了的“名”的迷信，几千年来深入人心，也是造成“名教”的一种大势力。卫君要请孔子去治国，孔老先生却先要“正名”。他恨极了当时的乱臣贼子，却又“手无斧柯，奈龟山何！”所以他只好做一部《春秋》来褒贬他们，“一字之贬，严于斧钺；一字之褒，荣于华衮”。这种思想便是古代所谓“名分”的观念。尹文子说：

> 善名命善，恶名命恶。故善有善名，恶有恶名。……今亲贤而疏不肖，赏善而罚恶。贤不肖，善恶之名宜在彼；亲疏赏罚之称宜属我。……“名”宜属彼，“分”宜属我。我爱白而憎黑，韵商而舍徵，好膻而恶焦，嗜甘而逆苦。白黑商徵，膻焦甘苦，彼之“名”也；爱憎韵舍，好恶嗜逆，我之“分”也。定此名分，则万事不乱也。

“名”是表物性的，“分”是表我的态度的。善名便引起我爱敬的态度，恶名便引起我厌恨的态度。这叫做“名分”的哲学。“名教”、“礼教”便建筑在这种哲学的基础之上。一块石头，变作了贞节牌坊，便可以引无数青年妇女牺牲她们的青春与生命去博礼教先生的一篇铭赞，或志书“烈女”门里的一个名字。“贞节”是“名”，羡慕而情愿牺牲，便是“分”。女子的脚裹小了，男子赞为“美”，诗人说是“三寸金莲”，于是几万万的妇女便拼命裹小脚了。“美”与“金莲”是“名”，羡慕而情愿吃苦牺牲，便是“分”。现在人说小脚“不美”，又“不人道”，名变了，分也变了，于是小脚的女子也得塞棉花，充天脚了。——现在的许多标语，大都有个褒贬的用意：宣传便是宣传这褒贬的用意。说某人是“忠实同志”，便是教人“拥护”他。说某人是“军阀”，“土豪劣绅”，“反动”，“反革命”，“老朽昏庸”，便是教人“打倒”他。故“忠实同志”、“总理信徒”的名，要引起“拥护”的分。“反动分子”的名，要引起“打倒”的分。故今日墙上的无数“打倒”与“拥护”，其实都是要寓褒贬，定名分。不幸标语用得太滥了，今天要打倒的，明天却又在拥护之列了；今天的忠实同志，明天又变为反革命了。于是打倒不足为辱，而反革命有人竟以为荣。于是“名教”失其作用，只成为墙上的符箓而已。

两千年前，有个九十岁的老头子对汉武帝说，“为治不在多言，顾力行何如耳。”两千年后，我们也要对现在的治国者说：

治国不在口号标语，顾力行何如耳。

一千多年前，有个庞居士，临死时留下两句名言：

但愿空诸所有。慎勿实诸所无。

“实渚所无”，如“鬼”本是没有的，不幸古代的浑人造出“鬼”名，更造出“无常鬼”，“大头鬼”，“吊死鬼”等等名，于是人的心里便像煞真有鬼了。我们对于现在的治国者，也想说：

但愿实诸所有，慎勿实诸所无。

末了，我们也学时髦，编两句口号：

打倒名教！名教扫地，中国有望！

十七，七，二

关于“名”的迷信，除江绍原、冯友兰的文章之外，可参考 Ogden and Richards；*Meaning of Meaning*，Chapter 2. Conybeare：Myth，Magic and Morals，Chapter 13.

（原载 1928 年 7 月 10 日《新月》第 1 卷第 5 号）

人生有何意义

一　答某君书

……我细读来书，终觉得你不免作茧自缚。你自己去寻出一个本不成问题的问题，“人生有何意义？”其实这个问题是容易解答的。人生的意义全是各人自己寻出来，造出来的：高尚，卑劣，清贵，污浊，有用，无用，……全靠自己的作为。生命本身不过是一件生物学的事实，有什么意义可说？生一个人与一只猫，一只狗，有什么分别？人生的意义不在于何以有生，而在于自己怎样生活。你若情愿把这六尺之躯葬送在白昼做梦之上，那就是你这一生的意义。你若发愤振作起来，决心去寻求生命的意义，去创造自己的生命的意义，那么，你活一日便有一日的意义，作一事便添一事的意义，生命无穷，生命的意义也无穷了。

总之，生命本没有意义，你要能给它什么意义，它就有什么意义。与其终日冥想人生有何意义，不如试用此生作点有意义的事。……

十七，一，廿七

（原载1928年8月5日《生活》周刊第3卷第38期）

二　为人写扇子的话

知世如梦无所求，无所求心普空寂。

还似梦中随梦境，成就河沙梦功德。

王荆公小诗一首，真是有得于佛法的话。认得人生如梦，故无所求。但无所求不是无为。人生固然不过一梦，但一生只有这一场做梦的机会，岂可不努力做一个轰轰烈烈像个样子的梦？岂可糊糊涂涂懵懵懂懂混过这几十年吗?

十八，五，十三

信心与反省

这一期（《独立》一〇三期）里有寿生先生的一篇文章，题为《我们要有信心》，在这文里，他提出一个大问题：中华民族真不行吗？他自己的答案是：我们是还有生存权的。

我很高兴我们的青年在这种恶劣空气里还能保持他们对于国家民族前途的绝大信心。这种信心是一个民族生存的基础，我们当然是完全同情的。

可是我们要补充一点：这种信心本身要建筑在稳固的基础之上，不可站在散沙之上。如果信仰的根据不稳固，一朝根基动摇了，信仰也就完了。

寿生先生不赞成那些旧人“拿什么五千年的古国哟，精神文明哟，地大物博哟，来遮丑”。这是不错的。然而他自己提出的民族信心的根据，依我看来，文字上虽然和他们不同，实质上还是和他们同样的站在散沙之上，同样的挡不住风吹雨打。例如他说：

> 我们今日之改进不如日本之速者，就是因为我们的固有文化太丰富了。富于创造性的人，个性必强，接受性就较缓。

这种思想在实质上和那五千年古国精神文明的迷梦是同样的无稽的夸大。第一，他的原则“富于创造性的人，个性必强，接受性就较缓”，这个大前提就是完全无稽之谈，就是懒惰的中国士大夫捏造出来替自己遮丑的胡说。事实上恰是相反的：凡富于创造性的人必敏于模仿，凡不善模仿的人决不能创造。创造是一个最误人的名词，其实创造只是模仿到十足时的一点点新花样。古人说得最好：“太阳之下，没有新的东西。”一切所谓创造都从模仿出来。我们不要被新名词骗了。新名词的模仿就是旧名词的

“学”字；“学之为言效也”是一句不磨的老话。例如学琴，必须先模仿琴师弹琴；学画必须先模仿画师作画；就是画自然界的景物，也是模仿。模仿熟了，就是学会了，工具用的熟了，方法练的细密了，有天才的人自然会“熟能生巧”，这一点工夫到时的奇巧新花样就叫做创造。凡不肯模仿，就是不肯学人的长处。不肯学如何能创造？伽利略（Galieo）听说荷兰有个磨镜匠人做成了一架望远镜，他就依他听说的造法，自己制造了一架望远镜。这就是模仿，也就是创造。从十七世纪初年到如今，望远镜和显微镜都年年有进步，可是这三百年的进步，步步是模仿，也步步是创造。一切进步都是如此：没有一件创造不是先从模仿下手的。孔子说的好：

> 三人行，必有我师焉：择其善者而从之，其不善者而改之。

这就是一个圣人的模仿。懒人不肯模仿，所以决不会创造。一个民族也和个人一样，最肯学人的时代就是那个民族最伟大的时代；等到他不肯学人的时候，他的盛世已过去了，他已走上衰老僵化的时期了，我们中国民族最伟大的时代，正是我们最肯模仿四邻的时代：从汉到唐、宋，一切建筑、绘画、雕刻、音乐、宗教、思想、算学、天文、工艺，哪一件里没有模仿外国的重要成分？佛教和他带来的美术建筑，不用说了。从汉朝到今日，我们的历法改革，无一次不是采用外国的新法；最近三百年的历法是完全学西洋的，更不用说了。到了我们不肯学人家的好处的时候，我们的文化也就不进步了。我们到了民族中衰的时代，只有懒劲学印度人的吸食鸦片，却没有精力学满洲人的不缠脚，那就是我们自杀的法门了。

第二，我们不可轻视日本人的模仿。寿生先生也犯了一般人轻视日本的恶习惯，抹杀日本人善于模仿的绝大长处。日本的成功，正可以证明我在上文说的“一切创造都从模仿出来”的原则。寿生说：

> 从唐以至日本明治维新，其数百年间，日本有一件事足为中国取镜者吗？中国的学术思想在她手里去发展改进过吗？我们实无法说有。

这又是无稽的诬告了。三百年前，朱舜水到日本，他居留久了，能了解那个岛国民族的优点，所以他写信给中国的朋友说，日本的政治虽不能上比唐、虞，可以说比得上三代盛世。这一个中国大学者在长期寄居之后下的考语，是值得我们的注意的。日本民族的长处全在他们肯一心一意地学别人的好处。他们学了中国的无数好处，但始终不曾学我们的小脚，八股文，鸦片烟。这不够“为中国取镜”吗？他们学别国的文化，无论在哪一方面，凡是学到家的，都能有创造的贡献。这是必然的道理。浅见的人都说日本的山水人物画是模仿中国的；其实日本画自有它的特点，在人物方面的成绩远胜过中国画，在山水方面也没有走上四王的笨路。在文学方面，他们也有很大的创造。近年已有人赏识日本的小诗了。我且举一个大家不甚留意的例子。文学史家往往说日本的《源氏物语》等作品是模仿中国唐人的小说《游仙窟》等书的。现今《游仙窟》已从日本翻印回中国来了，《源氏物语》也有了英国人卫来先生（Arthur Waley）的五巨册的译本。我们若比较这两部书，就不能不惊叹日本人创造力的伟大。如果《源氏》真是从模仿《游仙窟》出来的，那真是徒弟胜过师傅千万倍了！寿生先生原文里批评日本的工商业，也是中了成见的毒。日本今日工商业的长足发展，虽然也受了生活程度比人低和货币低落的恩惠，但他的根基实在是全靠科学与工商业的进步。今日大阪与兰肯歇的竞争，骨子里还是新式工业与旧式工业的竞争。日本今日自造的纺织器是世界各国公认为最新最良的。今日英国纺织业也不能不购买日本的新机器了，这是从模仿到创造的最好的例子。不然，我们工人的工资比日本更低，货币平常也比日本钱更贱，为什么我们不能“与他国资本家抢商场”呢？我们到了今日，若还要抹杀事实，笑人模仿，而自居于“富于创造性者”的不屑模仿，那真是盲目的夸大狂了。

第三，再看看“我们的固有文化”是不是真的“太丰富了”。寿生和其他夸大本国固有文化的人们，如果真肯平心想想，必然也会明白这句话也是无根的乱谈。这个问题太大不是这篇短文里所能详细讨论的，我只能指出这个比较重要之点，使人明白我们的固有文化实在是很贫乏的，谈不到“太丰富”的梦话。近代的科学文化，工业文化，我们可以撇开不谈，因为在那些方面，我们的贫乏未免太丢人了。我们且谈谈老远的过去时代罢。我们的周秦时代当然可以和希腊、罗马相提并论，然而我们如果平心研究希腊、罗马的文学，雕刻，科学，政治，单是这四项就不能不使我们感觉我们的文化的贫乏了。尤其是造型美术与算学的两方面，我们真不能不低头愧汗。我们试想想，《几何原本》的作者欧几里得（Euclid）正和孟子先后同时；在那么早的时代，在两千多年前，我们在科学上早已太落后了！（少年爱国的人何不试拿《墨子·经上》篇里的三五条几何学界说来比较《几何原本》？）从此以后，我们所有的，欧洲也都有；我们所没有的，人家所独有的，人家都比我们强。试举一个例子：欧洲有三个一千年的大学，有许多个五百年以上的大学，至今继续存在，继续发展：我们有没有？至于我们所独有的宝贝，骈文，律诗，八股，小脚，太监，姨太太，五世同居的大家庭，贞节牌坊，地狱活现的监狱，廷杖，板子夹棍的法庭，……虽然“丰富”，虽然“在这世界无不足以单独成一系统”，究竟都是使我们抬不起头来的文物制度。即如寿生先生指出的“那更光辉万丈”的宋、明理学，说起来也真正可怜！讲了七八百年的理学，没有一个理学圣贤起来指出裹小脚是不人道的野蛮行为，只见大家崇信“饿死事极小，失节事极大”的吃人礼教：请问那万丈光辉究竟照耀到哪里去了？

以上说的，都只是略略指出寿生先生代表的民族信心是建筑在散沙上面，禁不起风吹草动，就会倒塌下来的。信心是我们需要的，但无根据的信心是没有力量的。

可靠的民族信心，必须建筑在一个坚固的基础之上，祖宗的光荣自是祖宗之光荣，不能救我们的痛苦羞辱。何况祖宗所建的基业不全是光荣呢？我们要指出：我们的民族信心必须站在“反省”的唯一基础之上。反省就是要闭门思过，要诚心诚意的想，我们祖宗的罪孽深重，我们自己的罪孽深重；要认清了罪孽所在，然后我们可以用全副精力去消灾灭罪。寿生先生引了一句“中国不亡是无天理”的悲叹词句，他也许不知道这句伤心的话是我十三四年前在中央公园后面柏树下对孙伏园先生说的，第二天被他记在《晨报》上，就流传至今。我说出那句话的目的，不是要人消极，是要人反省；不是要人灰心，是要人起信心，发下大宏誓来忏悔，来替祖宗忏悔，替我们自己忏悔；要发愿造新因来替代旧日种下的恶因。

今日的大患在于全国人不知耻。所以不知耻者，只是因为不曾反省。一个国家兵力不如人，被人打败了，被人抢夺了一大块土地去，这不算是最大的耻辱。一个国家在今日还容许整个的省份遍种鸦片烟，一个政府在今日还要依靠鸦片烟的税收——公卖税，吸户税，烟苗税，过境税——来做政府的收入的一部分，这是最大的耻辱。一个现代民族在今日还容许他们的最高官吏公然提倡什么“时轮金刚法会”，“息灾利民法会”，这是最大的耻辱。一个国家有五千年的历史，而没有一个四十年的大学，甚至于没有一个真正完备的大学，这是最大的耻辱。一个国家能养三百万不能捍卫国家的兵，而至今不肯计划任何区域的国民义务教育，这是最大的耻辱。

真诚的反省自然发生与真诚的愧耻。孟子说的好：“不耻不若人，何若人有?”真诚的愧耻自然引起向上的努力，要发宏愿努力学人家的好处，铲除自家的罪恶。经过这种反省与忏悔之后，然后可以起新的信心：要信仰我们自己正是拨乱反正的人，这个担子必须我们自己来挑起。三四十年的天足运动已经差不多完全铲除了小脚的风气：从前大脚的女人要装小脚，现在小脚的女人要装大脚了。风气转移的这样快，这不够坚定我们的自信心吗?

历史的反省自然使我们明了今日的失败都因为过去的不努力，同时也可以使我们格外明了“种瓜得瓜，种豆得豆”的因果铁律。铲除过去的罪孽只是割断已往种下的果。我们要收新果，必须努力造新因。祖宗生在过去的时代，他们没有我们今日的新工具，也居然能给我们留下了不少的遗产。我们今日有了祖宗不曾梦见的种种新工具，当然应该有比祖宗高明千百倍的成绩，才对得起这个新鲜的世界。日本一个小岛国，那么贫瘠的土地，那么少的人民，只因为伊藤博文，大久保利通，西乡隆盛等几十个人的努力，只因为他们肯拼命的学人家，肯拼命地用这个世界的新工具，居然在半个世纪之内一跃而为世界三五大强国之一。这不够鼓舞我们的信心吗?

反省的结果应该使我们明白那五千年的精神文明，那“光辉万丈”的宋、明理学，那并不太丰富的固有文化，都是无济于事的银样镴枪头。我们的前途在我们自己的手里。我们的信心应该望在我们的将来。我们的将来全靠我们下什么种，出多少力。“播了种一定会有收获，用了力决不至于白费”：这是翁文灏先生要我们有的信心。

二十三，五，二十八

（原载1934年6月3日《独立评论》第103号）

再论信心与反省

在《独立》第一〇三期，我写了一篇《信心与反省》，指出我们对国家民族的信心不能建筑在歌颂过去上，只可以建筑在“反省”的唯一基础之上。在那篇讨论里，我曾指出我们的固有文化是很贫乏的，决不能说是“太丰富了”的。我们的文化，比起欧洲一系的文化来，“我们所有的，人家也都有；我们所没有的，人家所独有的，人家都比我们强。至于我们所独有的宝贝，骈文，律诗，八股，小脚，……又都是使我们抬不起头来的文物制度”。所以我们应该反省：认清了我们的祖宗和我们自己的罪孽深重，然后肯用全力去消灾灭罪；认清了自己百事不如人，然后肯死心塌地的去学人家的长处。

我知道这种论调在今日是很不合时宜的，是触犯忌讳的，是至少要引起严厉的抗议的。可是我心里要说的话，不能因为人不爱听就不说了。正因为人不爱听，所以我更觉得有不能不说的责任。

果然，那篇文章引起了一位读者子固先生的悲愤，害他终夜不能睡眠，害他半夜起来写他的抗议，直写到天明。他的文章，《怎样才能建立起民族的信心》是一篇很诚恳的，很沉痛的反省。我很尊敬他的悲愤，所以我很愿意讨论他提出的论点，很诚恳地指出他那“一半不同”正是全部不同。

子固先生的主要论点是：

> 我们民族这七八十年以来，与欧美文化接触，许多新奇的现象炫盲了我们的眼睛，在这炫盲当中，我们一方面没出息地丢了我们固有的维系并且引导我们向上的文化，另一方面我们又没有能够抓住外来文化之中那种能够帮助我们民族更为强盛的一部分。结果我们走入迷途，堕落下去！

> 忠孝、仁爱、信义、和平是维系并且引导我们民族向上的固有文化，科学是外来文化中能够帮助我们民族更为强盛的一部分。

子固先生的论调，其实还是三四十年前的老辈的论调。他们认得了富强的需要，所以不反对西方的科学工业；但他们心里很坚决的相信一切伦纪道德是我们所固有而不须外求的。老辈之中，一位最伟大的孙中山先生，在他的通俗讲演里，也不免要敷衍一般夸大狂的中国人，说："中国先前的忠孝仁爱信义种种的旧道德"都是"驾乎外国人"之上。中山先生这种议论在今日往往被一般人利用来做复古运动的典故，所以有些人就说"中国本来是一个由美德筑成的黄金世界"了！（这是民国十八年叶楚伧先生的名言。）

子固先生也特别提出孙中山先生的伟大，特别颂扬他能"在当时一班知识阶级盲目崇拜欧美文化的狂流中，岿然不动地指示我们救国必须恢复我们固有文化，同时学习欧美科学"。但他如果留心细读中山先生的讲演，就可以看出他当时说那话时是很费力的，很不容易自圆其说的。例如讲"修身"，中山先生很明白的说：

> 但是从修身一方面来看，我们中国人对于这些功夫是很缺乏的。中国人一举一动都欠检点，只要和中国人来往过一次，便看得很清楚。（《三民主义》六）

他还对我们说：

> 所以今天讲到修身，诸位新青年，便应该学外国人的新文化。（《三民主义》六）

可是他一会儿又回过去颂扬固有的旧道德了。本来有保守性的读者只记得中山先生颂扬旧道德的话，却不曾细想他所颂扬的旧道德都只是几个人类共有的理想，并不是我们这个民族实行最力的道德。例如他说的"忠孝仁爱信义和平"，哪一件不是东西哲人共同提倡的理想？除了割股治病，卧冰求鲤一类不近人情的行动之外，哪一件不是世界文明人类共有的理想？孙中山先生也曾说过：

照这样实行一方面讲起来，仁爱的好道德，中国人现在似乎远不如外国。……但是仁爱还是中国的旧道德。我们要学外国，只要学他们那样实行，把仁爱恢复起来，再去发扬光大，便是中国固有的精神。(同上书)

在这短短一段话里，我们可以看出中山先生未尝不明白在仁爱的“实行”上，我们实在远不如人。所谓“仁爱还是中国的旧道德”者，只是那个道德的名称罢了。中山先生很明白的教人：修身应该学外国人的新文化，仁爱也“要学外国”。但这些话中的话都是一般人不注意的。

在这些方面，吴稚晖先生比孙中山先生彻底多了。吴先生在他的《一个新信仰的宇宙观及人生观》里，很大胆地说中国民族的“总和道德是低浅的”同时他又指出西洋民族

什么仁义道德，孝弟忠信，吃饭睡觉，无一不较上三族（阿拉伯，印度，中国）的人较有作法，较有热心。……讲他们的总和道德叫做高明。

这是很公允的评判。忠孝、信义、仁爱、和平，都是有文化的民族共有的理想；在文字理论上，犹太人，印度人，阿拉伯人，希腊人，以至近世各文明民族，都讲得头头是道。所不同者，全在吴先生说的“有作法，有热心”两点。若没有切实的办法，没有真挚的热心，虽然有整千万册的理学书，终无救于道德的低浅。宋、明的理学圣贤，谈性谈心，谈居敬，谈致良知，终因为没有作法，只能走上“终日端坐，如泥塑人”的死路上去。

我之所以要特别提出子固先生的论点，只因为他的悲愤是可敬的，而他的解决方案还是无补于他的悲愤。他的方案，一面学科学，一面恢复我们固有的文化，还只是张之洞一辈人说的“中学为体，西学为用”的方案。老实说，这条路是走不通的。如果过去的文化是值得恢复的，我们今天不至糟到这步田地了。况且没有那科学工业的现代文化基础，是无法发扬什么文化的“伟大精神”的。忠孝、仁爱、信义、和平是永远存在书本子里的；但是因为我们的祖宗只会把这些好听的名词都写作八股文章，画作太极图，编作理学语录，所以那些好听的名词都不能变成有做法有热心

的事实。西洋人跳出了经院时代之后，努力做征服自然的事业，征服了海洋，征服了大地，征服了空气电气，征服了不少的原质，征服了不少的微生物，——这都不是什么“保存国粹”“发扬固有文化”的口号所能包括的工作，然而科学与工业发达的自然结果是提高了人民的生活，提高了人类的幸福，提高了各个参加国家的文化。结果就是吴稚晖先生说的“总和道德叫做高明”。

世间讲“仁爱”的书，莫过于《华严经》的《净行品》，那一篇妙文教人时时刻刻不可忘了人类的痛苦与缺陷，甚至于大便小便时都要发愿不忘众生：

> 左右便利，当愿众生，蠲除污秽，无淫怒痴。
> 已而就水，当愿众生，向无上道，得出世法。
> 以水涤秽，当愿众生，具足净忍，毕竟无垢。
> 以水盥掌，当愿众生，得上妙手，受持佛法。……

但是一个和尚的宏愿，究竟能做到多少实际的“仁爱”？回头看看那一心想征服自然的科学救世者，他们发现了一种病菌，制成了一种血清，可以激活无量数的人类，其为“仁爱”岂不是千万倍的伟大？

以上的讨论，好像全不曾顾到“民族的信心”的一个原来问题。这是因为子固先生的来论，剥除了一些动了感情的话，实在只说了一个“中学为体，西学为用”的老方案，所以我要指出这个方案的“一半”是行不通的：忠孝、仁爱、信义、和平等等并不是“维系并且引导我们民族向上的固有文化”，它们不过是人类共有的几个理想，如果没有做法，没有热力，只是一些空名词而已。这些好名词的存在并不曾挽救或阻止“八股，小脚，太监，姨太太，贞节牌坊，地狱的监牢，夹棍板子的法庭”的存在。这些八股，小脚，……“固有文化”的崩溃，也全不是程颢，朱熹，顾亭林，戴东原……圣贤的功绩，乃是“与欧美文化接触”之后，那科学工业造成的新文化叫我们相形之下太难堪了，这些东方文明的罪孽方才逐渐崩溃的。我要指出：我们民族这七八十年来与欧美文化接触的结果，虽然还不曾学到那个整个的科学工业的文明，（可怜丁文江，翁文灏，颜任光诸位先生都还是四十多岁的少年，他们的工作刚开始哩！）究竟已替我们的祖宗消除了无数的罪孽，打倒了“小脚，八股，太监，五世同居的大家庭，贞节牌坊，地狱活现的监狱，夹棍板子的法庭”的一大部分或一小部分。这都是我们的“数不清的圣贤天才”从来不曾指摘讥弹的；这都是“忠孝、仁爱、信义、和平”的固有文化从来不曾“引导向上”的。这些祖宗罪孽的崩溃，固然大部分是欧美文明的恩赐，同时也可以表示我们在这七八十年中至少也还做到了这些消极的进步。子固先生说我们在这七八十年中“走入迷途，堕落下去”，这真是无稽的诬告！中国民族在这七八十年中何尝“堕落”？在几十年之中，废除了三千年的太监，一千年的小脚，六百年的八股，五千年的酷刑，这是“向上”，不是堕落！

不过我们的“向上”还不够，努力还不够。八股废止至今不过三十年，八股的训练还存在大多数老而不死的人的心灵里，还间接直接的传授到我们的无数的青年人的脑筋里。今日还是一个大家做八股的中国，虽然题目换了。小脚逐渐绝迹了，夹棍板子，砍头碎剐废止了，但裹小脚的残酷心理，上夹棍打屁股的野蛮心理，都还存在无数老少人们的心灵里。今日还是一个残忍野蛮的中国，所以始终还不曾走上法治的路，更谈不到仁爱和平了。

所以我十分诚挚地对全国人说：我们今日还要反省，还要闭门思过，还要认清祖宗和我们自己的罪孽深重，绝不是这样浅薄的“与欧美文化接触”就可以脱胎换骨的。我们要认清那个容忍拥戴“小脚，八股，太监，姨太太，骈文，律诗，五世同居的大家庭，贞节牌坊，地狱的监牢，夹棍板子的法庭”到几千几百年之久的固有文化，是不足迷恋的，是不能引我们向上的。那里面浮沉着的几个圣贤豪杰，其中当然有值得我们崇敬的人，但那几十颗星儿终究照不亮那满天的黑暗。我们的光荣的文化不在过去，是在将来，是在那扫清了祖宗的罪孽之后重新改造出来的文化。替祖国消除罪孽，替子孙建立文明，这是我们人人的责任。古代哲人曾参说得最好：

士不可以不弘毅：任重而道远。

先明白了“任重而道远”的艰难，自然不轻易灰心失望了。凡是轻易灰心失望的人，都只是不曾认清他挑的是一个百斤的重担，走的是一条万里的长路。今天挑不动，努力磨炼了总有挑得起的一天。今天走不完，走得一里前途就缩短了一里。“播了种一定会有收获，用了力决不至于白费”，这是我们最可靠的信心。

二十三，六，十一夜

（原载1934年6月17日《独立评论》第105号）

三论信心与反省

自从《独立》第一〇三号发表了那篇《信心与反省》之后，我收到了不少的讨论，其中有几篇已在《独立》（第一〇五，一〇六，及一〇七号）登出了。我们读了这些和还有一些未发表的讨论，忍不住还要提出几个值得反复申明的论点来补充几句话。

第一个论点是：我们对于我们的"固有文化"，究竟应该采取什么态度？吴其玉先生（《独立》一〇六）怪我"把中国文化压得太低了"；寿生先生也怪我把中国文化"抑"的太过火了。他们都怕我把中国看得太低了，会造成"民族自暴自弃的心理，造成他对于其他民族屈服卑鄙的心理"。吴其玉先生说：我们"应该优劣并提。不可只看人家的长，我们的短；更应当知道我们的长，人家的短。这样我们才能有努力的勇气"。

这些责备的话，含有一种共同的心理，就是不愿意揭穿固有文化的短处，更不愿意接受"祖宗罪孽深重"的控诉。一听见有人指出"骈文，律诗，八股，小脚，太监，姨太太，贞节牌坊，地狱似的监牢，板子夹棍的法庭"等等，一般自命为爱国的人们总觉得心里怪不舒服，总要想出法子来证明这些"未必特别羞辱我们"，因为这些都是"不可避免的现象"，"无古今中外是一样的"（吴其玉先生的话）。所以吴其玉先生指出日本的"下女，男女同浴，自杀，暗杀，娼妓的风行，贿赂，强盗式的国际行为"；所以寿生先生也指出欧洲中古武士的"初夜权"，"贞操锁"。所以子固先生也要问："欧洲可有一个文化系统过去没有类似小脚，太监，姨太太，骈文，律诗，八股，地狱活现的监狱，廷杖，板子夹棍的法庭一类的丑处呢?"（《独立》一〇五号）本期（《独立》一〇七号）有周作人先生来信，指出这又是"西洋也有臭虫"的老调。这种心理实在不是健全的心理，只是"遮羞"的一个老法门而已。从前笑话书上说：甲乙两人同坐，甲摸着身上一个虱子，有点难为情，把它抛在地上，说："我道是个虱子，原来不是的。”乙偏不识窍，弯身下去，把虱子拾起来，说：“我道不是个虱子，原来是个虱子！”甲的做法，其实不是除虱的好法子。乙的做法，虽然可恼，至少有“实事求是”的长处。虱子终是虱子，臭虫终是臭虫，何必讳呢？何必问别人家有没有呢？

况且我原来举出的“我们所独有的宝贝”：骈文，律诗，八股，小脚，太监，姨太太，五世同居的大家庭，贞节牌坊，地狱似的监牢，廷杖，板子夹棍的法庭，这十一项，除姨太太外，差不多全是“我们所独有的”，“在这世界无不足以单独成一系统的”。高跟鞋与木屐何足以媲美小脚？“贞操锁”我在巴黎的克吕尼博物院看见过，并且带有照片回来，这不过是几个色情狂的私人的特制，万不配上比那普及全国至一千多年之久，诗人颂为香钩，文人尊为金莲的小脚。我们走遍世界，研究过初民社会，没有看见过一个文明的或野蛮的民族把他们的女人的脚裹小到三四寸，裹到骨节断折残废，而一千年公认为“美”的！也没有看见过一个文明的民族的知识阶级有话不肯老实地说，必须凑成对子，做成骈文律诗律赋八股，历一千几百年之久，公认为“美”的！无论我们如何爱护祖宗，这十项的“国粹”是洋鬼子家里搜不出来的。

况且西洋的“臭虫”是装在玻璃盒里任人研究的，所以我们能在巴黎的克吕尼博物院纵观高跟鞋的古今沿革，纵观“贞操锁”的制法，并且可以在博物院中购买精制的“贞操锁”的照片寄回来让国中人士用作“西洋也有臭虫”的实例。我们呢？我们至今可有一个历史博物馆敢于搜集小脚鞋样，模型，图画，或鸦片烟灯，烟枪，烟膏，或廷杖，板子，闸床，夹棍，等等极重要的文化史料，用历史演变的原理排列展览，供全国人的研究与警醒的吗？因为大家都要以为灭迹就可以遮羞，所以青年一辈人全不明白祖宗造的罪孽如何深重，所以他们不能明白国家民族何以堕落到今日的地步，也不能明白这三四十年的解放与改革的绝大成绩。不明白过去的黑暗，所以他们不认得今日的光明；不懂得祖宗罪孽的深重，所以他们不能知道这三四十年革新运动的努力并非全无效果。我们今日所以还要郑重指出八股，小脚，板子，夹棍，等等罪孽，岂是仅仅要宣扬家丑？我们的用意只是要大家明白我们的脊梁上驮着那二三千年的罪孽重担，所以几十年的不十分自觉的努力还不能够叫我们海底翻身。同时我们也可以从这种历史的知识上得着一种坚强的信心：三四十年的一点点努力已可以废除三千年的太监，一千年的小脚，六百年的八股，四五百年的男娼，五千年的酷刑，这不够使我们更决心向前努力吗！西洋人把高跟鞋，细腰模型，贞操锁都装置在博物院里，任人观看，叫人明白那个“美德造成的黄金世界”原来不在过去，而在那辽远的将来。这正是鼓励人们向前努力的好方法，是我们青年人不可不知道的。

固然，博物院里同时也应该陈列先民的优美成绩，谈固有文化的也应该如吴其玉先生说的“优劣并提”。这虽然不是我们现在讨论的本题，（本题是“我们的固有文化真是太丰富了吗?”）我们也可以在此谈谈。我们的固有文化究竟有什么“优”“长”之处呢？我是研究历史的人，也是个有血气的中国人，当然也时常想寻出我们这个民族的固有文化的优长之处。但我寻出来的长处实在不多，说出来一定叫许多青年人失望。依我的愚见，我们的固有文化有三点是可以在世界上占数一数二的地位的：第一是我们的语言的“文法”是全世界最容易最合理的。第二是我们的社会组织，因为脱离封建时代最早，所以比较的是很平等的，很平民化的。第三是我们的先民，在印度宗教输入以前，他们的宗教比较的是最简单的，最近人情的；就在印度宗教势力盛行之后，还能勉力从中古宗教之下爬出来，勉强建立一个人世的文化：这样的宗教迷信的比较薄弱，也可算是世界稀有的。然而这三项都夹杂着不少的有害的成分，都不是纯粹的长处。文法是最合理的简易的，可是文字的形体太繁难，太不合理了。社会组织是平民化了，同时也因为没有中坚的主力，所以缺乏领袖，又不容易组织，弄成一个一盘散沙的国家；又因为社会没有重心，所以一切风气都起于最下层而不出于最优秀的分子，所以小脚起于舞女，鸦片起于游民，一切赌博皆出于民间，小说戏曲也皆起于街头弹唱的小民。至于宗教，因为古代的宗教太简单了，所以中间全国投降了印度宗教，造成了一个长期的黑暗迷信的时代，至今还留下了不少的非人生活的遗痕。——然而这三项究竟还是我们在这个世界上最特异的三点：最简易合理的文法，平民化的社会构造，薄弱的宗教心。此外，我想了二十年，实在想不出什么别的优长之点了。如有别位学者能够指出其他的长处来，我当然很愿意考虑的。(这个问题当然不是一段短文所能讨论的，我在这里不过提出一个纲要而已。)

所以，我不能不被逼上“固有文化实在太不丰富”之结论了。我以为我们对于固有的文化，应该采取历史学者的态度，就是“实事求是”的态度。一部文化史平铺放着，我们可以平心细看：如果真是丰富，我们又何苦自讳其丰富？如果真是贫乏，我们也不必自讳其贫乏。如果真是罪孽深重，我们也不必自讳其罪孽深重。“实事求是”，才是最可靠的反省。自认贫乏，方才肯死心塌地的学；自认罪孽深重，方才肯下决心去消除罪愆。如果因为发现了自家不如人，就自暴自弃了，那只是不肖的纨绔子弟的行径，不是我们的有志青年应该有的态度。

话说长了，其他的论点不能详细讨论了，姑且讨论第二个论点，那就是模仿与创造的问题。吴其玉先生说文化进步发展的方式有四种：（一）模仿，（二）改进，（三）发明，（四）创作。这样分法，初看似乎有理，细看是不能成立的。吴先生承认“发明”之中“很多都由模仿来的”。“但也有许多与旧有的东西毫无关系的”。其实没有一件发明不是由模仿来的。吴先生举了两个例：一是瓦特的蒸汽机，一是印字术。他若翻开任何可靠的历史书，就可以知道这两件也是从模仿旧东西出来的。印字术是模仿抄写，这是最明显的事：从抄写到刻印章，从刻印章到刻印版画，从刻印版画到刻印符咒短文，逐渐进到刻印大部书，又由刻板进到活字排印，历史具在，哪一个阶段不是模仿前一个阶段而添上的一点新花样？瓦特的蒸汽机，也是从模仿来的。瓦特生于1736年，他用的是牛可门（Newcomen）的蒸汽机，不过加上第二个凝冷器及其他修改而已。牛可门生于1663年，他用了同时人萨维里（Savery）的蒸汽机。牛、萨两人又都是根据法国人巴平（Denis Papin）的蒸汽唧筒。巴平又是模仿他的老师荷兰人胡根斯（Huygens）的空气唧筒的（看 Kaempffert：Modern Wonder Workers，pp，467—503）。吴先生举的两个“发明”的例子，其实都是我所说的“模仿到十足时的一点新花样”。吴先生又说：“创作也须靠模仿为入手，但只模仿是不够的。”这和我的说法有何区别？他把“创作”归到“精神文明”方面，如美术，音乐，哲学等。这几项都是“模仿以外，还须有极高的开辟天才，和独立的精神”。我的说法并不曾否认天才的重要。我说的是：

> 模仿熟了，就是学会了，工具用的熟了，方法练的细密了，有天才的人自然会“熟能生巧”，这一点功夫到时的奇巧新花样就叫做创造。（《信心与反省》页四八〇）

吴先生说：“创造须由模仿入手。”我说：“一切所谓创造都从模仿出来。”我看不出有一丝一毫的分别。

如此看来，吴先生列举的四个方式，其实只有一个方式：一切发明创作都从模仿出来。没有天才的人只能死板的模仿；天才高的人，功夫到时，自然会改善一点；改变的稍多一点，新花样添的多了，就好像是一件发明或创作了，其实还只是模仿功夫深时添上的一点新花样。

这样的说法，比较现时一切时髦的创造论似乎要减少一点弊端。今日青年人的大毛病是误信“天才”“灵感”等等最荒谬的观念，而不知天才没有功力只能蹉跎自误，一无所成。世界大发明家爱迪生说得最好：“天才（Genius）是一分神来，九十九分汗下。”他所谓“神来”（Inspiration）即是玄学鬼所谓“灵感”。用血汗苦功到了九十九分时，也许有一分的灵巧新花样出来，那就是创作了。颓废懒惰的人，痴待“灵感”之来，是终无所成的。寿生先生引孔子的话：“吾尝终日不食，终夜不寝，以思，无益，不如学也。”这一位最富于常识的圣人的话是值得我们大家想想的。

二十三，六，廿五

（原载1934年7月1日《独立评论》第107号）

领袖人才的来源

北京大学教授孟森先生前天寄了一篇文字来，题目是论“士大夫”（见《独立》第十二期）。他下的定义是：

> “士大夫”者，以自然人为国负责，行事有权，败事有罪，无神圣之保障，为诛殛所可加者也。

虽然孟先生说的“士大夫”，从狭义上说，好像是限于政治上负大责任的领袖，然而他又包括孟子说的“天民”一级不得位而有绝大影响的人物，所以我们可以说，若用现在的名词，孟先生文中所谓“士大夫”应该可以叫做“领袖人物”，省称为“领袖”。孟先生的文章是他和我的一席谈话引出来的，我读了忍不住想引申他的意思，讨论这个领袖人才的问题。

孟先生此文的言外之意是叹息近世居领袖地位的人缺乏真领袖的人格风度，既抛弃了古代“士大夫”的风范，又不知道外国的“士大夫”的流风遗韵，所以成了一种不足表率人群的领袖。他发愿要搜集中国古来的士大夫人格可以做后人模范的，做一部《士大夫集传》；他又希望有人搜集外国士大夫的精华，做一部《外国模范人物集传》。这都是很应该做的工作，也许是很有效用的教育材料。我们知道《新约》里的几种耶稣传记影响了无数人的人格；我们知道布鲁达克（Plutarch）的英雄传影响了后世许多的人物。欧洲的传记文学发展得最完备，历史上重要人物都有很详细的传记，往往有一篇传记长至几十万言的，也往往有一个人的传记多至几十种的。这种传记的翻译，倘使有审慎的选择和忠实明畅的译笔，应该可以使我们多知道一点西洋的领袖人物的嘉言懿行，间接的可以使我们对于西方民族的生活方式得一点具体的了解。

中国的传记文学太不发达了，所以中国的历史人物往往只靠一些干燥枯窘的碑版文字或史家列传流传下来；很少的传记材料是可信的，可读的已很少了；至于可歌可泣的传记，可说是绝对没有。我们对于古代大人物的认识，往往只全靠一些很零碎的轶事琐闻。然而我至今还记得我做小孩子时代读的朱子《小学》里面记载的几个可爱的人物，如汲黯、陶渊明之流。朱子记陶渊明，只记他做县令时送一个长工给他儿子，附去一封家信，说："此亦人子也，可善遇之。"这寥寥九个字的家书，印在脑子里，也颇有很深刻的效力，使我三十年来不敢轻用一句暴戾的辞气对待那帮我做事的人。这一个小小例子可以使我承认模范人物的传记，无论如何不详细，只需剪裁的得当，描写的生动，也未尝不可以做少年人的良好教育材料，也未尝不可介绍一点做人的风范。

但是传记文学的贫乏与忽略，都不够解释为什么近世中国的领袖人物这样稀少而又不高明。领袖的人才绝不是光靠几本《士大夫集传》就能铸造成功的。"士大夫"的稀少，只是因为"士大夫"在古代社会里自成一个阶级，而这个阶级久已不存在了。在南北朝的晚期，颜之推说：

> 吾观《礼经》，圣人之教，箕帚匕箸，咳唾唯诺，执烛沃盥，皆有节文，亦为至矣。但［《礼经》］既残缺非复全书，其有所不载，及世事变改者，学达君子自为节度，相承行之。故世号"士大夫风操"。而家门颇有不同，所见互称长短。然其阡陌亦自可知。（《颜氏家训·风操》第六）

在那个时代，虽然经过了魏、晋旷达风气的解放，虽然经过了多少战祸的摧毁，"士大夫"的阶级还没有完全毁灭，一些名门望族都竭力维持他们的门阀。帝王的威权，外族的压迫，终不能完全消灭这门阀自卫的阶级观念。门阀的争存不全靠声势的煊赫，子孙的贵盛。他们所倚靠的是那"士大夫风操"，即是那个士大夫阶级所用来律己律人的生活典型。即如颜氏一家，遭遇亡国之祸，流徙异地，然而颜之推所最关心的还是"整齐门内，提携子孙"，所以他著作家训，留作他家子孙的典则。隋、唐以后，门阀的自尊还能维持这"士大夫风操"至几百年之久。我们看唐朝柳氏和宋朝吕氏、司马氏的家训，还可以想见当日士大夫的风范的保存是全靠那种整齐严肃的士大夫阶级的教育的。

然而这士大夫阶级终于被科举制度和别种政治和经济的势力打破了。

元、明以后，三家村的小儿只消读几部刻板书，念几百篇科举时文，就可以有登科做官的机会；一朝得了科第，像《红鸾禧》戏文里的丐头女婿，自然有送钱投靠的人来拥戴他去走马上任。他从小学的是科举时文，从来没有梦见过什么古来门阀里的“士大夫风操”的教育与训练，我们如何能期望他居士大夫之位要维持士大夫的人品呢?

以上我说的话，并不是追悼那个士大夫阶级的崩坏，更不是希冀那种门阀训练的复活。我要指出的是一种历史事实。凡成为领袖人物的，固然必须有过人的天资做底子，可是他们的知识见地，做人的风度，总得靠他们的教育训练。一个时代有一个时代的“士大夫”，一个国家有一个国家的范型式的领袖人物。他们的高下优劣，总都逃不出他们所受的教育训练的势力。某种范型的训育自然产生某种范型的领袖。

这种领袖人物的训育的来源，在古代差不多全靠特殊阶级（如中国古代的士大夫门阀，如日本的贵族门阀，如欧洲的贵族阶级及教会）的特殊训练。在近代的欧洲则差不多全靠那些训练领袖人才的大学。欧洲之有今日的灿烂文化，差不多全是中古时代留下的几十个大学的功劳。近代文明有四个基本源头：一是文艺复兴，二是十六七世纪的新科学，三是宗教革新，四是工业革命。这四个大运动的领袖人物，没有一个不是大学的产儿。中古时代的大学诚然是幼稚的可怜，然而意大利有几个大学都有一千年的历史；巴黎，牛津，康桥都有八九百年的历史；欧洲的有名大学，多数是有几百年的历史的；最新的大学，如莫斯科大学也有一百八十多年了，柏林大学是一百二十岁了。有了这样长期的存在，才有积聚的图书设备，才有集中的人才，才有继长增高的学问，才有那使人依恋崇敬的“学风”。至于今日，西方国家的领袖人物，哪一个不是从大学出来的?即使偶有三五个例外，也没有一个不是直接间接受大学教育的深刻影响的。

在我们这个不幸的国家，一千年来，差不多没有一个训练领袖人才的机关。贵族门阀是崩坏了，又没有一个高等教育的书院是有持久性的，也没有一种教育是训练“有为有守”的人才的。五千年的古国，没有一个三十年的大学！八股试帖是不能造领袖人才的，做书院课卷是不能造领袖人才的，当日最高的教育，——理学与经学考据——也是不能造领袖人才的。现在这些东西都快成了历史陈迹了，然而这些新起的“大学”，东抄西袭的课程，朝三暮四的学制，七零八落的设备，四成五成的经费，朝秦暮楚的校长，东家宿而西家餐的教员，十日一雨五日一风的学潮，——也都还没有造就领袖人才的资格。

丁文江先生在《中国政治的出路》（《独立》第十一期）里曾指出“中国的军事教育比任何其他的教育都要落后”，所以多数的军人都“因为缺乏最低的近代知识和训练，不足以担任国家的艰巨”。其实他太恭维“任何其他的教育”了！茫茫的中国，何处是训练大政治家的所在？何处是养成执法不阿的伟大法官的所在？何处是训练财政经济专家学者的所在？何处是训练我们的思想大师或教育大师的所在？

领袖人物的资格在今日已不比古代的容易了。在古代还可以有刘邦、刘裕一流的枭雄出来平定天下，还可以有像赵普那样的人妄想用“半部《论语》治天下”。在今日的中国，领袖人物必须具备充分的现代见识，必须有充分的现代训练，必须有足以引起多数人信仰的人格。这种资格的养成，在今日的社会，除了学校，别无他途。

我们到今日才感觉整顿教育的需要，真有点像“临渴掘井”了。然而治七年之病，终须努力求三年之艾。国家与民族的生命是千万年的。我们在今日如果真感觉到全国无领袖的苦痛，如果真感觉到“盲人骑瞎马”的危机，我们应当深刻的认清只有咬定牙根来彻底整顿教育，稳定教育，提高教育的一条狭路可走。如果这条路上的荆棘不扫除，虎狼不驱逐，奠基不稳固；如果我们还想让这条路去长久埋没在淤泥水潦之中，——那么，我们这个国家也只好长久被一班无知识无操守的浑人领导到沉沦的无底地狱里去了。

（原载1932年8月7日《独立评论》第12号）

思想革命与思想自由

建设时期中最根本的需要是思想革命，没有思想革命，则一切建设皆无从谈起。而要完成思想革命，第一步即须予人民以思想的自由。

诸君或者要想：题目的本旨是建设，而你却谈思想革命，这未免太矛盾了。实则建设与革命，皆除旧布新之谓，无建设不是革命，无革命不能建设，思想革命与建设的本旨是并不违反的。

思想何以须革命呢？

（一）因为中国的传统思想，有许多不合于现代的需要，非把它铲除不可。

（二）因为传统的思想方法和思想习惯亦不合于现代的需要，非把它改革不可。

中国古来思想之最不适合于现代的环境的，就是崇尚自然。这种思想，历经老、庄、儒、释、道等之提倡，已经根深蒂固，成为中国人的传统思想。现在把它分析起来，则有下列几项：

（一）无为　老庄等皆主清静无为，以为自然比人为好，即儒家亦有此种倾向，如说“夫何言哉。四时行焉，百物生焉”。然而这种思想，却与现代环境的需要相反背。

（二）无治　现在的社会需要法律和纪律，而老庄之流则提倡无政府的思想，一切听诸自然。这种思想影响人民的生活者很深，驯致养成“各人自扫门前雪，莫管他人瓦上霜”的态度。

（三）高谈性理　现在的人们需要征服自然，而传统思想，则令吾人听天由命，服从自然的摆布。

（四）无思无虑　唯有思虑，然后有新知识，传统思想则令吾人减少思虑，以不求知为大智，因此科学遂无由发达。

（五）不争不辩　现在的环境，需要人人参与政治，敢于发表舆论，主张公理。传统思想则令吾人得过且过，忘怀一切。“此亦一是非，彼亦一是非”，无所用其争辩。以实行唾面自干，为无上的美德。这种思想与时代精神根本不能相容。

（六）知足　不知足乃进步之母，崇拜自然者叫人随遇而安，断了腿，失了臂，也听其自然，这样社会还有进步的可能吗?

以上几种传统思想，与现在中国的环境根本上不相容，故需要思想革命以铲除之。至于传统的思想方法和习惯，也有很多不合现代需要的地方：

（一）镜子式的思想　“寂然不动，感而遂通”，自己不用力，物来则顺应之，这样可谓镜子式的思想。其流弊便是不求甚解，不加深思，只会拾人牙慧，随声附和。

（二）根本上不思想　思想所以解决问题，须要搜集材料，寻求证据，提出反证，再加上分析试验的工夫，是何等的难。然而从前的思想方法，并没有这些步骤，根本上竟是不思想，因此学术不能猛进。

（三）高谈主义而不研究　当此世界各种思想杂然繁兴的时候，国人的思想方法，仍沿旧时的习惯，于是发生种种不良的现象，人家经多年的研究，经几次的修正，始成立一种学说，一种主义，到了我国，便被人生吞活剥，提出几个标语口号，便胡行妄为起来。即以社会思想为例，各国的社会主义者，都研究本国经济发展的过程，社会上种种制度的沿革，以寻求一个改良的方案。反观我国一班人肯这样潜心研究的有几人呢。

（四）要纠正前述的弊病，今后必须尊重专家，延请专家去顾问政治，解决难题；没有专门研究的人，不配担负国家和社会的重要责任。从前袁世凯废止科举，把我国千余年来仅有的一种用人标准根本推翻了。他不想到改良考试的标准，而贸然把考试制度的本身推翻，弄得现在没有了种用人的标准，都是不深思之过。

现在要讲思想自由了。从前的弊端既在于不思想，或没有深的思想，那么纠正之道便是思想之，而思想自由就是鼓励思想的最好方法。无论古今中外，凡思想可以自由发表，言论不受限制的时候，学术就能进步，社会就能向上，反之则学术必要晦塞，社会必要退化。现在中国事事有待于建设，对于思想应当竭力鼓励之，决不可加以压抑。因为今日没有思想的自由，结果就没有真正的思想，有之则为：（一）谄媚阿谀的思想，（二）牢骚怨愤的思想。这两种思想，是只能破坏，不能建设的。

总之，思想如同技术，非经过锻炼不可，没有思想自由，就没有思想革命，没有思想革命，就无从建设一切。就〔即〕使有了建设，也只是建在沙土之上，决无永久存在之理。

（收入王维骃编《近代名人言论集》，1932年1月中外学术研究社出版）

建设与无为

上期我们登出了两篇拥护建设反对无为的文章，同时也登出了一篇赞成无为反对建设的通信。还有一些投稿，两方面的主张都有，我们因为篇幅关系，不发表了。我看了许多批评我的无为政治的议论，不能不再写一篇文字，申明我的立场，同时解释一些误会。

我是最赞成建设的人，我曾歌颂科学，歌颂工业，歌颂有为的政治，歌颂工业的文明。这是大家都知道的。现在我忽然提出无为政治之论，并非自己向自己挑战，也不是像某君说的“没有把事实详细研究，而为‘立异’的心理所影响”。我的无为论是研究事实的结果。我至今还是有为的歌颂者；但我要指出一个极平常的原则：有为的建设必须有个可以有为的时势，必须先看看客观的物质条件是否许我们有为。在这种条件未完备之先，盲目的建设是有害而无利的，至少是害多而利少的，是应该及早停止的。我不反对有为，但我反对盲目的有为；我赞成建设，但我反对害民的建设。盲目害民的建设不如无为的休息。

蒋廷黻先生在3月11日《大公报》的星期论文里，很严厉的责备那些“过端的批评”建设的人们；他恐怕“建设的前途大有堵塞的可能”，所以他的论文标题是“建设的前途不可堵塞了!”他替今日的建设提出两种辩护：第一是对内不可不建设，第二是对外不可不建设。在对内方面，他说，“现在我们得着科学和机械，我们初次能有积极的解决生活问题，一方面能改良农业，一方面又能发展工业，把单轨的（农业）经济变为双轨的（工商业）经济。……对于这个机会，我们还不想充分利用，还是怀疑踌躇，岂不是自暴自弃吗?”在对外方面，他说，“在最近几年之内，我们外交活动的能力及我们的国际地位，大半要靠我们建设的成绩”。

这些话，我们岂不懂得？我们所以“由笃信建设以至于怀疑，反对”，只是因为今日的建设，没有一项够得上叫做“改良农业”，也没有一项够得上“发展工业”。征地，征料，征工来筑的公路，不是发展工业。清丈土地不是发展农业。强占民家田地为路基，强征人民力役为路工，占了民田还要人民完田赋，不是发展农业。浙江省办理“清丈”，只办了杭州市和杭县的一部分，已花费了一百二十万元了；据专家的估计，浙江全省的清丈，必须有二千四百万元，才能完事。即使浙江省能筹二千四百万元的清丈费，完成之后，距离“改良农业”还有二千四百万里之远！又如广西一省，公路最发达了，于贵州鸦片过境是方便了，于军事也许便利了，但这与“发展工业”有何关系？

所以蒋先生的辩护是错认了题目的。他所辩护的是改良农业与发展工业的建设；但今日的建设只是为军事用的公路，为学时髦的公路，为准备增加田赋收入的清丈，就使他的辩护文不对题了。我们所反对的是盲目的与害民的建设。蒋先生的辩护文里，却替我们举了不少的好例子。先说“病民”，可举他引的浙江省建设三弊为例：

第一，浙省自民国十六年以前，田赋几全无附加，自十六年到现在，各县附加少者等于原额的二倍，多者至五倍。……

第二，因汽车运费过高，乡民的货运仍靠人力。

第三，经费大部分用在公路上，河流就无法维持和改良。

次说“盲目”，也用蒋先生论浙江建设的话：

（一）“汽车营业不发达，尤其是货运的缺乏，证明公路的建筑不一定就是我们当前的急务。”富庶的浙江如此，广西可知了，他省可知了。这是盲目。

（二）“江浙民间向靠水利和水运。我们现在为建设民间所不能利用的新交通工具，竟致废弃了民间所能利用的，最便宜的水运。难怪我们愈建设，乡村经济就愈不景气。”（参看本期孟森先生的论文末段论江浙水利一节。）这是不是“盲目”？

（三）蒋先生又泛论筑路：“全国对于建设实无经验……因为没有经验，我们只好模仿。外国大修汽车路，于是我们也大修汽车路。这种死板的抄袭不是我国工程师独有的缺点。”这是不是盲目？

盲目与害民，二者之中，盲目是因，害民是果。所以我们大声疾呼的反对这一切盲目的建设。然而我们的蒋廷黻先生还要替盲目建设家辩护！他说：

这种死板的抄袭不是我国工程师独有的缺点。……

我们要知道，抄袭是学习的初步，不能避免的。

他又说：

数年前，凡谈建设的人，谁不以为建筑铁路及汽车路是当前的第一急务？

我们拿事后的眼光来批评当局事前的设计，未免太不恕了。

这几句话，我真不明白了。事前的盲目设计，在事后既然证明是做错了，我们正应该拿事后的聪明来批评事前的懵懂。难道此外还有别的更好的批评方法吗？难道我们都应该将错就错吗？

我们所以要批评今日之建设，正因为这种盲目的建设并不是“我国工程师”的过失，乃是一班领袖群伦的人物的普通过失。工程师是执行命令的；而一切盲目的建设乃是政治领袖所提倡，学者与政客所附和，与工程师无大关系。政治领袖为的是好大喜功，政客为的是可以吃建设饭，学者为的是迷信建设总不会错的。我们也曾“笃信建设”，但我们不护前，不护短；我们现在很诚恳的奉劝我们的政治领袖：建设是一件需要专门技术的事业，不当用作政治的途径，更不可用作装点门面的排场。翁文灏先生（《独立》第五号：《建设与计划》）曾很沉痛的追述前清许多建设事业所以失败，都由于糊涂与冒昧。他说：

建设真不是容易事。建设必先有计划，计划又必有实在根据，不能凭空设想，也不能全抄外国成法。……应该由富有学识的头脑来做计划，再叫各部分的工作者各就所专去调查研究，征集应备的材料，或解决局部的问题。而这种计划大部分纯是专门问题，必须先搜集已有的材料，考察实际的情形，然后方能下手，绝不是普通行政机关四壁萧然毫无参考设备的办公室内所能凭空杜撰的。

现今的人所以轻易谈建设，都是因为他们不了解建设的专门性质。而这几年各省的建设所以只限于筑路拆城一类的事业者，其原因不在于仅仅盲目的模仿，其真实原因是因为此种工程都不需要专门的学术。政客与商人粗工都干得了，都包得下，都可以吃饭邀功，升官发财：今日建设所以成为风气，都由于此。人民的痛苦，国家的利益，百年的大计，在他们的脑子里都没有地位。要挽救此种风气，必须先要政治领袖们彻底觉悟建设是专门学术的事，不是他们可以随便发一个电报命令十来个省份限几个月完成的。他们必须彻底明白他们自己不配谈建设，更必须明白他们今日办的建设只是政客工头的饭碗，而不是真正的永久的建设。他们明白了自己不配建设，然后能安分无为，做一点与民休息的仁政；等到民困稍苏国力稍复的时候，等到专门人才调查研究有结果的时候，方才可以有为。

蒋廷黻先生问我们：

> 倘若苏俄第一个五年计划失败了，你看她的国际地位能有如今日吗？

我们要请他想想翁文灏先生两年前说的话：

> 古人说七年之病必求三年之艾。现在可以说，五年建设必须先有五年的测量，调查，研究。所以俄国五年建设计划比较可能，因为他们预备工夫究竟比我们开始得早了许久。他们的第二个五年建设计划成功必定更大，因为已有了第一个五年工作做了基础。（《独立》五，页十二）

没有一个国家能靠盲目的建设得着国际的地位的。也没有一个政治领袖能靠害民的建设得着人心的拥戴的。

大家歇歇罢！必须肯无为，然后可以大有为。

廿三，三，廿六

（原载 1934 年 4 月 1 日《独立评论》第 94 号）

个人自由与社会进步

再谈五四运动

5月5日《大公报》的星期论文是张奚若先生的《国民人格之修养》。这篇文字也是纪念“五四”的，我读了很受感动，所以转载在这一期。我读了张先生的文章，也有一些感想，写在这里作今年五四纪念的尾声。

这年头是“五四运动”最不时髦的年头。前天五四，除了北京大学依惯例还承认这个北大纪念日之外，全国的人都不注意这个日子了。张奚若先生“雪中送炭”的文章使人颇吃一惊。他是政治哲学的教授，说话不离本行，他指出五四运动的意义是思想解放，思想解放使得个人解放，个人解放产出的政治哲学是所谓个人主义的政治哲学。他充分承认个人主义在理论上和事实上都有缺点和流弊，尤其在经济方面。但他指出个人主义自有它的优点：最基本的是它承认个人是一切社会组织的来源。他又指出个人主义的政治理论的精髓是承认个人的思想自由和言论自由。他说：

> 个人主义在理论上及事实上都有许多缺陷和流弊，但以个人的良心为判断政治上是非之最终标准，却毫无疑义是它的最大优点，是它的最高价值。……至少，他还有养成忠诚勇敢的人格的用处。此种人格在任何政治下（除过与此种人格根本冲突的政治）都是有无上价值的，都应该大量的培养的。……今日若能多多培养此种人才，国事不怕没有人担负。救国是一种伟大的事业，伟大的事业唯有有伟大人格者才能胜任。

张先生的这段议论，我大致赞同。他把“五四运动”一个名词包括“五四”（民国八年）前后的新思潮运动，所以他的文章里有“民国六七年的五四运动”一句话。这是五四运动的广义，我们也不妨沿用这个广义的说法。张先生所谓“个人主义”，其实就是“自由主义”（Liberalism）。我们在民国八九年之间，就感觉到当时的“新思潮”、“新文化”、“新生活”有仔细说明意义的必要。无疑的，民国六七年北京大学所提倡的新运动，无论形式上如何五花八门，意义上只是思想的解放与个人的解放。蔡元培先生在民国元年就提出“循思想自由言论自由之公例，不以一流派之哲学一宗门之教义梏其心”的原则了。他后来办北京大学，主张思想自由、学术独立、百家平等。在北京大学里，辜鸿铭、刘师培、黄侃和陈独秀、钱玄同等同时教书讲学。别人颇以为奇怪，蔡先生只说：“此思想自由之通则，而大学之所以为大也。”（《言行录》页二二九）这样百家平等，最可以引起青年人的思想解放。我们在当时提倡的思想，当然很显出个人主义的色彩。但我们当时曾引杜威先生的话，指出个人主义有两种：

> (1) 假的个人主义就是为我主义（Individuality），他的性质是只顾自己的利益，不管群众的利益。
>
> (2) 真的个人主义就是个性主义（Individuality），他的特性有两种：一、是独立思想，不肯把别人的耳朵当耳朵，不肯把别人的眼睛当眼睛，不肯把别人的脑力当自己的脑力。二、是个人对于自己思想信仰的结果要负完全责任，不怕权威，不怕监禁杀身，只认得真理，不认得个人的利害。

这后一种就是我们当时提倡的“健全的个人主义”。我们当日介绍易卜生（Ibsen）的著作，也正是因为易卜生的思想最可以代表那种健全的个人主义。这种思想有两个中心见解：第一是充分发展个人的才能，就是易卜生说的：“你要想有益于社会，最好的法子莫如把你自己这块材料铸造成器。”第二是要造成自由独立的人格，像易卜生的《国民公敌》戏剧里的斯铎曼医生那样“贫贱不能移，富贵不能淫，威武不能屈”。这就是张奚若先生说的“养成忠诚勇敢的人格”。

近几年来，五四运动颇受一班论者的批评，也正是为了这种个人主义的人生观。平心说来，这种批评是不公道的，是根据于一种误解的。他们说个人主义的人生观是资本主义社会的人生观。这是滥用名词的大笑话。难道在社会主义的国家里就可以不用充分发展个人的才能了吗？难道社会主义的国家里就用不着有独立自由思想的个人了吗？难道当时辛苦奋斗创立社会主义共产主义的志士仁人都是资本主义社会的奴才吗？我们试看苏俄现在怎样用种种方法来提倡个人的努力（参看《独立》第一二九号西滢的《苏俄的青年》和蒋廷黻的《苏俄的英雄》)，就可以明白这种人生观不是资本主义社会所独有的了。

还有一些人嘲笑这种个人主义，笑它是十九世纪维多利亚时代的过时思想。这种人根本就不懂得维多利亚时代是多么光华灿烂的一个伟大时代。马克思、恩格斯，都生死在这个时代里，都是这个时代的自由思想独立精神的产儿。他们都是终身为自由奋斗的人。我们去维多利亚时代还老远哩。我们如何配嘲笑维多利亚时代呢！

所以我完全赞同张奚若先生说的“这种忠诚勇敢的人格在任何政治下部是有无上价值的，都应该大量的培养的”。因为这种人格是社会进步的最大动力。欧洲十八九世纪的个人主义造出了无数爱自由过于面包，爱真理过于生命的特立独行之士，方才有今日的文明世界。我们现在看见苏俄的压迫个人自由思想，但我们应该想想，当日在西伯利亚冰天雪地里受监禁拘囚的十万革命志士，是不是新俄国的先锋？我们到莫斯科去看了那个很感动人的“革命博物馆”，尤其是其中展览列宁一生革命历史的部分，我们不能不深信：一个新社会、新国家，总是一些爱自由爱真理的人造成的，绝不是一班奴才造成的。

张奚若先生很大胆地把五四运动和民国十五六年的国民革命运动相提并论，并且很大胆地说这两个运动走的方向是相同的。这种议论在今日必定要受不少的批评，因为有许多人决不肯承认这个看法。平心说来，张先生的看法也不能说是完全正确。民国十五六年的国民革命运动至少有两点是和民国六七八年的新运动不同的：一是苏俄输入的党纪律，一是那几年的极端民族主义。苏俄输入的铁纪律含有绝大的“不容忍”（Intoleration）的态度，不容许异己的思想，这种态度是和我们在五四前后提倡的自由主义相反的。民国十六年的国共分离，在历史上看来，可以说是国民党对于这种不容异己的专制态度的反抗。可惜清党以来，六七年中，这种“不容忍”的态度养成的专制习惯还存在不少人的身上。刚推翻了布尔什维克的不容异己，又学会了法西斯蒂的不容异己，这是很不幸的事。

“五四”运动虽然是一个很纯粹的爱国运动，但当时的文艺思想运动却不是狭义的民族主义运动。蔡元培先生的教育主张是显然带有“世界观”的色彩（《言行录》一九七页）。“《新青年》”的同人也都很严厉的批评指斥中国旧文化。其实孙中山先生也是抱着大同主义的，他是信仰“天下为公”的理想的。但中山先生晚年屡次说起鲍洛庭同志劝他特别注重民族主义的策略，而民国十四五年的远东局势，又逼我们中国人不得不走上民族主义的路。十四年到十六年的国民革命的大胜利，不能不说是民族主义的旗帜的大成功。可是民族主义有三个方面：最浅的是排外，其次是拥护本国固有的文化，最高又最艰难的是努力建立一个民族的国家。因为最后一步是最艰难的，所以一切民族主义运动往往最容易先走上前面的两步。济南惨案以后，九一八以后，极端的叫嚣的排外主义稍稍减低了，然而拥护旧文化的喊声又四面八方的热闹起来了。这里面容易包藏守旧开倒车的趋势，所以也是很不幸的。

在这两点上，我们可以说，民国十五六年的国民革命运动，是不完全和五四运动同一个方向的。但就大体上说，张奚若先生的看法也有不小的正确性。孙中山先生是受了很深的安格鲁撒克逊民族的自由主义的影响的，他无疑的是民治主义的信徒，又是大同主义的信徒。他一生奋斗的历史都可以证明他是一个爱自由爱独立的理想主义者。我们看他在民国九年一月《与海外同志书》（引见上期《独立》）里那样赞扬五四运动，那样承认“思想之转变”为革命成功的条件；我们更看他在民国十三年改组国民党时那样容纳异己思想的宽大精神，——我们不能不承认，至少孙中山先生理想中的国民革命是和五四运动走同一方向的。因为中山先生相信“革命之成功必有赖于思想之转变”，所以他能承认五四运动前后的“新文化运动实为最有价值的事”。思想的转变是在思想自由言论自由的条件之下个人不断的努力的产儿。个人没有自由，思想又何从转变，社会又何从进步，革命又何从成功？

二十四、二十五、二十六

（原载1935年5月12日《独立评论》第150号）

青年人的苦闷

今年6月2日早晨，一个北京大学一年级学生，在悲观与烦闷之中，写了一封很沉痛的信给我。这封信使我很感动，所以我在那个6月2日的半夜后写了一封一千多字的信回答他。

我觉得这个青年学生诉说他的苦闷不仅是他一个人感受的苦闷，他要解答的问题也不仅是他一个人要问的问题。今日无数青年都感觉大同小异的苦痛与烦闷，我们必须充分了解这件绝不容讳饰的事实，我们必须帮助青年人解答他们渴望解答的问题。

这个北大一年级学生来信里有这一段话：

生自小学毕业到中学，过了八年沦陷生活，苦闷万分，夜中偷听后方消息，日夜企盼祖国胜利，在深夜时暗自流泪，自恨不能为祖国做事。对蒋主席之崇拜，无法形容。但胜利后，我们接收大员及政府所表现的，实在太不像话。……生从沦陷起对政府所怀各种希望完全变成失望，且曾一度悲观到萌自杀的念头。……自四月下旬物价暴涨，同时内战更打的起劲。生亲眼见到同胞受饥饿而自杀，以及内战的残酷，联想到祖国的今后前途，不禁悲从中来，原因是生受过敌人压迫，实再怕作第二次亡国奴！……我伤心，我悲哀，同时绝望——

在绝望的最后几分钟，问您几个问题。

他问了我七个问题，我现在挑出这三个：

一、国家是否有救？救的方法为何？

二、国家前途是否绝望？若有，希望在哪里？请具体示知。

三、青年人将苦闷死了，如何发泄？

以上我摘抄这个青年朋友的话，以下是我答复他的话的大致，加上后来我自己修改引申的话。这都是我心里要对一切苦闷青年说的老实话。

我们今日所受的苦痛，都是我们这个民族努力不够的当然结果。我们事事不如人：科学不如人，工业生产不如人，教育不如人，知识水准不如人，社会政治组织不如人；所以我们经过了八年的苦战，大破坏之后，恢复很不容易。人家送兵船给我们，我们没有技术人才去驾驶。人家送工厂给我们，——如胜利之后敌人留下了多少大工厂，——而我们没有技术人才去接收使用，继续生产，所以许多烟囱不冒烟了，机器生了锈，无数老百姓失业了！

青年人的苦闷失望——其实岂但青年人苦闷失望吗？——最大原因都是因为我们前几年太乐观了，大家都梦想“天亮”，都梦想一旦天亮之后就会“天朗气清，惠风和畅”，有好日子过了！

这种过度的乐观是今日一切苦闷悲观的主要心理因素。大家在那“夜中偷听后方消息，日夜企盼祖国胜利”的心境里，当然不会想到战争是比较容易的事，而和平善后是最困难的事。在胜利的初期，国家的地位忽然抬高了，从一个垂亡的国家一跳就成了世界上第四强国了！大家在那狂喜的心境里，更不肯去想想坐稳那世界第四把交椅是多大困难的事业。天下哪有科学落后，工业生产落后，政治经济社会组织事事落后的国家可以坐享世界第四强国的福分！

试看世界的几个先进国家，战胜之后，至今都还不能享受和平的清福，都还免不了饥饿的恐慌。美国是唯一的例外。前年11月我到英国，住在伦敦第一等旅馆里，整整三个星期，没有看见一个鸡蛋！我到英国公教人员家去，很少人家有一盒火柴，却只用小木片向炉上点火供客。大多数人的衣服都是旧的补丁的。试想英国在三十年前多么威风！在第二次世界大战之中，英国人一面咬牙苦战，一面都明白战胜之后英国的殖民地必须丢去一大半，英国必须降为二等大国，英国人民必须吃大苦痛。但英国人的知识水准高，大家绝不悲观，都能明白战后恢复工作的巨大与艰难，必须靠大家束紧裤带，挺起脊梁，埋头苦干。

我们中国今日无数人的苦闷悲观，都由于当年期望太奢而努力不够。我们在今日必须深刻的了解：和平善后要比八年抗战困难的多得多。大战时须要吃苦努力，胜利之后更要吃苦努力，才可以希望在十年二十年之中做到一点复兴的成绩。

国家当然有救，国家的前途当然不绝望。这一次日本的全面侵略，中国确有亡国的危险。我们居然得救了。现存的几个强国，除了一个国家还不能使我们完全放心之外，都绝对没有侵略我们的企图。我们的将来全靠我们自己今后如何努力。

正因为我们今日的种种苦痛都是从前努力不够的结果，所以我们将来的恢复与兴盛决没有捷径，只有努力工作一条窄路，一点一滴的努力，一寸一尺的改善。

悲观是不能救国的，呐喊是不能救国的，口号标语是不能救国的，责人而自己不努力是不能救国的。

我在二十多年前最爱引易卜生对他的青年朋友说的一句话："你要想有益于社会，最好的法子莫如把自己这块材料铸造成器。"我现在还要把这句话赠送给一切悲观苦闷的青年朋友。社会国家需要你们做最大的努力，所以你们必须先把自己这块材料铸造成有用的东西，方才有资格为社会国家努力。

今年4月16日，美国南加罗林那州的州议会举行了一个很隆重的典礼，悬挂本州最有名的公民巴鲁克（Bernard M. Baruch）的画像在州议会的壁上，请巴鲁克先生自己来演说。巴鲁克先生今年七十七岁了，是个犹太种的美国大名人。当第一次世界大战时，威尔逊总统的国防顾问，是原料委员会的主任，后来专管战时工业原料。巴黎和会时，他是威尔逊的经济顾问。当第二次世界大战时，他是战时动员总署的专家顾问，是罗斯福总统特派的人造橡皮研究委员会的主任。战争结束后，他是总统特任的原子能管理委员会的主席。他是两次世界大战都曾出大力有大功的一个公民。

这一天，这位七十七岁的巴鲁克先生起来答谢他的故乡同胞对他的好意，他的演说词是广播全国对全国人民说的。他的演说，从头至尾，只有一句话：美国人民必须努力工作，必须为和平努力工作，必须比战时更努力工作。

巴鲁克先生说："现在许多人说借款给人可以拯救世界，这是一个最大的错觉。只有大家努力做工可以使世界复兴，如果我们美国愿意担负起保存文化的使命，我们必须作更大的努力，比我们四年苦战更大的努力。我们必须准备出大汗，努力撙节，努力制造世界人类需要的东西，使人们有面包吃，有衣服穿，有房子住，有教育，有精神上的享受，有娱乐。"

他说："工作是把苦闷变成快乐的炼丹仙人。"他又说：美国工人现在的工作时间太短了，不够应付世界的需要。他主张：如果不能回到每周六天，每天八小时的工作时间，至少要大家同心做到每周四十四小时的工作；不罢工，不停顿，才可以做出震惊全世界的工作成绩来。

巴鲁克先生最后说："我们必须认清：今天我们正在四面包围拢来的通货膨胀的危崖上，只有一条生路，那就是工作。我们生产越多，生活费用就越减低；我们能购买的货物也就越加多，我们的剩余力量（物质的，经济的，精神的）也就越容易积聚。"

我引巴鲁克先生的演说，要我们知道，美国在这极强盛极光荣的时候，他们远见的领袖还这样力劝全国人民努力工作。"工作是把苦闷变成快乐的炼丹仙人。"我们中国青年不应该想想这句话吗？

三十六，六，二十一

（收入《独立时论集第一集》，1948 年 4 月北平独立出版社出版）

“宁鸣而死，不默而生”

——九百年前范仲淹争自由的名言

几年前，有人问我，美国开国前期争自由的名言“不自由，毋宁死”（原文是 Patrick Henry 在 1775 年的“给我自由，否则给我死”“Give me liberty，Or give me death”），在中国有没有相似的话。我说，我记得是有的，但一时记不清是谁说的了。

我记得是在王应麟的《困学纪闻》里见过有这样一句话，但这几年我总没有机会去翻查《困学纪闻》。今年偶然买得一部影印元本的《困学纪闻》，昨天检得卷十七有这一条：

范文正《灵乌赋》曰：“宁鸣而死，不默而生。”其言可以立儒。

“宁鸣而死，不默而生”，当时往往专指谏诤的自由，我们现在叫做言论自由。

范仲淹生在西历 989 年，死在 1052 年，他死了九百零三年了。他作《灵乌赋》答梅圣俞的《灵乌赋》，大概是在景祐三年（1036）他同欧阳修、余靖、尹洙诸人因言事被贬谪的时期。这比亨利柏得烈的“不自由，毋宁死”的话要早七百四十年。这也可以特别记出，作为中国争自由史上的一段佳话。

梅圣俞名尧臣，生在西历 1003 年，死在 1061 年。他的集中有《灵乌赋》。原是寄给范仲淹的，大意是劝他的朋友们不要多说话。赋中有这句子：

凤不时而鸣，

乌哑哑兮招唾骂于里闾。
乌兮，事将乖而献忠，
人反谓尔多凶。……
胡不若凤之时鸣，
人不怪兮不惊！……
乌兮，尔可，
吾今语汝，庶或我（原作汝，似误）听。
结尔舌兮钤尔喙，
尔饮啄兮尔自遂，
同翱翔兮八九子，
勿噪啼兮勿睥睨，
往来城头无尔累。

这篇赋的见解、文辞都不高明。（圣俞后来不知因何事很怨恨范文正，又有《灵乌后赋》，说他“憎鸿鹄之不亲，爱燕雀之来附。既不我德，又反我怒。……远己不称，昵己则誉。”集中又有《谕乌诗》，说，“乌时来佐凤，署置且非良，咸用所附己，欲同助翱翔。”此下有一长段丑诋的话，好像也是骂范文正的。这似是圣俞传记里一件疑案；前人似没有注意到。）

范仲淹作《灵乌赋》，有自序说：

梅君圣俞作是赋，曾不我鄙，而寄以为好。因勉而和之，庶几感物之意同归而殊途矣。

因为这篇赋是中国古代哲人争自由的重要文献，所以我多摘抄几句：

灵乌，灵乌，
尔之为禽兮何不高飞而远翥？
何为号呼于人兮告吉凶而逢怒！
方将折尔翅而烹尔躯，
徒悔焉而亡路。
彼哑哑兮如愬，
请臆对而忍谕：

我有生兮累阴阳之含育，
我有质兮虑天地之覆露。
长慈母之危巢，
托主人之佳树。……
母之鞠兮孔艰，
主之仁兮则安。
度春风兮既成我以羽翰，
眷高柯兮欲去君而盘桓。
思报之意，厥声或异：
忧于未形，恐于未炽。
知我者谓吉之先，
不知我者谓凶之类。
故告之则反灾于身，
不告之则稔祸于人。
主恩或忘，我怀靡臧。
虽死而告，为凶之防。
亦由桑妖于庭，惧而修德，俾王之兴；
雉怪于鼎，惧而修德，俾王之盛。
天听甚迩，人言曷病！
被希声之凤凰，
亦见讥于楚狂。
彼不世之麒麟，
亦见伤于鲁人。
凤岂以讥而不灵？
麟岂以伤而不仁？
故割而可卷，孰为神兵？
焚而可变，孰为英琼？
宁鸣而死，不默而生！
胡不学太仓之鼠兮，
何必仁为，丰食而肥？
仓苟竭兮，吾将安归！
又不学荒城之狐兮，

何必义为，深穴而威？
城苟圯兮，吾将畴依！
……
我乌也勤于母兮自天，
爱于主兮自天。
人有言兮是然。
人无言兮是然。

这是九百多年前一个中国政治家争取言论自由的宣言。

赋中“忧于未形，恐于未炽”两句，范公在十年后（1046）在他最后被贬谪之后一年，作《岳阳楼记》，充分发挥成他最有名的一段文字：

嗟夫，予尝求古仁人之心，……不以物喜，不以己悲，居庙堂之高则忧其民，处江湖之远则忧其君，是进亦忧，退亦忧。然则何时而乐耶？其必曰“先天下之忧而忧，后天下之乐而乐”乎？噫，微斯人，吾谁与归？

当前此三年（1043）他同韩琦、富弼同在政府的时期，宋仁宗有手诏，要他们“尽心为国家诸事建明，不得顾忌”。范仲淹有《答手诏条陈十事》，引论里说：

我国家革五代之乱，富有四海，垂八十年。纲纪制度，日削月侵，官壅于下，民困于外，夷狄骄盛，寇盗横炽，不可不更张以救之。

这是他在那所谓“庆历盛世”的警告。那十事之中，有“精贡举”一事，他说：

……国家乃专以辞赋取进士，以墨义取诸科。士皆舍大方而趋小道。虽济济盈庭，求有才有识者，十无一二。况天下危困，乏人如此，将何以救？在乎教以经济之才，庶可以救其不逮。或谓救弊之术无乃后时？臣谓四海尚完，朝谋而夕行，庶乎可济。安得晏然不救、坐俟其乱哉？

这是在中原沦陷之前八十三年提出的警告。这就是范仲淹说的“忧于未形，恐于未炽”；这就是他说的“先天下之忧而忧”。

从中国向来知识分子的最开明的传统看，言论的自由，谏诤的自由，是一种“自天”的责任，所以说，“宁鸣而死，不默而生”。

从国家与政府的立场看，言论的自由可以以鼓励人人肯说“忧于未形，恐于未炽”的正论危言，来替代小人们天天歌功颂德、鼓吹升平的滥调。

纽约读书笔记

（原载 1955 年 4 月 1 日《自由中国》第 12 卷第 7 期）

容忍与自由

十七八年前，我最后一次会见我的母校康耐儿大学的史学大师布尔先生（George Lincoln Burr）。我们谈到英国史学大师阿克顿（Lord Acton）一生准备要著作一部《自由之史》，没有写成他就死了。布尔先生那天谈话很多，有一句话我至今没有忘记。他说，“我年纪越大，越感觉到容忍（tolerance）比自由更重要”。

布尔先生死了十多年了，他这句话我越想越觉得是一句不可磨灭的格言。我自己也有“年纪越大，越觉得容忍比自由还更重要”的感想。有时我竟觉得容忍是一切自由的根本：没有容忍，就没有自由。

我十七岁的时候（1908）曾在《竞业旬报》上发表几条《无鬼丛话》，其中有一条是痛骂小说《西游记》和《封神榜》的，我说：

> 《王制》有之：“假于鬼神时日卜筮以疑众，杀。”吾独怪夫数千年来之排治权者，之以济世明道自期者，乃懵然不之注意，惑世诬民之学说得以大行，遂举我神州民族投诸极黑暗之世界！

这是一个小孩子很不容忍的“卫道”态度。我在那时候已是一个无鬼论者、无神论者，所以发出那种摧除迷信的狂论，要实行《王制》（《礼记》的一篇）的“假于鬼神时日卜筮以疑众，杀”的一条经典！

我在那时候当然没有梦想到说这话的小孩子在十五年后（1923）会很热心的给《西游记》作两万字的考证！我在那时候当然更没有想到那个小孩子在二三十年后还时时留心搜求可以考证《封神榜》的作者的材料！我在那时候也完全没有想想《王制》那句话的历史意义。那一段《王制》的全文是这样的：

析言破律，乱名改作，执左道以乱政，杀。作淫声异服奇技奇器以疑众，杀。行伪而坚，言伪而辩，学非而博，顺非而泽以疑众，杀。假于鬼神时日卜筮以疑众，杀。此四诛者，不以听。

我在五十年前，完全没有懂得这一段话的“诛”正是中国专制政体之下禁止新思想、新学术、新信仰、新艺术的经典的根据。我在那时候抱着“破除迷信”的热心，所以拥护那“四诛”之中的第四诛：“假于鬼神时日卜筮以疑众，杀。”我当时完全没有想到第四诛的“假于鬼神……以疑众”和第一诛的“执左道以乱政”的两条罪名都可以用来摧残宗教信仰的自由。我当时也完全没有注意到郑玄注里用了公输般作“奇技异器”的例子；更没有注意到孔颖达《正义》里举了“孔子为鲁司寇七日而诛少正卯”的例子来解释“行伪而坚，言伪而辩，学非而博，顺非而泽以疑众，杀”。故第二诛可以用来禁绝艺术创作的自由，也可以用来“杀”许多发明“奇技异器”的科学家。故第三诛可以用来摧残思想的自由，言论的自由，著作出版的自由。

我在五十年前引用《王制》第四诛，要“杀”《西游记》《封神榜》的作者。那时候我当然没有梦想到十年之后我在北京大学教书时就有一些同样“卫道”的正人君子也想引用《王制》的第三诛，要“杀”我和我的朋友们。当年我要“杀”人，后来人要“杀”我，动机是一样的：都只因为动了一点正义的火气，就都失掉容忍的度量了。

我自己叙述五十年前主张“假于鬼神时日卜筮以疑众，杀”的故事，为的是要说明我年纪越大，越觉得“容忍”比“自由”还更重要。

我到今天还是一个无神论者，我不信有一个有意志的神，我也不信灵魂不朽的说法。

我自己总觉得，这个国家、这个社会、这个世界，绝大多数人是信神的，居然能有这雅量，能容忍我的无神论，能容忍我这个不信神也不信灵魂不灭的人，能容忍我在国内和国外自由发表我的无神论的思想，从没有人因此用石头掷我，把我关在监狱里，或把我捆在柴堆上用火烧死。我在这个世界里居然享受了四十多年的容忍与自由。我觉得这个国家、这个社会、这个世界对我的容忍度量是可爱的，是可以感激的。

所以我自己总觉得我应该用容忍的态度来报答社会对我的容忍。所以我自己不信神，但我能诚心的谅解一切信神的人，也能诚心的容忍并且敬重一切信仰有神的宗教。

我要用容忍的态度来报答社会对我的容忍，因为我年纪越大，我越觉得容忍的重要意义。若社会没有这点容忍的气度，我决不能享受四十多年大胆怀疑的自由，公开主张无神论的自由了。

在宗教自由史上，在思想自由史上，在政治自由史上，我们都可以看见容忍的态度是最难得，最稀有的态度。人类的习惯总是喜同而恶异的，总不喜欢和自己不同的信仰、思想、行为。这就是不容忍的根源。不容忍只是不能容忍和我自己不同的新思想和新信仰。一个宗教团体总相信自己的宗教信仰是对的，是不会错的，所以它总相信那些和自己不同的宗教信仰必定是错的，必定是异端，邪教。一个政治团体总相信自己的政治主张是对的，是不会错的，所以它总相信那些和自己不同的政治见解必定是错的，必定是敌人。

一切对异端的迫害，一切对“异己”的摧残，一切宗教自由的禁止，一切思想言论的被压迫，都由于这一点深信自己是不会错的心理。因为深信自己是不会错的，所以不能容忍任何和自己不同的思想信仰了。

试看欧洲的宗教革新运动的历史。马丁·路德（Martin Luther）和约翰·高尔文（John Calvin）等人起来革新宗教，本来是因为他们不满意于罗马旧教的种种不容忍，种种不自由。但是新教在中欧北欧胜利之后，新教的领袖们又都渐渐走上了不容忍的路上去，也不容许别人起来批评他们的新教条了。高尔文在日内瓦掌握了宗教大权，居然会把一个敢独立思想，敢批评高尔文的教条的学者塞维图斯（Servetus）定了“异端邪说”的罪名，把他用铁链锁在木桩上，堆起柴来，慢慢的火烧死。这是1553年10月23日的事。

这个殉道者塞维图斯的惨史，最值得人们的追念和反省。宗教革新运动原来的目标是要争取“基督教的人的自由”和“良心的自由”。何以高尔文和他的信徒们居然会把一位独立思想的新教徒用慢慢的火烧死呢？何以高尔文的门徒（后来继任高尔文为日内瓦的宗教独裁者）柏时（de Beze）竟会宣言“良心的自由是魔鬼的教条”呢？

基本的原因还是那一点深信我自己是“不会错的”的心理。像高尔文那样虔诚的宗教改革家，他自己深信他的良心确是代表上帝的命令，他的口和他的笔确是代表上帝的意志，那么他的意见还会错吗？他还有错误的可能吗？在塞维图斯被烧死之后，高尔文曾受到不少人的批评。1554 年，高尔文发表一篇文字为他自己辩护，他毫不迟疑地说，“严厉惩治邪说者的权威是无可疑的，因为这就是上帝自己说话……这工作是为上帝的光荣战斗”。

上帝自己说话，还会错吗？为上帝的光荣作战，还会错吗？这一点“我不会错”的心理，就是一切不容忍的根苗。深信我自己的信念没有错误的可能（infallible），我的意见就是“正义”，反对我的人当然都是“邪说”了。我的意见代表上帝的意旨，反对我的人的意见当然都是“魔鬼的教条”了。

这是宗教自由史给我们的教训：容忍是一切自由的根本；没有容忍“异己”的雅量，就不会承认“异己”的宗教信仰可以享自由。但因为不容忍的态度是基于“我的信念不会错”的心理习惯，所以容忍“异己”是最难得，最不容易养成的雅量。

在政治思想上，在社会问题的讨论上，我们同样地感觉到不容忍是常见的，而容忍总是很稀有的，我试举一个死了的老朋友的故事作例子。四十多年前，我们在《新青年》杂志上开始提倡白话文学的运动，我曾从美国寄信给陈独秀，我说：

> 此事之是非，非一朝一夕所能定，亦非一二人所能定。甚愿国中人士能平心静气与吾辈同力研究此问题。讨论既熟，是非自明。吾辈已张革命之旗，虽不容退缩，然亦绝不敢以吾辈所主张为必是而不容他人之匡正也。

独秀在《新青年》上答我道：

> 鄙意容纳异议，自由讨论，固为学术发达之原则，独于改良中国文学当以白话为正宗之说，其是非甚明，必不容反对者有讨论之余地；必以吾辈所主张者为绝对之是，而不容他人之匡正也。

我当时看了就觉得这是很武断的态度。现在在四十多年之后，我还忘不了独秀这一句话，我还觉得这种“必以吾辈所主张者为绝对之是”的态度是很不容忍的态度，是最容易引起别人的恶感，是最容易引起反对的。

我曾说过，我应该用容忍的态度来报答社会对我的容忍。我现在常常想我们还得戒律自己：我们若想别人容忍谅解我们的见解，我们必须先养成能够容忍谅解别人的见解的度量。至少我们应该戒约自己决不可“以吾辈所主张者为绝对之是”。我们受过实验主义的训练的人，本来就不承认有“绝对之是”，更不可以“以吾辈所主张者为绝对之是”。

四八、三、十二晨

（原载1959年3月16日台北《自由中国》第20卷第6期）

中国历史的一个看法

历史可有种种的看法，有唯心的，唯物的，唯人的，唯英雄的，……各种看法，我现在对于中国历史的看法，是从文学方法的，文学的名词方面的，是要把它当做英雄传，英雄诗，英雄歌，一幕英雄剧，而且是一幕英雄悲剧来看。

民族主义是爱国的思想，英国有名的先哲曾说过："一个国家要觉得它可爱时，是要看这个国家在历史上是否有可爱之点"，中国立国五千年，时时有西北的蛮族——匈奴、鲜卑……不断的侵入，可说是无时能够自主的，鸦片战争又经过百年，而更有最近空前的危急，在此不断的不光荣的失败历史中，有无光荣之点，它的失败是否可以原谅，在此失败当中，是否可得一教训。

这一出五千年的英雄悲剧，我们看见我们的老祖宗继续和环境奋斗，经过了种种失败与成功，在此连台戏中，有时叫我们高兴，有时叫我们着急，有时叫我们伤心叹气，有时叫我们掉泪悲泣，有时又叫我们看见一线光明，一线希望，一点安慰，有时又失败了，有时又小成功了，有时竟大失败了，这戏中的主人翁，是一位老英雄——中华——他的一生是长期的奋斗，吃尽了种种辛苦，经了种种磨难，好像姜子牙的三十六路伐西岐，刚刚平了一路，又来了一路，又好像唐三藏西天取经，经过了八十一大难，刚脱离了一难，又遭一难似的，这样继续不断奋斗，所以是一篇英雄剧，磨难太多，失败太惨，所以是一篇悲剧。

本来在中国的文字中——戏剧中、小说中，悲剧作品很少，即如《红楼梦》一书，原是一个悲剧，而好事者偏要做些圆梦、续梦、复梦等出来，硬要将林黛玉从棺材里拿起来和贾宝玉团圆，而认为以前的不满意，这真不知何故，或者他们觉得人类生活本来是悲剧的，历史是悲剧的，因此却在理想的文学中，故意来做一段团圆的喜剧。

在这老英雄悲剧中，我们把它分作几个剧目，先说到剧中的主人，主人是姓中名华——老中华，已如上述，舞台是“中国”，是一座破碎的舞台——穷中国，老天给我们祖宗的，实在不是地大物博，而是一块很穷的地方，金银矿是没有的，除东北黑龙江和西南的云贵一部分外，都是要用丝茶到外国去换的，煤铁古代是不需要的，土地虽称广阔，然可耕之地不过百分之二十，而丝毫无用的地却有三分之一，所以我们的祖宗生下来，就是在困难中。

这剧的开始，要算商周，以前的不讲，据安阳发掘出来的成绩，商代民族活动区域，只有河南、山东、安徽的北部，河北、山西南部的一块，也许到辽宁一部，他们在此建设文化时，北狄、南蛮不断的混入，民族成了复杂的民族，在此环境之下，他们居然能唱一出大剧，这是一件很了不得的事情。我们现在撇开了“跳加官”一类开台戏，专看后面的几幕大戏。

第一幕 老英雄建立大帝国 第二幕 老英雄受困两魔王 第三幕 老英雄死里逃生 第四幕 老英雄裹创奋斗 第五幕 老英雄病中困斗

第一幕　老英雄建立大帝国

中国有历史的时期自商周始，地域限于鲁豫，已如上述，在商代社会中迷信很发达，什么事情都问鬼，都要卜，如打猎、战争、祭祀、出门……事无大小，都要把龟甲或牛骨烧灰，看它的龟纹以定吉凶，在此结果，而发明了龟甲、牛骨原始象形的文字，这文字是很笨的图画，全不能表达抽象的意思，只能勉强记几个物事名词而已，在这正在建设文化的时候，西方的蛮族——周，侵犯过来了，他具强悍的天性，有农业的发明，不久把那很爱喝酒的、敬鬼的、文化较高的殷民族征服了，这一来，上面的——政治方面是属于周民族，下面的就是属于殷民族，二民族不断的奋斗：在上面的周民族很难征服下面的殷民族，孔子虽是殷人（宋国），至此很想建设一个现代文化，故曰“吾从周”，而周时，也有人见到两文化接触，致有民族之冲突，所以东方（淮水流域）派了周公去治理，南方（汉水流域）派了召公去治理，封建的基础，即于此时建设，但是北狄、南蛮在此政治之下经了长期的斗争，才将他们无数的小国家征服，把他们的文化同化，以后才成七个大国家，不久遂成一个大帝国。

至于文字方面，也是从龟甲上的，牛骨上的，不达意的文字，经过充分的奋斗，而变为后代的文字，文学方面、哲学方面、历史方面，都得着可以达意的记载，这是一件很不容易的事情。

在周朝的时候，许多南蛮要想侵到北方来，北边的犬戎也要侵到南部去，酝酿几百年，犬戎居然占据了周地，再经几百年，南方也成了舞台的部分。

此时的建设期中，产生了一个“儒”的阶级，儒本是亡国的俘虏——遗老，他本是贵族阶级，是文化的保存者，亡国以后，他只得和人家打打官司，写写字，看看地，记记账，靠这类小本领混碗饭吃而已（根据《荀子》的《非十二子》篇），这班人——“儒”一出来，世界为之大变，因为他们是不抵抗者、是懦夫，我们从字义看，凡是和儒字同旁的字眼，都是弱的意思，如需（耎）字加车旁是软弱的輭（软）字，加心旁是懦字，加子旁是孺字，是小孩子，他们是唱文戏的，但是力量很大，因为他们是文化传播者，是思想家，老子后世称他为道家，但他正是“儒”的阶级中之代表，他的哲学是儒的哲学，他的书中常把水打譬喻，因为水是最柔弱的，最不抵抗的，这就是儒的本身，他们一出，凡是唱武戏的，至此跟着唱起文戏来了，幸而在此当中，出来一个新派，这就是孔子，他的确不能谓之儒者，就是儒者也是“外江”派，他的主张是“杀身成仁”，他说：“志士仁人，有杀身以成仁，无求生以害仁”，又说：“士不可以不弘毅，任重而道远，仁以为己任，死而后已”，这完全和老子相反，老子是信天的，主自然的，而新派孔子，是讲要作人的，且要智仁勇三者都发达，他是奋斗的，“知其不可而为之”，这就是他的精神，新派唱的虽也是文戏，但他们以“有教无类”打破一切阶级，所以后来产生孟子、荀子、弟子李斯、韩非，韩非虽然在政治上失败，而李斯却成了大功，造成了一个大帝国。（第一幕完）

第二幕　老英雄受困两魔王

不久汉朝兴起来了，一班杀猪的，屠狗的，当衙役的……起来建设了一个四百年的帝国，他们可说得上是有为者，如果没有他们的奋斗，则决不会有这四百年的帝国，但是基础究未稳固，而两个魔王就告来临！

第一个魔王——野蛮民族侵入，在汉朝崩溃的时候，夷狄——羌、匈奴、鲜卑都起来，将中国北部完全占领（300年至600年），造成江左偏安之局。

第二个魔王——印度文化输入，前一个魔王来临，使我们的生活野蛮化，后一个魔王来临，就是使我们宗教非人化，这印度文化侵略过来，在北面是自中央亚细亚而进，在南方是由海道而入，两路夹攻，整个的将中国文化征服。

原来中国儒家的学说是要宗亲——“孝”，要不亏其体，因为“身体发肤，受之父母，不敢毁伤”，将个人看得很重，而印度文化一来呢？他是“一切皆空”，根本不要做人，要做和尚，作罗汉——要“跳出三界”，将身体作牺牲！如烧手、烧臂、烧全身——人蜡烛，以献贡于药王师，这风气当时轰动了全国，自王公以至于庶人，同时迎佛骨——假造的骨头，也照样的轰动，这简直是将中国的文化完全野蛮化！非人化！（第二幕完）

第三幕　老英雄死里逃生

这三百年中——隋、唐时代是很艰难的奋斗，先把北方的野蛮民族来同化他，恢复了人的生活，在思想方面，将从前的知识，解放出来，在文学方面，充满了人间的乐趣，人的可爱，肉的可爱，极主张享乐主义，这于杜甫和白居易的诗中都可以看得出，故这次的文化可说是人的文化。再在宗教方面，发生了革命，出来了一个“禅”！禅就是站在佛的立场上以打倒佛的，主张无法无佛，“佛法在我”，而打倒一切的宗教障、仪式障、文字障，这都成功了，所以建设第二次帝国，建设人的文化和宗教革命，是老英雄死里逃生中三件大事实。（第三幕完）

第四幕　老英雄裹创奋斗

老英雄正在建设第三次文化的时候，北方的契丹、女真、金、元继续的侵过来了，这时老英雄已经是受了伤——精神上受了伤（可说是中了精神上的鸦片毒，因为印度有两种鸦片输到中国，一是精神上的鸦片烟——佛，一是真鸦片），受了千年的佛化，所以此时是裹创奋斗，然而竟也建立第三次大帝国——宋帝国，全国虽是已告统一，但身体究未复原，而仍然继续人的文化，推翻非人的文化（这段历史自汉至明，中国和欧洲人相同，宗教革命也是一样），范文正公的“先天下之忧而忧，后天下之乐而乐”，和王荆公的变法，正与前“任重而道远”的学说相符合。

在唐代以前，北魏曾经辟过佛，反对过外国的文化，禁止胡服胡语即其例，但未见成功，而在唐代辟佛的，如韩愈，他曾说过：“人其人，火其书，庐其居”，三个大标语，这风气虽也行过几十年，但不久又恢复原状，然在这一次，却用了一种软工夫来抵制这非人的文化，本来是要以“人的政治”“人的法律”“人的财政”来抗住它的，但还怕药性过猛，病人受纳不起，所以司马光、二程等，主张无为，创设“新的哲学”“新的人生观”，在破书堆中找到一本一千七百几十个字的《大学》来打倒十二部大佛经，将此书中的“格物”“致知”“正心”“诚意”“修身”“齐家”“治国”“平天下”这一套，来创造新的人的教育，新的哲学，新的人生观，这实在是老英雄裹创奋斗中的一个壮举，但到了蒙古一兴起，老英雄已精疲力竭，实在不能抵抗了！（第四幕完）

第五幕　老英雄病中困斗

这位老英雄到明朝已经是由受创而得病了，他的病状呢？一是缠足，我们晓得在唐朝被称的小脚是六寸，到这时是三寸了，实在是可惊人！二是八股文章，三是鸦片由印度输入，这三种东西，使老英雄内外都得病症。

再有一宗，就是从前王荆公的秘诀已被人摒弃了，本来他的秘诀一是“有为”，一是“向外”，但一班的习静者，他们要将喜怒哀乐等，于静坐中思之，结果是无为，是无生气，而不能不使这老英雄在病中困斗。

清代的天下居然有二百余年，这实是程朱学说——君臣观念所致，因为此时的民族观念抵不住君臣的名分观念，不过老英雄在此当中，而仍有其成绩在，就是东北和西南的开辟，推广他的老文化，湖南在几十年前，在政治上占有极大势力，广东、广西于此时有学术上的大贡献，这都是老英雄在病中的功绩，他虽然在政治上失地位，然而在学术上却发生一种“实事求是”的精神——科学的精神，而成就了一种所谓的“汉学”，这种新的学术，是不主静而主动的，它的哲学是排除思想而求考据，考据一学发生，金石、历史、音韵，各方面都发达，顾亭林以一百六十二个证据，来证明“服”字读“逼”字音，这实在具有科学之精神，不过在建设这“人的学术”当中，老英雄已经是老了，病了！

尾　声

这老英雄的悲剧，一直到现在，仍是在奋斗中，他是从奋斗中滚爬出来，建设了人的文化，同化了许多蛮族，平了许多外患，同化了非人的文化，从一千余年奋斗到如今，实在是不易呀！这种的失败，可说是光荣的失败！在欧洲曾经和我们一样，欧洲过去的光荣，我们都具备着，但是欧洲毕竟是成功，这种原因，我认为我们是比他少了两样东西，就是少了一个大的和附带一个小的，大的是科学，小的是工业。我们素来是缺乏科学，文治教育看得太重，我们现在把孔子和其同时的亚里士多德、柏拉图来比一比，柏拉图是懂得数学的，“不懂数学的不要到他门下来”，亚里士多德同时是研究植物的，孔子较之，却未必然吧？与孟子同时的欧几里德，他的几何至今沿用，孟子未尝能如此吧？在清代讲汉学的时候，虽说是有科学的精神，却非加利莱用望远镜看天文，用显微镜看微菌，以及牛顿发明地心引力可比，所以中西的不同，不自今日始，我们既明白了这个教训，比欧洲所缺乏的是什么？我们知道了，我们的努力就有了目标，我们这老英雄是奋斗的，希望我们以后给他一种奋斗的工具，那么，或者这出悲壮的英雄悲剧，能够成为一纯粹的英雄剧。

（本文为1932年12月1日胡适在武汉大学的演讲，收入1966年台北文星书店出版的《胡适选集》演讲分册）

哲学与人生

前次承贵会邀我演讲关于佛学的问题，我因为对于佛学没有充分的研究，拿浅薄的学识来演讲这一类的问题，未免不配；所以现在讲“哲学与人生”，希望对于佛学也许可以贡献点参考。不过我所讲的有许多地方和佛家意见不合，佛学会的诸君态度很公开，大约能够容纳我的意见的！讲到“哲学与人生”，我们必先研究它的定义：什么叫哲学？什么叫人生？然后才知道它们的关系。

我们先说人生。这六月来，国内思想界，不是有玄学与科学的笔战么？国内思想界的老将吴稚晖先生，就在《太平洋杂志》上发表一篇《一个新信仰的宇宙观及人生观》。其中下了一个人生定义。他说：“人是哺乳动物中的有二手二足用脑的动物。”人生即是这种动物所演的戏剧，这种动物在演时，就有人生；停演时就没人生。所谓人生观，就是演时对于所演之态度，譬如：有的喜唱花面，有的喜唱老生，有的喜唱小生，有的喜摇旗呐喊；凡此种种两脚两手在演戏的态度，就是人生观。不过单是登台演剧，红进绿出，有何意义？想到这层，就发生哲学问题。哲学的定义，我们常在各种哲学书籍上见到，不过我们尚有再找一个定义的必要。我在《中国哲学史大纲》上卷上所下的哲学的定义说：“哲学是研究人生切要的问题，从根本上着想，去找根本的解决。”但是根本两字意义欠明，现在略加修改，重新下了一个定义说：“哲学是研究人生切要的问题，从意义上着想，去找一个比较可普遍适用的意义。”现在举两个例来说明它：要晓得哲学的起点是由于人生切要的问题，哲学的结果，是对于人生的适用。人生离了哲学，是无意义的人生；哲学离了人生，是想入非非的哲学。现在哲学家多凭空臆说，离得人生问题太远，真是上穷碧落，愈闹愈糟！

现在且说第一个例：两千五百年前在喜马拉雅山南部有一个小

国——迦叶——里，街上倒卧着一个病势垂危的老丐，当时有一个王太子经过，在别人看到，将这老丐赶开，或是毫不经意地走过去了；但是那王太子是赋有哲学的天才的人，他就想人为什么逃不出老、病、死，这三个大关头，因此他就弃了他的太子爵位、妻孥、便嬖、皇宫、财货，遁迹入山，去静想人生的意义。后来忽然在树下想到一个解决，就是将人生一切问题拿主观去看，假定一切都是空的，那么，老、病、死，就不成问题了。这种哲学的合理与否，姑不具论，但是那太子的确是研究人生切要的问题，从意义上着想去找他以为比较普遍适用的意义。

我们再举一个例：譬如我们睡到夜半醒来，听见贼来偷东西，我就将他捉住，送县究办。假如我们没有哲性，就这么了事，再想不到“人为什么要做贼”等等的问题；或者那贼竟苦苦哀求起来，说他所以做贼的缘故，因为母老，妻病，子女待哺，无处谋生，迫于不得已而为之，假如没哲性的人，对于这种吁求，也不见有甚良心上的反动。至于富于哲性的人就要问了，为什么不得已而为之？天下不得已而为之的事有多少？为什么社会没得给他做工？为什么子女这样多？为什么老病死？这种偷窃的行为，是由于社会的驱策，还是由于个人的堕落？为什么不给穷人偷？为什么他没有我有？他没有我有是否应该？拿这种问题，逐一推思下去，就成为哲学。由此看来，哲学是由小事放大，从意义着想而得来的，并非空说高谈能够了解的。推论到宗教哲学、政治哲学、社会哲学等，也无非多从活的人生问题推衍阐明出来的。

我们既晓得什么叫人生，什么叫哲学，而且略会看到两者的关系，现在再去看意义在人生上占的什么地位？现在一般的人饱食终日，无所用心。思想差不多是社会的奢侈品。他们看人生种种事实，和乡下人到城里未看见五光十色的电灯一样。只看到事实的表面，而不了解事实的意义。因为不能了解意义的缘故，所以连事实也不能了解了。这样说来，人生对于意义，只有需要，不知道意义，人生是不能了解的。宋朝朱子这班人，终日对物格物，终于找不到着落，就是不从意义上着想的缘故。又如平常人看见病人种种病象，他单看见那些事实而不知道那些事实的意义，所以莫名其妙。至于这些病象一到医生眼里，就能对症下药，因为医生不单看病象，还要晓得病象的意义的缘故。因此，了解人生不单靠事实，还要知道意义！

那么，意义又从何来呢？有人说：意义有两种来源：一种是从积累得来，是愚人取得意义的方法；一种是由直觉得来，是大智取得意义的方法。积累的方法，是走笨路；用直觉的方法是走捷径。据我看来，欲求意义唯一的方法，只有走笨路，就是日积月累的去做刻苦的工夫，直觉不过是熟能生巧的结果，所以直觉是积累最后的境界，而不是豁然贯通的。大发明家爱迪生有一次演说，他说，天才百分之九十九是汗，百分之一是神，可见得天才是下了番苦功才能得来，不出汗决不会出神的。所以有人应付环境觉得难，有人觉得易，就是日积月累的意义多寡而已。哲学家并不是什么，只是对于人生所得的意义多点罢了。

欲得人生的意义，自然要研究哲学史，去参考已往的死的哲理。不过还有比较重要的，是注意现在的活的人生问题，这就是做人应有的态度。现在我举两个可模范的大哲学家来做我的结论，这两大哲学家一个是古代的苏格拉底，一个是现代的笛卡尔。

苏格拉底是希腊的穷人，他觉得人生醉生梦死，毫无意义，因此到公共市场，见人就盘问，想借此得到人生的解决。有一次，他碰到一个人去打官司，他就问他，为什么要打官司？那人答道，为公理。他复问道，什么叫公理？那人便瞠目结舌不能作答。苏氏笑道：我知道我不知你，却不知道你不知呵！后来又有一个人告他的父亲不信国教，他又去盘问，那人又被问住了。因此希腊人多恨他，告他两大罪，说他不信国教，带坏少年，政府就判他的死刑。他走出来的时候，对告他的人说："未经考察过的生活，是不值得活的。你们走你们的路，我走我的路罢！"后来他就从容就刑，为找寻人生的意义而牺牲他的生命！

笛卡尔旅行的结果，觉到在此国以为神圣的事，在他国却视为下贱；在此国以为大逆不道的事，在别国却奉为天经地义，因此他觉悟到贵贱善恶是因时因地而不同的。他以为从前积下来的许多观念知识是不可靠的，因为他们多是趁他思想幼稚的时候侵入来的。如若欲过理性生活，必得将从前积得的知识，一件一件用怀疑的态度去评估他们的价值，重新建设一个理性的是非。这怀疑的态度，就是他对于人生与哲学的贡献。

现在诸君研究佛学，也应当用怀疑的态度去找出它的意义，是否真正比较的普遍适用？诸君不要怕，真有价值的东西，决不为怀疑所毁；而能被怀疑所毁的东西，决不会真有价值。我希望诸君实行笛卡尔的怀疑态度，牢记苏格拉底所说的“未经考察过的生活，是不值得活的”这句话。那么，诸君对于明阐哲学，了解人生，不觉其难了。

（本文为1923年11月胡适在上海商科大学佛学研究会的演讲，原载1923年12月10日《东方杂志》第20卷第23期）

从历史上看哲学是什么

这个题目很重要，从人类历史上看哲学是什么，一方面要修正我在中国哲学史上卷里所下哲学的定义，一方面要指示给学哲学的人一条大的方向，引起大家研究的兴味。

我在今年一二月《晨报副刊》上发表杜威先生哲学改造的论文，今天所讲，大部分是根据杜威先生的学说；他的学说原是用来解释西洋哲学的，但杜威先生是一个实验主义者，他的学说要能够解释中国或印度的哲学思想，才能算是成立。

杜威先生的意思，以为哲学的来源，是人类最初的历史传说或跳舞诗歌迷信等等幻想的材料，经过两个时期，才成为哲学。

（一）整齐统一的时期，传说神话变成了历史，跳舞诗歌变成了艺术，迷信变成了宗教，个人的想象与暗示，跟了一定法式走，无意识的习惯与有意识的褒贬，合成一种共同的风尚。造成了种种制度仪节。

（二）冲突调和的时期，人类渐渐进步，经验多了，事实的知识分量增加，范围扩大。于是幻想的礼俗及迷信传统的学说，与实证的人生日用的常识，起了冲突，因而批评的调和的哲学发生，例如希腊哲人“Sophist”之勃兴，便是西洋哲学的起源。“Sophist”对于一切怀疑，一切破坏，当时一般人颇发生反感，斥哲人为诡辩，为似是而非。“Sophist”一字，至今成了恶名。有人觉得哲人过于激烈，应将传统的东西保存一部分，如Socrates辈。但社会仍嫌他过激，法庭宣告他的死刑。后来经过柏拉图、亚里士多德等的调和变化，将旧信仰洗刷一番，加上些论理学、心理学等等，如卫道护法的工具，于是成了西洋的正统哲学。

归纳起来说，正统哲学有三大特点：

（1）调和新旧思想，替旧思想旧信仰辩护，带一点不老实的样子。

（2）产生辩证的方法，造成论理的系统，其目的在护法卫道。

（3）主张二元的世界观，一个是经验世界，一个是超经验的世界，在现实世界里不能活动的，尽可以在理想的世界里玩把戏。

现在要拿杜威先生关于正统哲学的解释，来看是否适用于中国。我研究的结果，觉得中国哲学完全可以适用杜威的学说。

中国古代的正统哲学是儒墨两大派，中古时代是儒教，近世自北宋至今是宋明理学，尤其是程朱的理学。

现在分论古代、中古、近世三期。

中国古代的哲学原料，诗歌载在《诗经》，卜筮迷信载在《易经》，礼俗仪容载在《礼记》，历史传说载在《尚书》。在西历纪元前两千五百年，初民思想已经过一番整齐统一。一切旧迷信旧习惯传说已成了经典。

纪元前五六百年老子孔子等出，正当新旧思潮冲突调和的时期，古代正统哲学才算成立。老子是旧思想的革命家，过激党，攻击旧文化，攻击当时政治制度。古代以天为有意志有赏罚，而老子说天地不仁，将有意志的天变为无往而不在，无为而无不为的天，是一个自然主义的天道观。老子这样激烈的态度，自然为当世所不容。他很高明，所以自行隐遁。邓析比老子更激烈，致招杀身之祸，没有书籍流传后世，可见当时两种思想冲突的厉害。

于是调和论出来了，孔子一方面承认自然主义的天道观，他说："天何言哉，四时行焉，百物生焉，天何言哉。"一方面又承认有鬼神，他说："敬鬼神而远之。""祭如在，祭神如神在。""洋洋乎如在其上，如在其左右。"他总舍不得完全去掉旧信仰，舍不得完全去掉传统的宗教态度。但在一般人看来，他仍然是偏向革命党。偏向革命党的苏格拉底不免于死刑，偏向革命党的孔子不免厄于陈蔡，终身栖栖惶惶。这是第一派的调和论。

第二派的调和论是墨子，墨子明白提倡有鬼，有意志的天，非命，完全容纳旧迷信，完全是民间宗教的原型。但究竟旧思想经过动摇，不容易辩护，于是不得不发明辩证的方法，以逻辑为武器。我们看他用逻辑最多的地方，是《明鬼》和《非命》两篇。他提出论辩的三个标准：

（甲）我们曾经耳闻目见否，

（乙）古人说过没有，

（丙）有用没有用。

譬如说有鬼，第一曾经有人看见过鬼，或听见鬼叫的。第二古书载鬼的地方很不少，故古人是相信有鬼的。第三我们相信有鬼，则我们敬爱的人死了，我们尚可得到安慰，而且可以少做坏事。信鬼有利无弊是有用的。因此墨子是当时的正统哲学。

中古时代之整齐统一期分两个步骤，第一步是秦时，李斯别黑白，定一尊。第二步是汉初，宗教迷信统一于长安，秦巫晋巫各代表一个民间宗教，汉武封泰山，禅梁父，一般方士术士都来了，这是道教与古代迷信冲突时期。

带上儒家帽子的墨教出来调和，便是董仲舒所创之新儒教。以天人感应为基本观念，替民间宗教作辩护，可谓古代迷信传说之复活，故中古期的正统哲学是新儒教。

从东汉到北宋，儒释道三教都来了，没有十分冲突。唐时以老子姓李，道教几乎成为国教。到了北宋真宗，崇道教，拜天书，封禅老子庙。道教之盛，达于极点，以致仁宗神宗时代，产生了许多怀疑派。如欧阳修、苏轼、王安石、李觏等，对于思想制度古书都怀疑。对于迷信的道教是一种反动，对于极端个人主义的禅宗是一种调和。于是在古代诸大思想系统中找出儒家，以《五经》为旧经典，《四书》为新经典，《大学》里找出方法论，《中庸》里找出心理学。静坐不是学佛，是求敬，是注意，是为自己的修养。故自北宋以来，正统哲学是理学。理学调和的分子极多，以儒家为根据，容纳道家佛家一部分思想，且兼容古代的宗教。为涵养须用敬之“敬”，完全是宗教的态度。

结论：我所以讲这个题目，是要使大家知道，无论以中国历史或西洋历史来看，哲学是新旧思想冲突的结果。而我们研究哲学，是要将哲学当成应付冲突的机关。现在梁漱溟、梁任公、张君劢诸人所提倡的哲学，完全迁就历史的事实，是中古时代八百年所遗留的传统思想、宗教态度，以为这便是东方文明。殊不知西洋中古时代也有与中国同样的情形，注重内心生活，并非中国特有的。所以我们要认清楚哲学是什么，研究哲学的职务在哪里，才能寻出一条大道。这是我们研究哲学的人应有的觉悟。

（本文为1925年5月17日胡适在北京大学哲学研究会的演讲，明宵笔记，原载1925年5月31日《国闻周报》第2卷第20期）

研究社会问题的方法

研究社会，当然和研究社会学的方法有关系。但这两种方法有不同的地方。就是社会学所研究的是社会状况；社会问题是研究个人生活状况。社会学是科学的，是普遍的；社会问题是地方的，是特别的。研究这两样的倾向既然不同，那研究的方法也该有区别。

再者，社会学的目的有两样：第一，要知道人类的共同生活究竟是什么样子。在社会里头，能不能把人类社会的普通道理找出来。第二，如果社会里的风俗习惯发生病的状态，应当用什么方法去补救。研究这两个问题，是社会学的目的。但我们研究社会问题，和它有一点不同。因为社会问题是特别的，是一国的，是地方的缘故。社会问题是怎样发生的呢？我们知道要等到社会里某种制度有了毛病，问题才能发生出来。如果没有毛病，就不会发生什么问题。好像走路、呼吸、饮食等等事体，平时不会发生问题，因为身体这时没有病的缘故。到了饮食不消化或呼吸不顺利的时候，那就是有病了，那就成为问题了。

中国有子孝妇顺的礼教，行了几千年，没有什么变迁。这是因为当时做儿子的和做媳妇的，对于孝顺的制度没有怀疑，所以不成问题。到现在的时候，做儿子的对于父母，做丈夫的对于妻子，做妻子的对于丈夫等等的礼法，都起了疑心。这一疑就是表明那些制度有点不适用，就是承认那些制度已经有了毛病。

要我们承认某种制度有了毛病，才能成为社会问题，才有研究的必要。我说研究社会问题，应当有四个目的。现在就用治病的方法来形容：第一，要知道病在什么地方。第二，病是怎样起的，它的原因在哪里。第三，已经知道病在哪里，就得开方给他，还要知某种药材的性质，能治什么病。第四，怎样用药。若是那病人身体太弱，就要想个用药的方法；是打针呢？是下补药呢？若是下药，是饭前呢？是饭后呢？是每天一次还是每天两次呢？医生医治病人，短不了这四步。研究社会问题的人，也是这样。现在所用的比喻是医生治病，所以说的都是医术的名词。各位可别误会，在未入本题之前，我们需要避掉两件事：

一、须避掉偏僻的成见　我们研究一种问题，最要紧的就是把成见除掉。不然，就会受它的障碍。比方一个病人跑到医生那里，对医生说："我这病或者是昨天到火神庙里去，在那里中了邪，或是早晨吃了两个生鸡蛋，然后不舒服。"如果那个医生是精明的，他必不听这病人的话。他先要看看脉，试试温度，验大小便，分析血液，然后下个诊断。他的工夫是从事实上下手，他不管那病人所说中了什么邪，或是吃了什么东西，只是一味虚心地去检验。我们要做社会的医生也是如此。

平常人对于种种事体，往往存着一种成见。比方娼妓问题和纳妾问题，我们对于它们，都存着一种道德的或宗教的成见，所以得不着其中的真相。真相既不能得着，那解决的方法也就无从下手了。所以我们对于娼妓的生涯，是道德是不道德，先别管它；只要从事实上把它分析得明明白白，不要靠着成见。我们要研究它与社会的经济，家庭的生计，工厂的组织等等现象，有什么关系。比方研究北京的娼妓问题，就得知道北京有什么工厂，工厂的组织是怎样的；南北的娼妓从哪里来，与生计问题有什么关系，与南方的工厂有什么关系；千万不要当它做道德的问题，要把这种成见除掉，再从各种组织做入手研究的工夫。

二、须除掉抽象的方法　我们研究一种问题，若是没有具体的方法，就永远没有解决的日子。在医书里头，有一部叫做《汤头歌诀》，乡下人把它背熟了，就可以挂起牌来做医生；他只知道某汤头是去暑的，某汤头是补益的，某汤头是温，某汤头是寒；病人的病理，他是一概不知道的。这种背熟几支歌诀来行医的医生，自然比那看脉、检温、验便、查血的医生忽略得多；要盼望他能够得着同样的效验，是不可能的。

研究社会问题的人，有时也犯了背歌诀的毛病。我们再拿娼妓问题来说，有些人不去研究以上所说种种的关系，专去说什么道德啦，妇女解放啦，社交公开啦，经济独立啦；要知道这些都和汤头歌歌诀一样，虽然天天把它们挂在嘴里，于事实上是毫无补益的；不但毫无补益，且能教我们把所有的事实忽略过去。所以我说，第二样要把抽象的方法除掉。

已经知道避掉这两件事情，我就要说到问题的身上，我已经把研究社会问题的方法分做四步，现在就照着次序讲下去。

一、病在什么地方

社会的组织非常复杂，必定要找一个下手研究的地方；不然，所研究的就没有头绪；也得不着什么效果。所以我们在调查以前，应当做四步工夫，才能够得着病的所在。

第一步分析问题　我们得着一个问题，就要把它分析清楚，然后检查它的毛病。比方纳妾问题，分析出来，至少也有两种：一种是兽欲的，基于这种动机而纳妾的人，社会上稍有道德观念的，都不承认他是对的。一种是承嗣的，这是因为要有后嗣才去纳妾，自然和那兽欲的有分别。再从细里分析，兽欲的纳妾的原因，大概是在那里，它与财产制度、奢侈习惯、娼妓制度等等有什么关系。研究第一种的纳妾，在这些问题上，都要下工夫去研究，才能够明白。说到第二种的纳妾呢，我们就不能和以前一例的看。有许多道学先生，到了四十多岁还没有儿子，那时候朋友劝他纳妾，兄弟也劝他，甚至自己的妻子也劝他，若是妻子因为丈夫要纳妾承嗣的话，就起来反对，人家必要说这做妻子的不贤惠。这样看来，第二种的纳妾是很堂皇的。我们对于这个问题，要研究中国的宗教；人为什么一定要有后，为什么要男子才算是后，女子就不算数，要有男子才算有后；在道德上和宗教上有什么根据，它的结果怎样呢，它有什么效果，是不是有存在的理由；这些问题，都和兽欲纳妾问题不同，是研究的人所当注意的。

再举一个例，娼妓制度，绝不是用四个字就可以把它概括起来的。我们亦把它的种类分析起来，就知有公娼私娼的分别。公娼是纳税公开的，她们在警察厅权限底下，可以自由营业；私娼是不受警察厅保护的，她们要秘密地营业。从娼妓的内容说，还有高等和下等的分别；从最高等到最下等的娼妓，研究起来，还可以分析，这种分析非常有用，切不可忽略过去。从卖淫的心理考察，也可以分出好几种，有一种是全由于兽欲的，她受了身体上或精神上的影响，所以去做卖淫的生活。但是从日本的娼妓研究下去，就知其中不全是如此。日本的娼妓，在她们的社会里头，早就成为一种特别的阶级。她们的卖淫，并不根据于兽欲，是以这事为一种娱乐；兽欲与娱乐是两样事体，所以研究的方法也不能一样。

第二步观察和调查　分析的工夫若是做完，我们就可以从事于问题的观察和调查。观察和调查的方法很多，我可以举出几条来给各位参考。

我们知道社会问题不是独立的。它有两种性质：一种是社会的，是成法的，非个人的。比方纳妾问题，绝不是一两个人能够做成，乃是根于社会制度或祖宗成法而来。一种是个人的，社会问题的发生，虽不在乎个人，然而社会是由个人组成的，它与个人自然有关系。因着这两种性质，我就说研究社会问题有两方面：一方面是内包，一方面是外延；我们要从这两方面研究。所以调查的工夫，越精密越好。我们拿北京的车夫来说，他会发生问题，也许与上海、广东有关系，也许与几千年前圣贤的话有关系；你去问他们的境况，虽然是十分紧要，若是能够更进一步，就得向各方面去调查。

西洋现行的观察和调查的方法，总起来可以分做三样：

一、统计　统计的工夫，是国家的。它的方法，是派人分头向各区去调查，凡出入款、生死率、教育状况等等的事体，都要仔细地调查清楚，为的是可以比较。

二、社会测量（Social Survey）　研究社会问题的人测量社会，要像工程师测量土地一样。我们要选定一个区域，其中各方面的事体，像人口、宗教、生计、道德、家庭、卫生、生死等等，都要测量过，然后将所得的结果，来做一个详细的报告。

三十年前，英国有一位蒲斯（Booth）专做这种社会测量的工夫。他花了好些金钱，才把伦敦的社会状况调查清楚。但三十年前的调查方法，不完全的地方很多，不必说的。此后有人把他的工作继续下去，很觉得有点进步；近来美国也仿行起来了。社会测量的方法，在中国也可以仿行。好像天津，好像唐山，都可以指定它们来做一个测量的区域。我们要明白在一区里头种种事体，才可以想法子去补救它。因为社会问题过于要紧，过于复杂，决不能因着一家人的情形，就可以知道全体的。现在研究社会问题的人，大毛病就是把调查的工夫忽略了。要是忽略调查的工夫，整天空说“妇女解放”、“财产废除”、“教育平等”，到底有什么用处，有什么效果。

三、综合　用统计学的方法。把所得的材料，综合起来做统计书，或把它们画在图表上头。统计的好处，是在指明地方和时间，教我们能够下比较的工夫。它不但将所有的事实画在格里，还在底下解释它们的关系和结果。我们打开图表一看，就知道某两线是常在一处的，某线常比其他的线高，某线常比其他的线低，我们将没有关系的线，先搁在一边，专研究那有关系的，常在一处的。到我们得着解释的时候，那病的地方就不难知道啦。

我前次到山西去，看见学校行一种“自省”的制度。督军每日里派人到各学校去，监察学生自省和诵读圣书。我觉得奇怪，就向人打听一下，原来这制度是从前在军营里行的。军营里因为有了这自省的方法，就把花柳病减少到百分之六十。督军看见这个结果好，就把它用到学校去。我说这事有点错误，因为只靠花柳病减少的事实，就归功在自省上头，这样的判断是不准的。我们要看一看山西的教育在这几年的进步如何，太原的生活程度是不是高了，医术是不是进步了。这几方面，都应当用工夫去研究一下，看它们和军人的行为有什么关系，有什么影响。要是不明白种种的关系，只说是自省的工夫，恐怕这种判断有些不对。而且宜于军人的，未必宜于学生，若冒昧了，一定很危险。遗传说食指动就有东西吃，食指动和有东西吃，本来没有关系，因为食指动是没有意识的。若在食指动以后，果然有东西吃，就把这两件事连起来做一个因果，那是不对的。我们对于原因结果的判断，一定要用逻辑的方法，要合乎逻辑的判断。那事实的真原因，才能够得着。所以我们研究社会问题，要用逻辑的方法，才能够知道病的确在什么地方，和生病的原因在那里。不然，所做的工夫，不但无功，而且很危险，这是应当注意的。

二、病怎样起

我们把病的地方查出来以后：就要做第二步的工夫，就是要考察那病的来源。社会的病的来源，可以分做两面看：一方面是纵的，一方面是横的；可以说一方面是历史的，一方面是地理的；一方面是时间的，一方面是空间的。社会上各种制度，不是和时间有关系，就是和空间有关系，或是对于两方面都有关系。所以研究社会问题，最要紧的是不要把这两面忽略过去。

先从空间的关系说罢，我们拿北京的娼妓来研究，就知道它和中国各处都有关系。我们要用第一步的方法，研究那些娼妓的来路，和那地方所以供给娼妓的缘故。还有本地的娼妓，多半是旗人当的。我们对于这事，就要研究北京的旗人，她们受了什么影响，致使一部分的人堕落。又要研究她们多半当私娼的，由男子方面说，他们为什么专下南方去贩女人上来，为什么不上别处去，他们为什么要在这里开娼寮？这些问题是空时的关系，我们都应当研究的。我再具体举一个例来说，南妓从前多半由苏州来，现在就从上海来，这是什么缘故呢？我们应当考究上海和苏州的光景怎样变迁，上海女工的境遇如何，她们在纱厂里做工，一天赚几十个铜元，若是女孩子，还赚不上十个。因为这个缘故，就有些人宁愿把女儿卖给人或是典给人，也不教她们到工厂里去做工。从北京这方面说，在旗人的社会里，一部分人会堕落到一个卖淫的地步，也许是她们的生活状况变迁，也许北京现有的职业不适合她们做，这两个例就是横的、地理的、空间的关系，要把它们看清楚才好。

社会问题，在时间上的关系，也是很重要的。时间的关系是什么呢？比方承嗣的纳妾问题，就是一种纵的、历史的、时间的关系。古代的贵族很重嫡子，因为基业相传的关系，无论如何，嫡子一派是不能断的，大宗是不能断的。但事实上不能个个嫡子都有后，所以要想法子把他接续下去。有人想，若是没有宗子的时候，有了庶子，也比无后强得多，这就是纳妾制度的起因。到后来贵族的阶级消灭，一般人对于后嗣的观念仍然存在。如果没有儿子，就得纳妾，为的是不让支脉断绝了。所以我说为有后而纳妾，是历史的关系。知道这个，才可以研究。孔子说得好："臣弑其君，子弑其父，非一朝一夕之故，其所由来者渐矣。"这几句话，就是指明凡事都有一种历史的原因。所以对于问题，不要把它的历史的、纵的、时间的关系，忽略过去。

我再举一个例，办丧事的靡费，大概各位都承认是不对的。从前我住在竹竿巷底时候，在我们邻近有一所洗衣服的人家，也曾给我们洗衣服，所赚的钱是很少很少的；但是到他办丧事的时候，也免不了靡费。中国人办丧事要靡费，因为那是一种大礼。所以要从丧礼的历史去研究，才能得着其中的真相。

原来古代的丧服制度，有好几等。有行礼的，有不行礼的。第一等的人，可以哭好几天，不必做什么事；因为所有的事情，都有人替他办理，所以他整天躺着，哀至就哭，哭到要用人扶才站起来。所谓"百官备，百物具，不言而事行者，扶而起"，就是说这一等的丧礼，要行这样礼，不是皇帝诸侯就不能办得到。次一等的呢？有好些事体都要差人去办，所以自己要出主意，哭的时间也就少了。起来的时候，只用杖就可以，再不必用人去扶。所谓“言而后事行者，杖而起”，就是指着这一类说的。古代的大夫、士，都是行这样的礼。下等的人，所有的事都要自己去做，可以不必行礼，只要不洗脸就够了。所以说“身自执事而后行者，面垢而已”。这几等的制度，都是为古代的人而设的，所谓“礼不下庶人，刑不上大夫”，就是表明古礼尽为“士”以上的人而作，小百姓不必讲究。后来贵族阶级打破了，这种守礼的观念还留住，并且行到小百姓身上去。

现在中国一般人所行的丧礼，都是随着“四民之首”的“士”。他们守礼，本来没有“杖而后能起，扶而后能行”的光景，为行礼就存着一个形式，走路走得很稳，还要用杖。古时的丧服，本来不缝，现在的人，只在底下衩开一点，这都是表明从前的帝王、诸侯、大夫、士所行的真礼，一到小百姓用的时候，就变成假的。所以我们从历史方面去研究丧礼，就知道某礼节从前可以行，现在可以不必行，从前行了有意思，现在就没有意思。我们从这方面研究，将来要改良它，就可以减少许多阻力。

以上说的是第二步工夫。我们要知道病的起源，一部分是空间的关系，一部分是时间的关系，因为明白这两种的关系，才能够诊断那病是怎样发生的。以下我就要说开方和用药的方法。

三、怎样用药

要是我们不知道病在什么地方，不知道病从何而来，纵使用了好些药，也是没有功效的。已经知道病在那里，已经知道病的起因，还要明白药性和用药的方法。我在这里可以举出两个法子来：第一是调查。我们把问题各种特别的情形调查清楚，然后想法子去补救，这是我已经说过的。现在可以不必讲。第二是参考。我曾说用汤头来治病是不对的，因为有些地方要得着参考材料，才可以规定用药的方法。检查温度，试验大小便，分析血液，这些事体要医生才知道。若是给我做也做不来。这是什么缘故？因为我不是医生。没有拿什么大小便血液来比较或参考过的缘故。若是我们对于一个问题，不能多得参考的材料，虽然调查得很清楚，也是无用。

我们所用参考的材料，除用社会学、经济学、历史和其他的参考书以外，还要参考人家研究的结果。比方对于娼妓制度，要看人家怎样对付，结果又是怎样。禁酒问题，人家怎样立法，怎样教育，怎样鼓吹，结果都是什么。我不是说要用人所得的结果来做模范，因为那很容易陷到盲从的地步。我们只要知道在同一的问题里头，哪一部分和人相同，哪一部分和人不同。将各部分详细的比较，详细的参考，然后定补救的方法。

有人从美国回来，看见人家禁酒有了成效，就想模仿人家。殊不知美国的酒害与中国的酒害很不相同，哪里能够把他们的法子全然应用呢！美国的酒鬼，常常在街上打人，或是在家里打老婆；中国的醉翁，和他们是很不相同的。情形既然不同，就不能像人家用讲演或登报的方法来鼓吹。譬如要去北京的酒害，就得调查饮酒的人，看他们的酒癖和精神生计等等，有什么关系。何以酒害对于上等人不发生关系，专在下等人中间显露出来。我们拿这些事实来比较，又将别人所得的结果来参考，然后断定那用药的方法。我们能够聚集许多参考材料，把它们画成一张图表，为的是容易比较，所以参考材料不怕多，越多越好比较。

四、用药的功效

这里所谓功效，和社会学家的说法不同。社会学家不过把用药以后的社会现象记出来，此外可以不计较。社会改良家，一说就要自己动手去做，他所说的方法，一定要合乎实用才成。天下有许多好事，给好人弄坏了，这缘故是因为他有好良心，却没有好方法，所以常常偾事。社会改良家的失败，也是由于不去研究补救的方法而来。现在西洋所用的方法很多，我就讲几样可以供我们参考的举出来：

一、公开事业　有许多问题，一到公开的时候，那问题已是解决一大半了。公开的意思，就是把那问题的真相公布出来，教大家都能了解。社会改良家的职分，就是要把社会的秘密，社会的黑幕揭开。中国现在有许多黑幕书籍，他说是黑幕，其实里头一点真事也没有，不过是一班坏人，用些枝枝节节的方法，鼓吹人去做坏事罢了。这里所说的公开，自然不是和那黑幕书一样。比方北京娼妓的情形，这里的人到南方去买女子，或是用几十块钱去典回来；到北京以后，所有的杂费、器具、房屋都不能自己预备。做妓女的到这时候就要借钱，但一借就是四分利息，纵使个个月都赚钱，也不够还利息的。娼妓因为经济给这班人拿住，就不能挣脱。只有俯首下心去干那丑生活。久而久之，也就不觉得痛苦了。遇着这种情形，若是调查社会的人把它发表出来，教人人明白黑幕里的勾当。以后有机会，再加上政治的权力把那黑幕除掉，那问题就完全解决了。

二、模范生活 现在有许多人主张大学移植事业。这种事业，英文叫做 Social settlement。翻出来就是“社会的殖民地”。但我以为翻做“贫民区域居留地”更好。移植事业是怎样的呢？比方这里有许多大学的学生，暑假的时候，不上西山去，不到北戴河去，结几个同志到城市中极贫穷的区域去住，在那里教一般的贫民念书、游戏和做工等等日用的常识。贫民得着大学生和他们住在一块，就渐渐地受感化，因此可以减掉许多困难的问题。我们做学生的一定要牺牲一点工夫，去做这模范生活，因为我们对于这事，不但要宣传，而且要尽力去实行。

三、社会的立法（Social legislation） 社会的立法，就是用社会的权力，教政府立一种好的法度。这事我们还不配讲，因为有些地方，不能由下面做上来，还要由上面做下去。我们在唐山看见一种包工制度，一个工人的工钱，本来是一元，但是工头都包去招些七毛的，得七毛的也不做工，包给六毛的，得六毛的就去招一班人来，住在一个“鸟窑”里头。他们的工钱，都给那得六毛的、得七毛的、得一元的工头分散了。他们一天的生活，只靠着五个铜子，要教他们出来组织工党，是不成功的。欧美各国的工人，都能要求政府立法，因为好些事是他们自己的能力所办不到的，好像身体损伤保险，生命保险，子女的保护和工作时间底规定，都是要靠社会的立法才能办得到的。上海的女子在工厂里做工，只能赚九个铜子，教她们自己去要求以上那些事，自然办不到，所以要靠着社会替她们设法。我们由历史方面看，国家是一种最有用的工具。用得好就可以替社会造福，社会改良家一定要利用它，因为它可以帮助我们做好些事。

以上三种方法，不过是略略地举一些例。此外还有许多方法，因为不大合我们的采用，所以我不讲。

结论

我已经把研究社会问题四层的工夫讲完了。总结起来，可以分做两面：一面是研究的人，自己应当动手去做，不要整天住在家里，只会空口说白话。第二面是要多得参考的材料。从前就是因为没有参考材料，所以不发生问题。现在可就不然，所以我很盼望各位一面要做研究的学者，一面要做改良社会的实行家。

（本文为1920年5月15日胡适在北平社会实进会的演讲，许地山记录，原载1920年5月26日至29日《晨报副刊》）

自 由 主 义

孙中山先生曾引一句外国成语："社会主义有五十七种，不知哪一种是真的"。其实"自由主义"也可以有种种说法，人人都可以说他的说法是真的，今天我说的"自由主义"，当然只是我的看法，请大家指教。

自由主义最浅显的意思是强调的尊重自由，现在有些人否认自由的价值。同时又自称是自由主义者。自由主义里没有自由，那就好像长坂坡里没有赵子龙，空城计里没有诸葛亮，总有点叫不顺口罢！据我的拙见，自由主义就是人类历史上那个提倡自由，崇拜自由，争取自由，充实并推广自由的大运动。"自由"在中国古文里的意思是："由于自己"，就是不由于外力，是"自己做主"。在欧洲文字里，"自由"含有"解放"之意，是从外力裁制之下解放出来，才能"自己做主"。在中国古代思想里，"自由"就等于自然，"自然"是"自己如此"，"自由"是"由于自己"，都有不由于外力拘束的意思。陶渊明的诗："久在樊笼里，复得返自然"，这里"自然"二字可以说是完全同"自由"一样。王安石的诗："风吹瓦堕屋，正打破我头……我终不嗔渠，此瓦不自由"。这就是说，这片瓦的行动是被风吹动的，不是由于自己的力量。中国古人太看重"自由"，"自然"的"自"字，所以往往看轻外面的拘束力量，也许是故意看不起外面的压迫，故意回向自己内心去求安慰，求自由。这种回向自己求内心的自由，有几种方式，一种是隐遁的生活——逃避外力的压迫，一种是梦想神仙的生活——行动自由，变化自由——正如庄子说，列子御风而行，还是"有待"，"有待"还不是真自由，最高的生活是事人无待于外，道教的神仙，佛教的西天净土，都含有由自己内心去寻求最高的自由的意义。我们现在讲的"自由"，不是那种内心境界，我们现在说的"自由"，是不受外力拘束压迫的权利。是在某一方面的生活不受外力限制束缚的权利。

在宗教信仰方面不受外力限制，就是宗教信仰自由。在思想方面就是思想自由，在著作出版方面，就是言论自由，出版自由。这些自由都不是天生的，不是上帝赐给我们的，是一些先进民族用长期的奋斗努力争出来的。

人类历史上那个自由主义大运动实在是一大串解放的努力。宗教信仰自由只是解除某个某个宗教威权的束缚，思想自由只是解除某派某派正统思想威权的束缚。在这些方面……在信仰与思想的方面，东方历史上也有很大胆的批评者与反抗者。从墨翟，杨朱，到桓谭，王充，从范缜，傅奕，韩愈，到李贽，颜元，李塨，都可以说是为信仰思想自由奋斗的东方豪杰之士，也可以同他们的许多西方同志齐名比美，我们中国历史上虽然没有抬出“争自由”的大旗子来做宗教运动，思想运动，或政治运动，但中国思想史与社会政治史的每一个时代都可以说含有争取某种解放的意义。

我们的思想史的第一个开山时代，就是春秋战国时代——就有争取思想自由的意义。

古代思想的第一位大师老子，就是一位大胆批评政府的人。他说：“天下多忌讳，而民弥贫。”“法令滋彰，盗贼多有。”“民之饥，以其上食税之多，是以饥。”“民之难治，以其上之有为，是以难治。”“民之轻死，以其求生之厚，是以轻死。”“天之道损有余，而补不足。”“人之道则不然，损不足以奉有余。”老子同时的邓析是批评政府而被杀的。另一位更伟大的人就是孔子，他也是一位偏向左的“中间派”，他对于当时的宗教与政治，都有大胆的批评，他的最大胆的思想是在教育方面：

有教无类；“类”是门类，是阶级民族，“有教无类”，是说：“有了教育，就没有阶级民族了。”

从老子孔子打开了自由思想的风气，两千多年的中国思想史，宗教史，时时有争自由的急先锋，有时还有牺牲生命的殉道者。孟子的政治思想可以说是全世界的自由主义的最早一个倡导者。孟子提出的“大丈夫”是“贫贱不能移，富贵不能淫，威武不能屈”。这是中国经典里自由主义的理想人物。在两千多年历史上，每到了宗教与思想走进了太黑暗的时代，总有大思想家起来奋斗，批评，改革。

汉朝的儒教太黑暗了，就有桓谭，王充，张衡起来，作大胆的批评。后来佛教势力太大了，就有齐梁之间的范缜，唐朝初年的傅奕，唐朝后期的韩愈出来，大胆的批评佛教，攻击那在当时气焰熏天的佛教。大家都还记得韩愈攻击佛教的结果是："一封朝奏九重天，夕贬潮阳路八千"。佛教衰落之后，在理学极盛时代，也曾有多少次批评正统思想或反抗正统思想的运动。王阳明的运动就是反抗朱子的正统思想的。李卓吾是为了反抗一切正宗而被拘捕下狱，他在监狱里自杀的，他死在北京，葬在通州，这个七十六岁的殉道者的坟墓，至今存在，他的书经过多少次禁止，但至今还是很流行的。北方的颜李学派，也是反对正统的程朱思想的，当时，这个了不得的学派很受正统思想的压迫，甚至于不能公开的传授。这三百年的汉学运动，也是一种争取宗教自由、思想自由的运动。汉学是抬出汉朝的书做招牌，来掩护一个批评宋学的大运动。这就等于欧洲人抬出圣经来反对教会的权威。

但是东方自由主义运动始终没有抓住政治自由的特殊重要性，所以始终没有走上建设民主政治的路子。西方的自由主义绝大贡献正在这一点，他们觉悟到只有民主的政治方才能够保障人民的基本自由，所以自由主义的政治意义是强调的拥护民主。一个国家的统治权必须放在多数人民手里，近代民主政治制度是安格罗撒克逊民族的贡献居多，代议制度是英国人的贡献，成文而可以修改的宪法是英美人的创制，无记名投票是澳洲人的发明，这就是政治的自由主义应该包含的意义。我们古代也曾有"天视自我民视，天听自我民听"，"民为邦本"，"民为贵，社稷次之，君为轻"的民主思想。我们也曾在两千年前就废除了封建制度，做到了大一统的国家，在这个大一统的帝国里，我们也曾建立一种全世界最久的文官考试制度，使全国才智之士有参加政府的平等制度。但，我们始终没有法可以解决君主专制的问题，始终没有建立一个制度来限制君主的专制大权，世界只有安格罗撒克逊民族在七百年中逐渐发展出好几种民主政治的方式与制度，这些制度可以用在小国，也可以用在大国。（1）代议政治，起源很早，但史家指 1295 年为正式起始。（2）成文宪，最早的 1215 年的大宪章，近代的是美国宪法（1789）。（3）无记名投票（政府预备选举票，票上印各党候选人的姓名，选民秘密填记）是 1856 年 South Arsthlia 最早采用的。自由主义在这两百年的演进史上，还有一个特殊的，空前的政治意义，就是容忍反对党，保障少数人的自由权利。向来政治斗争不是东风压了西风，就是西风压了东风，被压的人是没有好日子过的，但近代西方的民主政治却渐渐养成了一种容忍异己的度量与风气。因为政权是多数人民授予的，在朝执政权的党一旦失去了多数人民的支持，就成了在野党了，所以执政权的人都得准备下台时坐冷板凳的生活，而个个少数党都有逐渐变成多数党的可能。甚至于极少数人的信仰与主张，“好像一粒芥子，在各种种子里是顶小的，等到它生长起来，却比各种蔬菜都大，竟成了小树，空中的飞鸟可以来停在它的枝上。”（《新约·马太福音十四章》，圣地的芥菜可以高到十英尺。）人们能这样想，就不能不存容忍别人的态度了，就不能不尊重少数人的基本自由了。在近代民主国家里，容忍反对党，保障少数人的权利，久已成了当然的政治作风，这是近代自由主义里最可爱慕而又最基本的一个方面。我做驻美大使的时期，有一天我到费城去看我的一个史学老师布尔教授，他平生最注意人类争自由的历史，这时候他已八十岁了。他对我说：“我年纪越大，越觉得容忍比自由还更重要。”这句话我至今不忘记。为什么容忍比自由还更要紧呢？因为容忍就是自由的根源，没有容忍，就没有自由可说了。至少在现代，自由的保障全靠一种互相容忍的精神，无论是东风压了西风，还是西风压了东风，都是不容忍，都是摧残自由。多数人若不能容忍少数人的思想信仰，少数人当然不会有思想信仰的自由，反过来说，少数人也得容忍多数人的思想信仰，因为少数人要时常怀着“有朝一日权在手，杀尽异教方罢休”的心理，多数人也就不能不行“斩草除根”的算计了。最后我要指出，现代的自由主义，还含有“和平改革”的意思。

和平改革有两个意义，第一就是和平的转移政权，第二就是用立法的方法，一步一步地做具体改革，一点一滴的求进步。容忍反对党。尊重少数人权利，正是和平的政治社会改革的唯一基础。反对党的对立，第一是为政府树立最严格的批评监督机关，第二是使人民可以有选择的机会，使国家可以用法定的和平方式来转移政权，严格的批评监督，和平的改换政权，都是现代民主国家做到和平革新的大路。近代最重大的政治变迁，莫过于英国工党的执掌政权，英国工党在五十多年前，只能选择出十几个议员，三十年后，工党两次执政，但还站不长久，到了战争胜利之年(1945)，工党得到了绝对多数的选举票，故这次工党的政权，是巩固的，在五年之内，谁都不能推翻他们，他们可以放手改革英国的工商业，可以放手改革英国的经济制度，这样重大的变化，——从资本主义的英国变到社会主义的英国，——不用流一滴血，不用武装革命，只靠一张无记名的选举票，这种和平的革命基础，只是那容忍反对党的雅量，只是那保障少数人自由权利的政治制度，顶顶小的芥子不曾受摧残，在五十年后居然变成大树了。自由主义在历史上有解除束缚的作用，故有时不能避免流血的革命，但自由主义的运动，在最近百年中成绩最大，例如英国自从1832年以来的政治革新，直到今日的工党政府，都是不流血的和平革新，所以在许多人的心目中自由主义竟成了“和平改革主义”的别名，有些人反对自由主义，说它是“不革命主义”，也正是如此。我们承认现代的自由主义正应该有“和平改革”的含义，因为在民主政治已上了轨道的国家里，自由与容忍铺下了和平改革的大路，自由主义者也就不觉得有暴力革命的必要了。这最后一点，有许多没有忍耐心的年轻人也许听了不满意，他们要“彻底改革”，不要那一点一滴的立法，他们要暴力革命，不要和平演进。我要很诚恳地指出，近代一百六七十年的历史，很清楚的指示我们，凡主张彻底改革的人，在政治上没有一个不走上绝对专制的路，这是很自然的，只有绝对的专制政权可以铲除一切反对党，消灭一切阻力，也只有绝对的专制政治可以不择手段，不惜代价，用最残酷的方法做到他们认为根本改革的目的。他们不承认他们的见解会有错误，他们也不能承认反对的人会有值得考虑的理由，所以他们绝对不能容忍异己，也绝对不能容许自由的思想与言论。所以我很坦白地说，自由主义为了尊重自由与容忍，当然反对暴力革命，与暴力革命必然引起来的暴力专制政治。

总结起来，自由主义的第一个意义是自由，第二个意义是民主，第三个意义是容忍——容忍反对党，第四个意义是和平的渐进的改革。

（本文为1948年9月4日胡适在北平电台的广播词，原载1948年9月5日北平《世界日报》）

我们对于西洋近代文明的态度

今日最没有根据而又最有毒害的妖言是讥贬西洋文明为唯物的（Materialistic），而尊崇东方文明为精神的（Spiritual）。这本是很老的见解，在今日却有新兴的气象。从前东方民族受了西洋民族的压迫，往往用这种见解来解嘲，来安慰自己。近几年来，欧洲大战的影响使一部分的西洋人对于近世科学的文化起一种厌倦的反感，所以我们时时听见西洋学者有崇拜东方的精神文明的议论。这种议论，本来只是一时的病态的心理，却正投合东方民族的夸大狂；东方的旧势力就因此增加了不少的气焰。

我们不愿"开倒车"的少年人，对于这个问题不能没有一种彻底的见解，不能没有一种鲜明的表示。

现在高谈"精神文明"、"物质文明"的人，往往没有共同的标准做讨论的基础，故只能作文字上或表面上的争论，而不能有根本的了解。我想提出几个基本观念来做讨论的标准。

第一，文明（Civilization）是一个民族应付它的环境的总成绩。

第二，文化（Culture）是一种文明所形成的生活的方式。

第三，凡一种文明的造成，必有两个因子：一是物质的（Material），包括种种自然界的势力与质料；一是精神的（Spiritual），包括一个民族的聪明才智、感情和理想。凡文明都是人的心思智力运用自然界的质与力的作品；没有一种文明是精神的，也没有一种文明单是物质的。

我想这三个观念是不须详细说明的，是研究这个问题的人都可以承认的。一只瓦盆和一只铁铸的大蒸汽炉，一只舢板船和一只大汽船，一部单轮小车和一辆电力街车，都是人的智慧利用自然界的质力制造出来的文明，同有物质的基础，同有人类的心思才智。这里面只有个精粗巧拙的程度上的差异，却没有根本上的不同。蒸汽铁炉固然不必笑瓦盆的幼稚，单轮小车上的人也更不配自夸他的精神的文明，而轻视电车上人的物质的文明。

因为一切文明都少不了物质的表现，所以“物质的文明”（Material Civilization）一个名词不应该有什么讥贬的含义。我们说一部摩托车是一种物质的文明，不过单指它的物质的形体；其实一部摩托车所代表的人类的心思智慧绝不亚于一首诗所代表的心思智慧。所以“物质的文明”不是和“精神的文明”反对的一个贬词，我们可以不讨论。

我们现在要讨论的是：（1）什么叫做“唯物的文明”（Materialistic Civilization），（2）西洋现代文明是不是唯物的文明。

崇拜所谓东方精神文明的人说，西洋近代文明偏重物质上和肉体上的享受，而略视心灵上与精神上的要求，所以是唯物的文明。

我们先要指出这种议论含有灵肉冲突的成见，我们认为错误的成见。我们深信，精神的文明必须建筑在物质的基础之上。提高人类物质上的享受，增加人类物质上的便利与安逸，这都是朝着解放人类的能力的方向走，使人们不至于把精力心思全抛在仅仅生存之上，使他们可以有余力去满足他们的精神上的要求。东方的哲人曾说：

> 衣食足而后知荣辱，仓廪实而后知礼节。

这不是什么舶来的“经济史观”，这是平恕的常识。人世的大悲剧是无数的人们终身做血汗的生活，而不能得着最低限度的人生幸福，不能避免冻与饿。人世的更大悲剧是人类的先知先觉者眼看无数人们的冻饿，不能设法增进他们的幸福，却把“乐天”、“安命”、“知足”、“安贫”种种催眠药给他们吃，叫他们自己欺骗自己，安慰自己。西方古代有一则寓言说，狐狸想吃葡萄，葡萄太高了，它吃不着，只好说“我本不爱吃这酸葡萄!”狐狸吃不着甜葡萄，只好说葡萄是酸的；人们享不着物质上的快乐，只好说物质上的享受是不足羡慕的，而贫贱是可以骄人的。这样自欺自慰成了懒惰的风气，又不足为奇了。于是有狂病的人又进一步，索性回过头去，戕贼身体，断臂，绝食，焚身，以求那幻想的精神的安慰。从自欺自慰以至于自残自杀，人生观变成了人死观，都是从一条路上来的：这条路就是轻蔑人类的基本的欲望。朝这条路上走，逆天而拂性，必至于养成懒惰的社会，多数人不肯努力以求人生基本欲望的满足，也就不肯进一步以求心灵上与精神上的发展了。

西洋近代文明的特色便是充分承认这个物质的享受的重要。西洋近代文明，依我的鄙见看来，是建筑在三个基本观念之上：

第一，人生的目的是求幸福。

第二，所以贫穷是一桩罪恶。

第三，所以衰病是一桩罪恶。

借用一句东方古话，这就是一种“利用厚生”的文明。因为贫穷是一桩罪恶，所以要开发富源，奖励生产，改良制造，扩张商业。因为衰病是一桩罪恶，所以要研究医药，提倡卫生，讲求体育，防止传染的疾病，改善人种的遗传。因为人生的目的是求幸福，所以要经营安适的起居，便利的交通，洁净的城市，优美的艺术，安全的社会，清明的政治。纵观西洋近代的一切工艺，科学，法制，固然其中也不少杀人的利器与侵略掠夺的制度，我们终不能不承认那利用厚生的基本精神。

这个利用厚生的文明，当真忽略了人类心灵上与精神上的要求吗？当真是一种唯物的文明吗？

我们可以大胆地宣言：西洋近代文明绝不轻视人类的精神上的要求。我们还可以大胆地进一步说：西洋近代文明能够满足人类心灵上的要求的程度，远非东洋旧文明所能梦见。在这一方面看来，西洋近代文明绝非唯物的，乃是理想主义的（Idealistic），乃是精神的（Spiritual）。

我们先从理智的方面说起。

西洋近代文明的精神方面的第一特色是科学。科学的根本精神在于求真理。人生世间，受环境的逼迫，受习惯的支配，受迷信与成见的拘束。只有真理可以使你自由，使你强有力，使你聪明圣智；只有真理可以使你打破你的环境里的一切束缚，使你戡天，使你缩地，使你天不怕，地不怕，堂堂地做一个人。

求知是人类天生的一种精神上的最大要求。东方的旧文明对于这个要求，不但不想满足它，并且常想裁制它，断绝它。所以东方古圣人劝人要“无知”，要“绝圣弃智”，要“断思维”，要“不识不知，顺帝之则”。这是畏难，这是懒惰。这种文明，还能自夸可以满足心灵上的要求吗？

东方的懒惰圣人说，“吾生也有涯，而知也无涯，以有涯逐无涯，殆已”。所以他们要人静坐澄心，不思不虑，而物来顺应。这是自欺欺人的诳语，这是人类的夸大狂。真理是深藏在事物之中的；你不去寻求探讨，它绝不会露面。科学的文明教人训练我们的官能智慧，一点一滴地去寻求真理，一丝一毫不放过，一铢一两地积起来。这是求真理的唯一法门。自然（Nature）是一个最狡猾的妖魔，只有敲打逼拶可以逼它吐露真情。不思不虑的懒人只好永永作愚昧的人，永远走不进真理之门。

东方的懒人又说："真理是无穷尽的，人的求知的欲望如何能满足呢?"诚然，真理是发现不完的。但科学决不因此而退缩。科学家明知真理无穷，知识无穷，但他们仍然有他们的满足：进一寸有一寸的愉快，进一尺有一尺的满足。两千多年前，一个希腊哲人思索一个难题，想不出道理来；有一天，他跳进浴盆去洗澡，水涨起来，他忽然明白了，他高兴极了，赤裸裸地跑出门去，在街上乱嚷道，"我寻着了！我寻着了！"（Eureka！Eureka！）这是科学家的满足。Newton，Pasteur 以至于 Edison 时时有这样的愉快。一点一滴都是进步，一步一步都可以踌躇满志。这种心灵上的快乐是东方的懒圣人所梦想不到的。

这里正是东西文化的一个根本不同之点。一边是自暴自弃的不思不虑，一边是继续不断地寻求真理。

朋友们，究竟是哪一种文化能满足你们的心灵上的要求呢?

其次，我们且看看人类的情感与想象力上的要求。

文艺，美术，我们可以不谈，因为东方的人，凡是能睁开眼睛看世界的，至少还都能承认西洋人并不曾轻蔑了这两个重要的方面。

我们来谈谈道德与宗教罢。

近世文明在表面上还不曾和旧宗教脱离关系，所以近世文化还不曾明白建立它的新宗教新道德。但我们研究历史的人不能不指出近世文明自有它的新宗教与新道德。科学的发达提高了人类的知识，使人们求知的方法更精密了，评判的能力也更进步了，所以旧宗教的迷信部分渐渐被淘汰到最低限度，渐渐地连那最低限度的信仰——上帝的存在与灵魂的不灭——也发生疑问了。所以这个新宗教的第一特色是它的理智化。近世文明仗着科学的武器，开辟了许多新世界，发现了无数新真理，征服了自然界的无数势力，叫电气赶车，叫"以太"送信，真个作出种种动地掀天的大事业来。人类的能力的发展使他渐渐增加对于自己的信仰心，渐渐把向来信天安命的心理变成信任人类自己的心理。所以这个新宗教的第二特色是它的人化。知识的发达不但抬高了人的能力，并且扩大了他的眼界，使他胸襟阔大，想象力高远，同情心浓挚。同时，物质享受的增加使人有余力可以顾到别人的需要与痛苦。扩大了的同情心加上扩大了的能力，遂产生了一个空前的社会化的新道德，所以这个新宗教的第三特色就是它的社会化的道德。

古代的人因为想求得感情上的安慰，不惜牺牲理智上的要求，专靠信心（Faith），不问证据，于是信鬼，信神，信上帝，信天堂，信净土，信地狱。近世科学便不能这样专靠信心了。科学并不菲薄感情上的安慰；科学只要求一切信仰须要禁得起理智的评判，须要有充分的证据。凡没有充分证据的，只可存疑，不足信仰。赫胥黎（Huxley）说得最好：

> 如果我对于解剖学上或生理学上的一个小小困难，必须要严格的不信任一切没有充分证据的东西，方才可望有成绩，那么，我对于人生的奇秘的解决，难道就可以不用这样严格的条件吗?

这正是十分尊重我们的精神上的要求。我们买一亩田，卖三间屋，尚且要一张契据；关于人生的最高希望的根据，岂可没有证据就胡乱信仰吗?

这种“拿证据来”的态度，可以称为近世宗教的“理智化”。

从前人类受自然的支配，不能探讨自然界的秘密，没有能力抵抗自然的残酷，所以对于自然常怀着畏惧之心，拜物，拜畜生，怕鬼，敬神，“小心翼翼，昭事上帝”，都是因为人类不信任自己的能力，不能不倚靠一种超自然的势力。现代的人便不同了。人的智力居然征服了自然界的无数质力，上可以飞行无碍，下可以潜行海底，远可以窥算星辰，近可以观察极微。这个两只手一个大脑的动物——人——已成了世界的主人翁，他不能不尊重自己了。一个少年的革命诗人曾这样的歌唱：

> 我独自奋斗，胜败我独自承当，
> 我用不着谁来放我自由，
> 我用不着什么耶稣基督
> 妄想他能替我赎罪替我死。
> I fight alone and, win or sink,
> I need no one to make me free,
> I want no Jesus Christ to think

That he could ever die for me.

这是现代人化的宗教。信任天不如信任人，靠上帝不如靠自己。我们现在不妄想什么天堂天国了，我们要在这个世界上建造“人的乐国”。我们不妄想做不死的神仙了，我们要在这个世界上做个活泼健全的人。我们不妄想什么四禅定六神通了，我们要在这个世界上做个有聪明智慧可以戡天缩地的人。我们也许不轻易信仰上帝的万能了，我们却信仰科学的方法是万能的，人的将来是不可限量的。我们也许不信灵魂的不灭了，我们却信人格是神圣的，人权是神圣的。

这是近世宗教的“人化”。

但最重要的要算近世道德宗教的“社会化”。

古代的宗教大抵注重个人的拯救；古代的道德也大抵注重个人的修养。虽然也有自命普度众生的宗教，虽然也有自命兼济天下的道德，然而终苦于无法下手，无力实行，只好仍旧回到个人的身心上用功夫，做那向内的修养。越向内做工夫，越看不见外面的现实世界；越在那不可捉摸的心性上玩把戏，越没有能力应付外面的实际问题。即如中国八百年的理学工夫居然看不见两万万妇女缠足的惨无人道！明心见性，何补于人道的苦痛困穷！坐禅主敬，不过造成许多“四体不勤，五谷不分”的废物！

近世文明不从宗教下手，而结果自成一个新宗教；不从道德入门，而结果自成一派新道德。十五十六世纪的欧洲国家简直就是几个海盗的国家，哥仑布（Columbus）、麦哲伦（Magellan）、都芮克（Drake）一班探险家都只是一些大海盗。他们的目的只是寻求黄金，白银，香料，象牙，黑奴。然而这班海盗和海盗带来的商人开辟了无数新地，开拓了人的眼界，抬高了人的想象力，同时又增加了欧洲的富力。工业革命接着起来，生产的方法根本改变了，生产的能力更发达了。二三百年间，物质上的享受逐渐增加，人类的同情心也逐渐扩大。这种扩大的同情心便是新宗教新道德的基础。自己要争自由，同时便想到别人的自由，所以不但自由须以不侵犯他人的自由为界限，并且还进一步要求绝大多数人的自由。自己要享受幸福”，同时便想到人的幸福，所以乐利主义（Utilitarianism）的哲学家便提出“最大多数的最大幸福”的标准来做人类社会的目的。这都是“社会化”的趋势。

十八世纪的新宗教信条是自由，平等，博爱。十九世纪中叶以后的新宗教信条是社会主义。这是西洋近代的精神文明，这是东方民族不曾有过的精神文明。

固然东方也曾有主张博爱的宗教，也曾有公田均产的思想。但这些不过是纸上的文章，不曾实地变成社会生活的重要部分，不曾变成范围人生的势力，不曾在东方文化上发生多大的影响，在西方便不然了。“自由，平等，博爱”成了十八世纪的革命口号。美国的革命，法国的革命，1848年全欧洲的革命运动，1862年的南北美战争，都是在这三大主义的旗帜之下的大革命。美国的宪法，法国的宪法，以至于南美洲诸国的宪法，都是受了这三大主义的绝大影响的。旧阶级的打倒，专制政体的推翻，法律之下人人平等的观念的普遍，“信仰，思想，言论，出版”几大自由的保障的实行，普及教育的实施，妇女的解放，女权的运动，妇女参政的实现，……都是这个新宗教新道德的实际的表现。这不仅仅是三五个哲学家书本子里的空谈；这都是西洋近代社会政治制度的重要部分，这都已成了范围人生，影响实际生活的绝大势力。

十九世纪以来，个人主义的趋势的流弊渐渐暴白于世了，资本主义之下的苦痛也渐渐明了了。远识的人知道自由竞争的经济制度不能达到真正“自由，平等，博爱”的目的。向资本家手里要求公道的待遇，等于“与虎谋皮”。救济的方法只有两条大路：一是国家利用其权力，实行裁制资本家，保障被压迫的阶级；一是被压迫的阶级团结起来，直接抵抗资产阶级的压迫与掠夺。于是各种社会主义的理论与运动不断地发生。西洋近代文明本建筑在个人求幸福的基础之上，所以向来承认“财产”为神圣的人权之一。但十九世纪中叶以后，这个观念根本动摇了，有的人竟说“财产是贼赃”，有的人竟说“财产是掠夺”。现在私有财产制虽然还存在，然而国家可以征收极重的所得税和遗产税，财产久已不许完全私有了。劳动是向来受贱视的；但资本集中的制度使劳工有大组织的可能，社会主义的宣传与阶级的自觉又使劳工觉悟团结的必要，于是几十年之中，有组织的劳动阶级遂成了社会上最有势力的分子。十年以来，工党领袖可以执掌世界强国的政权，同盟总罢工可以屈服最有势力的政府，俄国的劳农阶级竟做了全国的专政阶级。这个社会主义的大运动现在还正在进行的时期。但它的成绩已很可观了。各国的“社会立法”（Social Legislation）的发达，工厂的视察，工厂卫生的改良，儿童工作与妇女工作的救济，红利分配制度的推行，缩短工作时间的实行，工人的保险，合作制之推行，最低工资

(Minimum Wage)的运动，失业的救济，级进制的(Progressive)所得税与遗产税的实行，……这都是这个大运动已经做到的成绩。这也不仅仅是纸上的文章，这也都已成了近代文明的重要部分。

这是“社会化”的新宗教与新道德。

东方的旧脑筋也许要说：“这是争权夺利，算不得宗教与道德。”这里又正是东西文化的一个根本不同之点。一边是安分，安命，安贫，乐天，不争，认吃亏；一边是不安分，不安贫，不肯吃亏，努力奋斗，继续改善现成的境地。东方人见人富贵，说他是“前世修来的”；自己贫，也说是“前世不曾修”，说是“命该如此”。西方人便不然，他说，“贫富的不平等，痛苦的待遇，都是制度的不良的结果，制度是可以改良的”。他们不是争权夺利，他们是争自由，争平等，争公道；他们争的不仅仅是个人的私利，他们奋斗的结果是人类绝大多数人的福利。最大多数人的最大幸福，不是袖手念佛号可以得来的，是必须奋斗力争的。

朋友们，究竟是哪一种文化能满足你们的心灵上的要求呢？

我们现在可综合评判西洋近代的文明了。这一系的文明建筑在“求人生幸福”的基础之上，确然替人类增进了不少的物质上的享受；然而它也确实很能满足人类的精神上的要求。它在理智的方面，用精密的方法，继续不断地寻求真理，探索自然界无穷的秘密。它在宗教道德的方面，推翻了迷信的宗教，建立合理的信仰；打倒了神权，建立人化的宗教；抛弃了那不可知的天堂净土，努力建设“人的乐国”、“人世的天堂”；丢开了那自称的个人灵魂的超拔，尽量用人的新想象力和新智力去推行那充分社会化了的新宗教与新道德，努力谋人类最大多数的最大幸福。

东方的文明的最大特色是知足。西洋的近代文明的最大特色是不知足。

知足的东方人自安于简陋的生活，故不求物质享受的提高；自安于愚昧，自安于“不识不知”，故不注意真理的发现与技艺器械的发明；自安于现成的环境与命运，故不想征服自然，只求乐天安命，不想改革制度，只图安分守己，不想革命，只做顺民。

这样受物质环境的拘束与支配，不能跳出来，不能运用人的心思智力来改造环境改良现状的文明，是懒惰不长进的民族的文明，是真正唯物的文明。这种文明只可以遏抑而决不能满足人类精神上的要求。

西方人大不然，他们说“不知足是神圣的”（Divine Discontent）。物质上的不知足产生了今日钢铁世界，汽机世界，电力世界。理智上的不知足产生了今日的科学世界。社会政治制度上的不知足产生了今日的民权世界，自由政体，男女平权的社会，劳工神圣的喊声，社会主义的运动。神圣的不知足是一切革新一切进化的动力。

这样充分运用人的聪明智慧来寻求真理以解放人的心灵，来制服天行以供人用，来改造物质的环境，来改革社会政治的制度，来谋人类最大多数的最大幸福——这样的文明应该能满足人类精神上的要求；这样的文明是精神的文明，是真正理想主义的（Idealistic）文明，绝不是唯物的文明。

固然，真理是无穷的，物质上的享受是无穷的，新器械的发明是无穷的，社会制度的改善是无穷的。但格一物有一物的愉快，革新一器有一器的满足，改良一种制度有一种制度的满意。今日不能成功的，明日明年可以成功；前人失败的，后人可以继续助成。尽一分力便有一分的满意；无穷的进境上，步步都可以给努力的人充分的愉快。所以大诗人邓内孙（Tennyson）借古英雄 Ulysses 的口气歌唱道：

> 然而人的阅历就像一座穹门，
> 从哪里露出那不曾走过的世界，
> 越走越远永远望不到它的尽头。
> 半路上不干了，多么沉闷呵！
> 明晃晃的快刀为什么甘心上锈！
> 难道留得一口气就算得生活了？
> ……
> 朋友，来罢！
> 去寻一个更新的世界是不会太晚的。
> ……
> 用掉的精力固然不回来了，剩下的还不少呢。
> 现在虽然不是从前那样掀天动地的身手了，
> 然而我们毕竟还是我们，——
> 光阴与命运颓唐了几分壮志！

终止不住那不老的雄心，

去努力，去探寻，去发现，

永不退让，不屈服。

1926，6，6

（原载1926年7月10日《现代评论》第4卷第83期，又载1927年11月27日、12月4日、12月11日《生活周刊》第4至6期）

附录　机器与精神

林语堂

一　论机器文明与精神文明等

诸位，今天承贵校中国语文学会之邀，得与诸位有谈话之机会，至为欣幸。我想就将个人对于机器文明与精神文明等现代最通行的几个名词的鄙见，与诸君商榷一下。

近人的谈东方文明与西方文明等大题目，在这些题目的讨论之下，个人以为含有多少东方的忠臣义子爱国的成分，暗中要拿东方文明与西方文明相抵抗。爱国本是好事，兄弟也是中国人，爱国之诚，料想也不在常在报上发通电的要人之下。不过爱国各有其道，而最要一件就是要把头脑弄清楚。若是爱国以情不以理，是非利害不明，对于自己与他人的文明，没有彻底的认识，反以保守为爱国，改进为媚外，那就不是我国将来之幸了。譬如日本人勇于改进，华人长于保守，也不便因此认为日本人的爱国不及我们中华国民。

所以我们不妨把大家所谓物质文明，机器文明，道德文明，精神文明几个名词解剖一下。

论者每谓西方文明为物质文明，机器文明，而口称吾国文明为道德文明，精神文明。单就字面上讲，我们已经大得国际上的胜利了。什么国际上的不平等，早已被我们的理论家在这做文章上取消而有余了。取消而不足，将来难免还非遣派教士到世界各国去宣扬吾国之“精神文明”，打倒或补充洋鬼子的“机器文明”或“不道德文明”不可。不过文章尽管这样做，将来打得倒打不倒，还得看将来的事实。

自然西洋人的不道德是显而易见的。譬如恋爱自由，男女同学，女子也来昌言社会政治问题，不如中国闺范谨严，中国女子的幽娴贞静，其不道德一；风俗奢靡，服装华丽，放浪形骸，香艳肉感，不如中国之俭朴，守约，淡扫蛾眉，平胸板臂，端庄严肃，其不道德二；西洋夫妇动辄离婚，且涉讼法庭，要求给养费，毫不知耻，不如中国之夫唱妇随，百年偕老，其不道德三；思想自由，宗教破产，异端邪说蜂起，非圣灭法，毫无顾忌，不如中国人之守古不变，尊崇孔、孟，其不道德四；机器发达兵械日精，欧战祸起，杀人盈野，伏尸流血，尤其是为西洋文明不道德之证，其不道德五。诸如此类，不胜枚举。

二　论物质文明并非西洋所独有

但是我们且再仔细考究一下，就知道东方文明西方文明并非这些几个笼统名词所能包括。拿东西文明当做物质文明与精神文明的相对抗解说的人，用意不外要表示吾国的精神文明本与西洋的物质文明性质不同，不可同日而语，未便相谈并论。实则东西文明同有物质与精神两方面，物质文明并非西洋所独有，精神文明也非东方的奇货。即以物质文明而论，在某方面，中国何尝后人。人生的物质方面，不外衣食住三事，然而他事吾不知，衣食两事，中国恐怕真要可以于日内瓦国际联盟会列入第一等国而无愧了。说中国人不讲究“吃”，谁也不信？你想我们所不愿吃的 Chop - suey 及最视为不足道的炒面，已经被西人奉为珍馐异味，征服了欧美二大洲了。至于中国人的绸缎纱罗，轻暖无比，可以使最懒骨头的公子少爷及最瘦弱的鸦片烟鬼穿起来，也不觉有何痛苦；至于朱门绿扉，深宫大院，亭台楼榭，苑囿园池，更加是有艺术的雅致。所以说西方文明是物质文明，东方文明才是精神文明，是根本就没有看清东方文明的实质。自从我们圣人孔夫子认清“人之大欲”以至于当今的党国要人，都未尝怎么看不起衣食男女，造洋楼，买田地等等物质事件。这层道理，料想不必我来详细阐扬了。

三　论有机器文明未必即无精神文明

倘是我们再把问题进一步说，东西虽各有物质文明，所不同者在于机器与手艺之别而已。这样，我们把西洋的机器文明与东方的手艺文明相对，却没有什么不可，不过，在文章上，就没有那么冠冕堂皇，而稍稍有落伍逊色之意了。不过，我们也须明白，机器文明仍然不能与精神文明相对，只能与手艺文明相对。因为有机器文明的人，未必就没有精神文明。我们知道这句所谓机器文明的话，还是五十年前中国人心中的一件事。那时的中国人只看见西洋人火车轮船电报枪炮等显而易见的文明，故谓之机器文明。五十年以来稍开通的国人，早已承认中国的政治政体不如西洋了，而政治固属于精神界的东西；三十年来中国人也渐渐感觉中国的学术思想，科学方法不如西洋了，而科学哲学又是属于精神界的东西；十年前的中国人又感觉连文学上，都又不及西洋人了，于是而有近代文学的运动，尽量的翻译西洋文学。做戏剧的人不学关汉卿、马致远、王实甫、李笠翁而学易卜生、王尔德了。做短篇小说的人不学蒲松龄、抱瓮老人而学柴霍甫、莫泊桑了。做长篇小说的人不学罗贯中、吴敬梓而学陀思妥耶夫斯基、屠格涅夫了。到了现在，也已有一部分人，心中明确认识，却未敢说出来，东方的道德是腐败不堪，贪污淫秽，卑鄙懦弱，不如西洋人的道德了，然而政治，学术，文学，道德，以至于图画，音乐及一切美术，都是精神界的东西。所以要拿东方的精神文明与西方的机器文明比较，理论上也就有许多欠妥的地方，恐怕不是事实所容许。

四　论没有机器文明便是有精神文明之证

再讲到东方文化的精神方面，我们也要认清东方文明自有东方文明的精神。说西方文明没有精神文明，固然是不对，而说东方文明没有精神的方面，自然也是粗浅之见。不过我们不得以为没有机器文明便是有精神文明之证。辜鸿铭有一句名言，说中国人之随处吐痰，不讲卫生，不常洗浴，就是中国人精神文明之证。这句话，固然甚有道理，不过我们须记得辜氏所以这样说，因为他有怪癖，好闻妇人的足，恐怕卫生一讲，足上的秽气一洗，他的精神少了刺激，而他的精神文明就同女人的足气一同消灭了。况且痰吐得多，也未必精神就会文明起来。我们要知道没有机器文明，不过是说一国的工业尚在手艺时代而已，同时政治上常在封建时代。这种工业的手艺文明，与政治的封建文明，自有它特殊的诗趣，也有特别精神上的美致的慰安。这种精神上的慰安与美致最容易于美术上以图画诗歌表现出来。英国十九世纪中叶有所谓 PreRaphaelite 美术运动，专门提倡西欧中古时代的艺术精神。诵读中国的古诗，及玩赏中国的名画，的确可以使我们领悟古代生活的一种诗趣。中国的学术思想到周秦之末，已经不足道了，但是艺术上，仍然还能表现人生的美出来。少陵的诗，摩诘的画，《左传》的文，马迁的史，薛涛的笺，右军的帖，《南华》的经，相如的赋，屈子的《离骚》，确有寄托着中国精神文明的美的结晶；沧海的日，赤城的霞，峨嵋的雪，巫峡的云，洞庭的月，彭蠡的烟，潇湘的雨，武彝的峰，庐山的瀑布，都经过我们的艺术家用最特殊的艺术表现出来了。

大凡说哪一方面是物质文明，哪一方面是精神文明，都是过于笼统肤浅之谈，无论何种文明，都有物质与精神两方面，并且同一物质方面也有它的美丑，同一精神方面也有它的长短，不能只用两个字，“物质”或“精神”的招牌给它冠上完事。中国文明里，不但包括有少陵的诗，摩诘的画，同时也包括吐痰，裹足，醒鼻子，不洗浴等。我想这是中国文明与西欧中古文明共通之点。中国古代有“扪虱而谈”的佳话，英国伊丽莎白时代也有一位“玄学派”诗人 John Donne 做一首诗赠给他爱人胸前的虱虫。至于不洗浴更加不是中国独有的国粹，只看 Buckle 的《英国文化史》的人就知道十七八世纪的苏格兰人也是认洗浴为一种除夕过年的大事。Fuchs 的《风俗史》、《淫画史》（德文）也给我们许多材料，看起来苏格兰及荷兰人的马桶，都不比中国文明。自然据辜鸿铭讲起来，现代的苏格兰人用起自来马桶，已经是精神文明退化的明证了。至于随处吐痰小便，莎士比亚的戏院的一班群众，本来也是如此（见 Taine《英国文学史》，所不同者，华人所称为方便的小便，西人称为不便〔Commit nuisance〕而已，“方便”是自我观之，“不便”是自社会行人观之）。用不着我们的爱国同胞认为东方文明唯此一家真正老牌的国货。精神方面，中国人也自有他独长之处，例如忍耐的美德是西人所万万不及的（这是由“百忍”的大家庭锻炼出来的），中国人之肯忍辱含垢，任人宰割，只以吞声忍气工夫对付，西人真不能望我们的肩背。记得三·一八惨案时，燕京大学美人教授 Porter 先生当场对我说，若是美国政府做出这种事，登时全市人民会叛变起来，但是那天我们国立九校的校长当中还有的态度十分老成，十分镇静，连一个宣言都不大愿意发出。中国百姓今日所受武人摧残，政府压迫的苦痛，若在外国，也应当已有七八次的革命而有余了，但是在中国，我们仍然是“和平统一”的一个局面，做好百姓的多。这种听天由命的德性、中庸不偏的涵养工夫都是西人精神文明中所无的。再如做文章一层，也是西人所万万不及的。中国的武人，凡要举兵动武，必先发一道呼吁和平的通电，在下的要叛变，必先作一“拥护中央”的宣言，在上的要穷兵黩武，也必先开一个裁兵会议。这种的枪花，不但是外国人所无，就是中国的宝贝武人要出来之后，还要弄得外国记者目眩头昏，眼花缭乱。所以外国记者及外国一班看报的人，都对于中国政治变化，茫茫渺渺，一点也看不出来。恐怕再一万年，西洋武人，也学不到中国武人的枪花，通电的文章也绝不会做得中国武人那样圆密。所以我们每说西人头脑简单，却也是确有的事。这便又是中国精神文明的一个长处。

不过，我们不要认错，以为中国机器不发达，便是中国精神文明之证。平心而论，坐在自来马桶上大便的人，精神上未必即刻腐化，坐在中国的苏、扬马桶上大便的人，精神也未必保得住健全。西人机器文明，闹出欧战大祸，固然足为西洋文明破产之证，而中国虽然没有坦克，毒气炮，达姆子弹，战舰，飞机等，只有衣履破烂的流氓军队，横冲直撞，抢劫焚毁，奸淫妇女，也不见得就精神发达到如何程度。

五　论机器就是精神之表现

还有一样，我们须记得机器文明原来也是人类精神之一种表现。有了科学，然后有机器，有了西人精益求精的商业精神，才有今日人人欢迎的舶来货品。国粹家每每要效辜鸿铭的故智，虽然身穿用洋针洋线洋布所做成的衣服，足上着西洋袜机所制的机器袜，看的又是用西洋机器所造的纸料及用西洋机器印成的报纸，走的又是西洋机器辗成的柏油路，坐的又是西洋机器造成的舟车，却一味要鄙夷物质，矜伐吾国固有的精神文明。但是你们只要细想，这些机器造成的舶来品，岂不是精神所创造出来的。中国人发明纸最早，但是今日经过几千年之后，仍须采用洋纸；中国人发明火药，到了今日还须用西洋的枪炮；中国人发明丝，到了今日，中国的生丝，仍须运到美国、日本去炼好，再运来中国制成绸缎：这能够算为中国精神上的胜利吗？西人发明电影，还以为未足，再发明有声电影，中国人连拿他的机器来演电影都演不过西洋电影，难道这是中国人精神文明高尚的证据吗？上海公共租界物质文明，似乎比中国、南市、闸北的物质文明略高一点，难道这就是可认为历任的上海市政局诸公的精神道德比公共租界的工部局董事会高尚吗？西人有这种勇于改进的精神，才有这种精益求精的物质上的发达，我们若还要一味保存东方精神文明，去利用西方的物质，遵守“中学为体西学为用”狗屁不通的怪话（体用本来不能分开，譬如以胃为体以肝为用，这成什么话），恐怕连拾人牙慧都拾不起来，将来还是非永远学海上寓公手里拿着一部《大学》、《中庸》（体）去坐西人所造的汽车（用）不成。《大学》、《中庸》尽管念的熟烂了，汽车还是自己制造不出来，除了买西洋汽车，没有办法。

六　论机器文明非手艺文明人所配诋毁也无所用其诋毁

所以这样看来，国粹家就难免有点无赖了。拾人牙慧而不得，然后去发明出来的“精神文明”大概已经不大中用了。若再不闭门思过，痛改前非，发愤自强，去学一点能演化出物质文明来的西人精神，将来的世界恐怕还是掌在机器文明的洋鬼子的手中。就使机器文明应该诋毁，应该修正补充，也不是封建时代的手艺文明人所配来诋毁的。机器文明，固然闯出欧战的大祸，到底还有母亲劝子从戎，妻劝夫出征，舍身救国的精神在，比起我们年头到年底的混战，同胞自相残杀，勇于私斗，怯于公愤，还强一倍吧！再退一万步说，佳兵果然不祥，死光及毒气炮果然有将来消灭人类的危险，这种补救的办法，还是在于机器文明人自己会想出来，我们的勇于私斗怯于公愤的滥污武人流氓军队是不会促进世界的大同的。

七　论机器之影响于人生

再退一万步，就说东方文明有了不得的宝贝，国粹家想极力保存，试问国粹保存起来了没有？我们的图书馆在哪里？我们的博物院在哪里？我们的古乐今日在哪里？我们的古物古迹有相当的保存没有？我们的历朝国宝古玩书画，今日贩卖到什么地方去了？我们的古版书籍，是日本保存的多，还是南京、北平保存的多？我们的敦煌石室丛书散佚到什么地方去了，是在伦敦、巴黎，还是在北平？我们的古玩古画今日是在纽约、东京呢，还是在北平呢？东陵盗窃的东西，今日售在物质文明的国家呢，还是售在几个穷光蛋的国粹家手里？你想有盗窃东陵的事发生的国，到底是物质文明呢，还是精神文明呢，还是两样都不是，只是半开化的国中应有的事？再想我们所称为物质文明机器文明的泰西各国，何以保存本国的国粹还不足，偏偏要来收买东方古国的国宝呢？到底这是物质文明呢，还是精神文明呢？今日的莘莘学子，书都没地方读，一个完备的图书馆也没有，试问精神要怎样文明起？再看出版界，美国的小说一出版可以五十万部，好销的可以销到几百万部，日本的小说也可以销到十几万部，中国的新出小说只能销几千部，最好的也不过二三万部。这到底是我们精神文明呢，还是我们精神落伍呢？西洋重要书籍，不到几月，日本人就有日本的译文可读，中国学生还读不到，这是精神文明呢，还是精神落伍呢？

我们须明白，今日中国，必有物质文明，然后才能讲到精神文明，然后才有余闲及财力来保存国粹。在一个盗贼猖獗，灾民遍野，舟行有海盗，旱行有山贼，跑入租界又有绑匪的国家，大家衣食财产尚不能保存，精神文明是无从顾到的。我们只需看日本先有物质上的发达，才有闲暇金钱来保存古籍，翻印古书，有系统的保存古物，建立大规模的图书馆博物院，大学教授也才能专心致志于专门学术。像中国的大学教授，连买米的钱都常要发生问题，哪里去买书，又哪里去潜心研究学问呢。

至于机器文明之影响于吾人的生活，范围广大，不及细谈。本篇仅就机器文明与吾国固有文明的性质大略阐说一点。希望诸位对于这个西方文明，多考虑一下，把它清楚认识，才不会成为中国文明将来发展的一种障碍，爱国心切，反而间接减少中国变法自强的勇气。我们不会学西洋人，至少也得学东洋人。中国人早肯洗心革面彻底欢迎西欧的物质文明，也不至有今日老背龙钟的状态了。

十八年十二月廿六日在光华大学中国语文学会讲稿

（录自《中学生》第二号）

好政府主义

刚才陈先生所说的介绍语（此处从略），我有许多不敢当。但人类是总有点野心，总有些希望。打破空间时间的观念，确立一种世界观念；把学说主张，贡献到全世界，并予未来时代的人以共见，也许是人类应有的希望！又陈先生对于我的名字之解说，似乎可以说是“投机家”。但是“投机”两个字，也可以作好的解释。从前人说：“英雄造时势，时势造英雄。”英雄与时势，二者迭相助长，如环无端。使无投机者，则时势无从变更起。使无相当的时势，虽有英雄，亦且无从新造起。惟少数人的主张，根据于大多数人的需要；而大多数人得着这种主张，可以得着结果，而使时势发生变迁。所以到了时机成熟，应时势的需要，而发生有意志的有目的的有公共利益的主张，必易得大众的承认，而见诸实行。这种主张，也许是一种投机。我知陈先生所希望的，必是这种投机！

我以为应时势的需要，而有所主张，重要的是要有简单明了，而且人人皆可以承认的目标；这种目标，就是我今天所讲的“好政府主义”。这好政府三字，是否就是大家公认的目标，待我仔细说来。

好政府主义，假定的是有政府主义。政府之为物，有的说它好，有的说它坏。有两种说法，各走极端的：其一，以政府是天生的，神意的。如中国古代所说的“天降下民，作之君，作之师”，及西方古代有些学说，都是神权的政府观。这种政府观的变相，西方近代，仍然有的，而变其名曰“自然”。如德国混国家与政府而一之，不承认个人之自由，把天然的需要，说得神秘莫测似的：这是一种极端的学说。其二，以政府为有害无利，退一步言之，也说为利少而害多。谓政府是用不着的，须得自由组合，自由协商，以自由动作，代替强制。从前政府的强制力，常被军阀官吏滥用之以鱼肉小民，不如爽性的把它去掉，这是无政府主义派所说的。中国的老子，主张此说，西洋希腊到现代也有许多人倡此说的。这两种学说，好似南北二极；于这两极端之中，还有许多主张。我以为今年今日的民国，不谈政治则已；苟谈政治，便不能适用前两种极端的主张。极端的无政府主义，吾无以谥之，只谥之曰奢侈品；为其未完全根据于大多数人的需要故也。但需求也可分两面说：（1）心理的需求，（2）实际的需求。根据这两点，就可确定目标。所假定的这种目标，要是合于大众的心理社会的实际的需要；那么要做什么便做什么；不患政治社会无改良革新的希望了。今日的中国，不但无目标，并且无希望，即由缺少一种公共的目标。这种目标是平常的简明的有公共利益的老生常谈，就是好政府主义。

好政府主义，既不把政府看作神权的，亦不把政府看作绝对的有害无利的，只把政府看作工具，故亦谓之工具的政府观。

什么是工具？这里似乎用不着详细的解释。譬如纸与笔是写字的工具；就黑板上写字，则不用毛笔铅笔钢笔而另用粉笔，粉笔亦是工具的一种；用这种工具，可以达到目的。然而造工具者，谁欤？

从前有人说："人是善笑的动物，"这话殊不尽然。又有人说："人是有理性的动物"，这话，证之世上为恶的人，亦颇足使我们怀疑。惟现代法国哲学家柏格森说："人是造工具的动物，"这话是顶对的。其他动物，类皆不能创造工具。就是蜂蚁之勤于工作，也不能制造工具。唯人具有制造工具的天才。所造的工具，能适合于人们之运用。造房屋，用以蔽风雨；造桥梁，造铁路，用以利交通；造弓矢刀剑，枪炮，用以驱猛兽而御外敌：这种种的制造，都不是其他动物所能做的。

但所说的工具，初不限于物质的工具；就是，所造的语言，文字，文学，也无一不是工具；什么家庭制度，社会制度，以及国家的法律，也无一不是工具。政治是人类造出的工具之一种；政府亦是人类造出的工具之一种！

政府既是一种工具，而工具又是应需要而生的，那么政府之由来，我们也可以推知了。

政府何由而来呢？乃由人民的组织渐渐扩大而来。社会中有家族有乡党，凡团体中之利害，与个人的利害，小团体与小团体的利害，或大团体与其他大团体的利害，均不免时有冲突。这冲突委实不是个人所能了的。譬如两人相斗，纠结不解，世世复仇，冤冤相报；若单由他俩儿自行去了结，一定是办不好的；势必须有第三者作个公共机关去裁判他俩儿的是非曲直，才能够调解冲突。所以欲消弭个人与个人，小团体与小团体，或小团体与个人交互间的冲突，非有超于小团体及个人的公共机关不可。——这是政府成立的要因。

前面说，政府是人造的一种工具，它的缘起，是为的大众的公共的需要。那么适应于公共的需要的，便是好政府了。

大抵一种工具，是应用的；以能够应用者为好。这种实用的学说，也有作工具主义的。这工具主义，就是好政府主义的基本观念。

政府是工具，必定要知道这种工具的用处与性质，才可以谈到应用。

政府是有组织的公共的权力。权力为力的一种，要做一事，必须有力；譬如电灯之明亮，是由于有力，鼓打得响，也是由于有力。可是这种有组织的公共的权力，与他种权力不同。假定无这种组织，无公共利益的权力，社会上必免不掉冲突。譬如从前北京的拉车的拉到车马辐辏的前门地方，常常有所谓“挡住道”的事情发生，必要等前等后，乃能走动。为什么这样的拥挤停滞呢？就因为没有公共的秩序，公共的组织，公共的规则。你看上海的浙江路与南京路之间，来往的人数车马，那样繁杂，但只有中国及印度之巡捕，手持不到五尺长的木棍，从容指挥，而两路来来往往的车，便不致拥挤；假使此棍无权力，亦何能指挥一切？惟其有了权力，只用一短小之棍，表示车的行止之使命，而可免掉时间的损失，和事情的耽误。政府之权力，足以消弭社会间所有的冲突，亦犹是也。

政治法律，把这种权力组织起来，造作公共的规矩——所谓礼法——以免去无谓的冲突，而可发生最大的效果，这是政府的特别性质。

但是在这些地方，不过想免去冲突，仍然是一种消极的作用；此外还有积极的作用。质言之，不独可免社会间的冲突，亦可促社会全体之进步。

因为人类有天然之惰性，往往狃故常，爱保守，毫无改革求进的志趣；如家庭之世守祖业者，就是这样。唯政府是指挥大众的公共机关，可使社会上的人减少惰力，而增加社会全体进步的速率；有些个人所不能为的事，一入政府手中，便有绝大的效果。

数年前曾主张白话，假如只是这样在野建议，不借政府的权力，去催促大众实行，那就必须一二十年之后，才能发生影响。即使政府中有一部分人，对于这件事，曾欲提倡，也仍然没有多大的效果。现在因为有一道部令，令小学校通同用白话文教授。这样一来，从前反对的人，近来也入国语传习所，变成赞成的了；从前表示赞成的，这时更高兴，更来实行起来了。试思以二三十字之一道好的命令（部命），而可以缩短二十年三十年的少数人鼓吹的工具之实施期间，政府权力之重要，为何如者！

再举禁鸦片烟一事为证，十余年以前的人，以鸦片为请客——甚至请贵客——之珍品；而今却不敢自己吃；从前认为阔绰的事情，而今认为犯法的行为：这亦不外政府权力所使然。自然，有些地方，鸦片还是横行；可是鸦片之所以横行，非有政府之过，乃无政府之过，无好政府之过。试思不好的政府，犹可使有那样的效果，假使有了好政府，鸦片岂有不全被禁绝的吗？

所以政府的组织及权力，如果用之得当，必能得着最大的效果；不但可免社会间交互的冲突，而且可促社会全体的进步。

综前所说：好政府主义有三个基本观念：——

（1）人类是造工具的动物，政府是工具的一种。

（2）这种工具的特性，是有组织，有公共目的的权力。

（3）这种工具的效能，可促进社会全体的进步。

以下再说由工具主义的政府观中所得到的益处：

第一，可得到评判的标准。从上面所说的工具主义的政府观中，得着个批评政府的标准。以工具主义的政府观，来批评政府，觉得凡好工具都是应用的，政府完全是谋公共利益及幸福的一种工具；故凡能应公共的需要，谋公共的利益，做到公共的目的，就是好政府，不能为所应为，或为所不应为的，就是坏政府。

第二，可得到民治的原理。政府之为物，不是死板的工具，是人作的，要防避他的妖怪；《西游记》中的妖怪，加害于唐僧的，如老君的扇子，青牛哪，童子哪，都是工具，只因为主人稍为大意，工具变成了妖怪，就能害人。我们做主人的人民，如果放任政府，不去好好地看守它，这种工具亦必会作怪的。所以在这一点上可得到民治主义的原理。政府这工具，原为我们大多数人民而设，使不善造善用，则受害者亦即在这些老主人。因为人类有劣根性，不可有无限的权力。有之，即好人亦会变坏。“一朝权在手，便把令来行”，免不掉滥用权力以图私利了。所以宜用民治主义去矫正它。虽把权力交给少数人，而老主人不能不常常的监督它，不可不常常的管束它。这是民治主义之浅者，其深义待一涵先生讲之。

第三，可得到革命的原理。刚才说的工具是应用的。不能应用时，便可改换；茶杯漏了换一个，衣服敝了换一件；政府坏了，可改一个好政府——这是浅显的革命原理。所以在工具主义的政府观之下，革命是极平常而且极需要的，并不是稀奇事。

上列三项，就是好政府主义的引申义。

复次，好政府主义的实行，至少须备有几个重要的条件。

（一）要觉悟政治的重要。大家须觉悟政治不好，什么事都不能办。例如教育事业，谁也相信是要紧的，而北京近年的学校，及武昌高师，因为政治不好，相继感受恶影响。且也政治不好，连实业也兴办不成：去年京汉京浦路上，打仗一礼拜，而中国煤矿业的商人竟损失了二百五十万之巨。今年武昌宜昌及其他惨遭兵祸的地方，乃至连小生意都做不成。所以好政府主义的实行，第一须有这种觉悟。

（二）要有公共的目标。有了觉悟，而灰心短气，不定下一个目标出来，也不成功。我们简单明了的，人人能懂的，人人承认的公共目标，就是好政府三字。如辛亥革命之目标是排满，其吃亏在此，其成功亦在此。凡研究尽可高深，预备不妨复杂，而目标则贵简要。故我以好政府三字为目标。有了公共的目标，然后便易于实行。

（三）要有好人的结合。有了觉悟，及有了目标，尤须有人组合起来，作公共的有组织的进行。厌世家每叹天下事不可为；我以为天下无不可为之事，只因为好人缩手说不可为，斯不可为矣。故好人须起而进行，从事于公共的有组织有目标的运动：这是谋好政府的实行所必备的第三个重要条件。

三个条件，是必须完全具备而不可缺一的。

诸君！我今天所讲的好政府主义，是平常的简单的浅显的老生常谈；然要知道必得此种老生常谈实现之后，中国乃能有救！

（本文为1921年10月22日胡适在中国大学的演讲，甘蛰仙笔记，原载1921年11月17日至18日《晨报副镌》）

少年中国之精神

前番太炎先生，话里面说现在青年的四种弱点，都是很可使我们反省的；他的意思是要我们少年人：一、不要把事情看得太容易了；二、不要妄想凭借已成的势力；三、不要虚慕文明；四、不要好高骛远，这四条都是消极的忠告。我现在且从积极一方面提出几个观念，和各位同志商酌。

一、少年中国的逻辑　逻辑即是思想、辩论、办事的方法：一般中国人现在最缺乏的就是一种正当的方法；因为方法缺乏，所以有下列的几种现象：（一）灵异鬼怪的迷信，如上海的盛德坛及各地的各种迷信；（二）谩骂无理的议论；（三）用诗云子曰作根据的议论；（四）把西洋古人当做无上真理的议论；还有一种平常人不很注意的怪状，我且称它为“目的热”，就是迷信一些空虚的大话，认为高尚的目的；全不问这种观念的意义究竟如何；今天有人说：“我主张统一和平”，大家齐声喝彩，就请他做内阁总理；明天又有人说：“我主张和平统一”，大家又齐声叫好，就举他做大总统；此外还有什么“爱国”哪，“护法”哪，“孔教”哪，“卫道”哪……许多空虚的名词；意义不曾确定，也都有许多人随声附和，认为天经地义，这便是我所说的“目的热”。以上所说各种现象都是缺乏方法的表示。我们既然自认为“少年中国”，不可不有一种新方法；这种新方法，应该是科学的方法；科学方法，不是我在这短促时间里所能详细讨论的，我且略说科学方法的要点：

第一注重事实　科学方法是用事实作起点的，不要问孔子怎么说，柏拉图怎么说，康德怎么说；我们须要先从研究事实下手，凡游历调查统计等事都属于此项。

第二注重假设　单研究事实，算不得科学方法；王阳明对着庭前的竹子做了七天的“格物”功夫，格不出什么道理来，反病倒了，这是笨伯的“格物”方法；科学家最重“假设”（Hypothesis）。观察事物之后，自然有几个假定的意思；我们应该把每一个假设所含的意义彻底想出，看那意义是否可以解释所观察的事实？是否可以解决所遇的疑难？所以要博学；正是因为博学方才可以有许多假设，学问只是供给我们种种假设的来源。

第三注重证实　许多假设之中，我们挑出一个，认为最合用的假设；但是这个假设是否真正合用？必须实地证明；有时候，证实是很容易的；有时候，必须用“试验”方才可以证实；证实了的假设，方可说是“真”的，方才可用；一切古人今人的主张、东哲西哲的学说，若不曾经过这一层证实的功夫，只可作为待证的假设，不配认作真理。

少年的中国，中国的少年，不可不时时刻刻保存这种科学的方法，实验的态度。

二、少年中国的人生观　现在中国有几种人生观都是“少年中国”的仇敌：第一种是醉生梦死的无意识生活，固然不消说了；第二种是退缩的人生观，如静坐会的人，如坐禅学佛的人，都只是消极的缩头主义；这些人没有生活的胆子，不敢冒险，只求平安，所以变成一班退缩懦夫；第三种是野心的投机主义，这种人虽不退缩，但为完全自己的私利起见，所以他们不惜利用他人，作他们自己的器具，不惜牺牲别人的人格和自己的人格，来满足自己的野心；到了紧要关头，不惜作伪，不惜作恶，不顾社会的公共幸福，以求达他们自己的目的。这三种人生观都是我们该反对的。少年中国的人生观，依我个人看来，该有下列的几种要素：

第一须有批评的精神　一切习惯、风俗、制度的改良，都起于一点批评的眼光；个人的行为和社会的习俗，都最容易陷入机械的习惯，到了“机械的习惯”的时代，样样事都不知不觉地做去，全不理会何以要这样做，只晓得人家都这样做故我也这样做；这样的个人便成了无意识的两脚机器，这样的社会便成了无生气的守旧社会，我们如果发愿要造成少年的中国，第一步便须有一种批评的精神；批评的精神不是别的，就是随时随地都要问我为什么要这样做？为什么不那样做？

第二须有冒险进取的精神　我们须要认定这个世界是很多危险的，是不太平的，是需要冒险的；世界的缺点很多，是要我们来补救的；世界的痛苦很多，是要我们来减少的；世界的危险很多，是要我们来冒险进取的，俗语说得好：“成人不自在，自在不成人。”我们要做一个人，岂可贪图自在；我们要想造一个“少年的中国”，岂可不冒险；这个世界是给我们活动的大舞台，我们既上了台，便应该老着面皮，硬着头皮，大着胆子，干将起来；那些缩进后台去静坐的人都是懦夫，那些袖着双手只会看戏的人，也都是懦夫；这个世界岂是给我们静坐旁观的吗？那些厌恶这个世界梦想超生别的世界的人，更是懦夫，不用说了。

第三须要有社会协进的观念　上条所说的冒险进取，并不是野心的，自私自利的；我们既认定这个世界是给我们活动的，又须认定人类的生活全是社会的生活，社会是有机的组织，全体影响个人，个人影响全体，社会的活动是互助的，你靠他帮忙，他靠你帮忙，我又靠你同他帮忙，你同他又靠我帮忙；你少说了一句话，我或者不是我现在的样子，我多尽了一分力，你或者也不是你现在这个样子，我和你多尽了一分力，或少做了一点事，社会的全体也许不是现在这个样子，这便是社会协进的观念。有这个观念，我们自然把人人都看作通力合作的伴侣，自然会尊重人人的人格了；有这个观念，我们自然觉得我们的一举一动都和社会有关，自然不肯为社会造恶因，自然要努力为社会种善果，自然不致变成自私自利的野心投机家了。

少年的中国，中国的少年，不可不时时刻刻保存这种批评的、冒险进取的、社会的人生观。

三、少年中国的精神　少年中国的精神并不是别的，就是上文所说的逻辑和人生观；我且说一件故事做我这番谈话的结论：诸君读过英国史的，一定知道英国前世纪有一种宗教革新的运动，历史上称为"牛津运动"（The Oxford Movement），这种运动的几个领袖如客白尔（Keble）、纽曼（Newman）、福鲁德（Froude）诸人，痛恨英国国教的腐败，想大大的改革一番；这个运动未起事之先，这几位领袖做了一些宗教性的诗歌写在一个册子上，纽曼摘了一句荷马的诗题在册子上，那句诗是 You shall see the difference now that we are back again！翻译出来即是"如今我们回来了，你们看便不同了！"

少年的中国，中国的少年，我们也该时时刻刻记着这句话：

如今我们回来了，你们看便不同了！

这便是少年中国的精神。

（本文为 1919 年 7 月胡适在少年中国学会上的演讲，原载 1919 年《少年中国》第 1 期）

科学的人生观

今天讲的题目，就是“科学的人生观”，研究人是什么东西？在宇宙中占据什么地位？人生究竟有何意味？因为少年人近来觉得很烦闷，自杀、颓废的都有，我比较至少多吃了几斤盐，几担米，所以来计划计划，研究自身人的问题。至于人生观，各人不同，都随环境而改变，不可以一个人的人生观去统理一切；因为公有公理，婆有婆理，我们至少要以科学的立场，去研究它，解决它。“科学的人生观”有两个意思：第一拿科学做人生观的基础；第二拿科学的态度、精神、方法，做我们生活的态度，生活的方法。

现在先讲第一点，就是人生是什么？人生是啥物事？拿科学的研究结果来讲，我在民国十二年发表了十条，这十条就是武昌有一个主教，称为新的十诫，说我是中华基督教的危险物的。十条内容如下：

一、要知道空间的大　拿天文、物理考察，得着宇宙之大；从前孙行者翻筋斗，一翻翻到南天门，一翻翻到下界，天的观念，何等的小？现在从地球到银河中间的最近的一个星，中间距离，照孙行者一秒钟翻十万八千里的速率计算，恐怕翻一万万年也翻不到，宇宙是何等的大？地球是宇宙间的沧海之一粟，九牛之一毛；我们人类，更是小，真是不成东西的东西！以前看得人的地位太重了，以为是万物之灵，同大地并行，凡是政治不良，就有彗星、地震的征象，这是错的。从前王充很能见得到，说：“一个虱子不能改变那裤子里的空气，和那人类不能改变皇天一样。”所以我们眼光要大。

二、时间是无穷的长　从地质学、生物学的研究，晓得时间是无穷的长，以前开口五千年，闭口五千年，以为目空一切；不料世界太阳系的存在，有几万万年的历史，地球也有几万万年，生物至少有几千万年，人类也有二三百万年，所以五千年占很小的地位。明白了时间之长，就可以看见各种进步的演变，不是上帝一刻可以造成的。

三、宇宙间自然的行动　根据了一切科学，知道宇宙、万物都有一定不变的自然行动。“自然自己，也是如此”，就是自己自然如此，各物自己如此的行动，并没有一种背后的指示，或是一个主宰去规范它们。明白了这点，对于月食是月亮被天狗所吞的种种迷信，可以打破了。

四、物竞天择的原理　从生物学的智识，可以看到物竞天择的原理。鲫鱼下卵有几百万个，但是变鱼的只有几个；否则就要变成“鱼世界”了！大的吃小的，小的又吃更小的，人类都是如此。从此晓得人生不受安排，是自己如此的行动；否则要安排起来，为什么不安排一个完善的世界呢？

五、人是什么东西　从社会学、生理学、心理学方面去看，人是什么东西？吴稚晖先生说：“人是两只手一个大脑的动物，与其他的不同，只在程度上的区别罢了。”人类的手，与鸡、鸭的掌差不多，实是它们的弟兄辈。

六、人类是演进的　根据了人种学来看，人类是演进的；因为要应付环境，所以要慢慢地变；不变不能生存，要灭亡了。所以从下等的动物，慢慢演进到高等的动物，现在还是演进。

七、心理受因果律的支配　根据了心理学、生物学来讲，心理现状是有因果律的。思想、做梦，都受因果律的支配，是心理、生理的现象，和头痛一般；所以人的心理说是超过一切，是不对的。

八、道德、礼教的变迁　照生理学、社会学来讲，人类道德、礼教也变迁的。以前以为脚小是美观，但是现在脚小要装大了。所以道德、礼教的观念，正在改进。以二十年、两百年或两千年以前的标准，来判断二十年、两百年、两千年后的状况，是格格不相入的。

九、各物都有反应　照物理、化学来讲，物质是活的，原子分为电子，是动的。石头倘然加了化学品，就有反应，像人打了一记，就有反动一样。不同的，只在程度不同罢了。

十、人的不朽　根据一切科学知识，人是要死的，物质上的腐败，和猫死狗死一般。但是个人不朽的工作，是功德：在立德，立功，立言。善恶都是不朽。一块痰中，有微生物，这菌能散布到空间，使空气都恶化了；人的言语，也是一样。凡是功业、思想，都能传之无穷；匹夫匹妇，都有其不朽的存在。

我们要看破人世间、时间之伟大，历史的无穷，人是最小的动物，处处都在演进，要去掉那小我的主张，但是那小小的人类，居然现在对于制度、政治各种都有进步。

以前都是拿科学去答复一切，现在要用什么方法去解决人生，就是怎样生活？各人有各人的方法，但是，至少要有那科学的方法、精神、态度去做。分四点来讲：

一、怀疑　第一点是怀疑。三个弗相信的态度，人生问题就很多。有了怀疑的态度，就不会上当。以前我们幼时的知识，都从阿金、阿狗、阿毛等黄包车夫、娘姨处学来；但是现在自己要反省，问问以前的知识是否靠得住？有此态度，对于什么主义都不致盲从了。

二、事实　我们要实事求是，现在像贴贴标语，什么打倒田中义一等，都仅务虚名，像豆腐店里生意不好，看看“对我生财”泄闷一样。又像是以前的画符，一画符病就好的思想。贴了打倒帝国主义，帝国主义就真个打倒了么？这不对，我们应做切实的工作，奋力的做去。

三、证据　怀疑以后，相信总要相信，但是相信的条件，就是拿凭据来。有了这一句，论理学诸书，都可以不读。赫胥黎的儿子死了以后，宗教家去劝他信教，但是他很坚决地说，“拿有上帝的证据来！”有了这种态度，就不会上当。

四、真理　朝夕的去求真理，不一定要成功，因为真理无穷，宇宙无穷；我们去寻求，是尽一点责任，希望在总分上，加上万万分之一。胜固是可喜，败也不足忧。明知赛跑，只有一个人第一，我们还要跑去，不是为我为私，是为大家。发明不是为发财，是为人类。英国有一个医生，发明了一种治肺的药。但是因为自秘，就被医学会开除了。

所以科学家是为求真理。庄子虽有“吾生也有涯，而知也无涯，以有涯逐无涯，殆已”的话头，但是我们还要向上做去，得一分就是一分，一寸就是一寸，可以有阿基米德氏发现浮力时叫 Eureka 的快活。有了这种精神，做人就不会失望。所以人生的意味，全靠你自己的工作；你要它圆就圆，方就方，是有意味；因为真理无穷，趣味无穷，进步快活也无穷尽。

（本文为1928年5月胡适在苏州青年会上的演讲，原载1928年6月1日至2日上海《民国日报》觉悟副刊）

打破浪漫病

刚才主席说“材料不很重要，重要的在方法”，这话是很对的。有方法与无方法，自然不同。比如说，电灯坏了若有方法就可以把它修理好。材料一样的，然而方法异样的，所得结果便完全不同了。我今天要说的，就是材料很重要，方法不甚重要。用同等的方法，用在两种异样的材料上，所得结果便完全不同了。所以说材料是很要紧的。中国自西历1600至1900年当中，可谓是中国“科学时期”，亦可说是科学的治学时代。如清朝的戴东原先生在音韵学、校勘学上，都有严整的方法。西洋人不能不承认这三百年是中国“科学时代”。我们自然科学虽没有怎样高明，但方法很好，这是我们可以自己得意的。闽人陈第曾著《毛诗古音考》《唐宋古音考》等些书。他的方法很精密的，是顾炎武的老祖宗。顾亭林、阎百诗等学者都开中国学术新纪元，他们是用科学方法探究学问的，顾氏是以科学方法研究音韵学，他的方法是用本证与旁证。比如研究《诗经》，从《诗经》本身来举证，是谓本证；若是从《诗经》的外面举证便谓旁证了。阎氏的科学方法是研究古文的真伪，文章的来源。

1609年的哥白尼听说在波兰国的北部一个眼镜店做小伙计，一天偶然叠上几片玻璃而发现在远方的东西，哥白尼以为望远镜是可以做到的。他利用这仪器，对于天文学上就有很大的发现。像哈代维（Hudvey）、牛顿（Newton），还有显微镜发明者黎汶豪（Leeuwenhoek），他们都有很大的发明。当哥白尼及诸大学者存在的时候，正是中国的顾炎武、阎百诗出世的时期。在这五六十年当中，东西文化，东西学说的歧义就在这里。他们所谓方法就是“假说”与“求证”，牛顿就是大胆去假定，然后一步一步去证明。这是和我们不同地方。我们的方法是科学的，然而材料是书本文字。我们的校勘学是校勘古书古字的正确的方法，如翻考《尔雅》、诸子百家；考据学是考据古文的真伪。这一大堆东西可以代表清朝三百年的成绩。黎汶豪是以凿钻等做研究的工具；牛顿是以木、石、自然资料来研究天文学，像现在已经把太阳系都弄清楚了。前几天报上宣传英国天文台要与火星通信，像这样的造就实在可怕的。十八、十九世纪时候，西方学者才开始研究校勘学，瑞典的加礼文他专攻校勘学，曾经编成《中国文字分析字典》。像他这个洋鬼子不过研究四五年，而竟达到中国有三百年历史的校勘学成绩。加礼文说道："你们只在文字方面做功夫，不肯到汉口、广东、高丽、日本等地方实际考查文字的土音以为证明；要找出各种的读法应当要到北京、宁波，……地去。"这可证明探求学问方法完全是经验的，要实地调查的。顾亭林费许多时间而所得到的很少，而结果走错了路。

刚才杨教务长问我怎样医治"浪漫病"？我回答他说：浪漫的病症在哪里？我以为浪漫病或者就是"懒病"。你们都是青年的，都还不到壮年时期，而我们已是"老狗教不成新把戏"了。现在我们无论走哪条路，都是要研究微积分、生物学、天文学、物理学。我们要多做些实验功夫，要跟着西洋人走进实验室去。至于考据方面就要让我们老朽昏庸的人去做。黎汶豪的显微镜实在比妖怪还厉害，这是用无穷时间与时时刻刻找真理所得的结果。十九世纪时候，法国化学师柏士多（Pasteur）在显微镜下面发现很可怕的微生物。他并且感受疯狗的厉害，便研究疯狗起来。后来从狗嘴的涎沫里及脑髓中去探究，方知道是细菌在作祟，神经系中有毒。他把狗骨髓取出风干经过十三四天之久，就把它制成注射药水，可以治好给疯狗咬着的人。但是当时没有胆量注射在人身上，只先在别的动物身上试验看看。在那时候很凑巧一位老太婆的儿子给狗咬伤，去请医生以活马当做死马医治，果然给他治好了。还有一位俄人，他给狼咬着了，就发明打针方法。法国酒的病，蚕的病亦给显微镜找出来了；欧洲羊的病，德国库舒（Koch）应用药水力量把羊医好。像蚕病、醋病与酒病治好后，实在每年给法国省下来几千万的法郎。普法战争后法国赔款有五十万万之巨额。然而英国哈维（Harvey）尝说：柏士多以一支玻璃管和一具显微镜，已把法国赔款都付清了。懒的人实在没有懂得学问的兴趣。学问本来是干燥东西，而正确方法是建筑在正确材料上的，像西方的牛顿那样的正确。我们中国要研究有结果，最要紧的是要到自然界去，找自然材料。做文学的更要到民间去，到家庭里去找活材料。我是喜欢谈谈：大家都是年富力强，应该要打破和消灭懒病。还要连带说一说"六〇六"药水，是德国医生

Erlich 发明的，用以杀杨梅疮的微菌，这位先生他用化学方法，经过八年六百零六次的试验研究而成功的。我们研究学问，要有材料和方法，要不懒，要坚决不拔的努力；那么，“浪漫病”就可以打破了。

（本文为 1928 年 12 月初胡适在中国公学的演讲，张嘉树记录，原载 1928 年 12 月 9 日上海《民国日报》觉悟副刊）

工程师的人生观

今天要赶十点四十分钟的飞机到台东，所以只能很简单地说几句话，很为抱歉。报上说我作学术讲演，这是不敢当。我是来向工学院拜寿的。昨夜我问秦院长希望我送什么礼物。晚上想想，认为最好的礼物，是讲讲工程师的思想史同哲学史。所以我便以此送给各位。

究竟什么算是工程师的哲学呢？什么算是工程师的人生观呢？因为时间很短，我当然不能把这个大的题目讲得满意，只是提出几点意思，给现在的工程师同将来的工程师作个参考。法国从前有一位科学家柏格生 Bergson 说："人是制器的动物。"过去有许多人说："人是有效力的动物。"也有许多人说："人是理智的动物。"而柏格生说："人是能够制造器具的动物。"这个制造器具的动物，是工程师的老祖宗。什么叫做工程师呢？工程师的作用，在能够找出自然界的利益，强迫自然世界把它的利益一个一个贡献出来；就是改造自然、征服自然、控制自然，以减除人的痛苦，增加人的幸福。这是工程师哲学的简单说法。

大家都承认：学作工程师的，每天在课堂里面上应该上的课，在试验室里面作应该做的试验，也许忽略了最大的目标，或者忽略了真正的基本——工程师的人生观。所以这个题目，是值得我们考虑的。

昨天在工学院教授座谈会中，我说：我到了六十二岁，还不知道我专门学的什么。起初学农；以后弄弄文学，弄弄哲学，弄弄历史；现在搞《水经注》，人家说我改弄地理。也许六十五岁以后、七十岁的时候，说不定要到工学院作学生；只怕工学院的先生们不愿意收一个老学徒，说"老狗教不会新把戏"。今天在工学院作学生不够资格的人，要来谈谈现在的工程师同将来的工程师的人生观，实属狂妄，就是，有点大胆。不过我觉得我这个意思，值得提出来说说。人是能够制造器具的动物，别的动物，也有能够制造东西的，譬如：蜘蛛能够制造网，蜜蜂能够制造蜜糖，珊瑚虫能够制造珊瑚岛。而我们人同这些动物之所以不同，就是蜘蛛制造网的丝，是从肚子里出来的，它肚子里有无穷无尽的丝；蜜蜂采取百花，经一番制造，做成的确比原料高明的蜜糖：这些动物，可算是工程师；但是它的范围，它用的，只是它自己的本能。珊瑚虫能够做成很大的珊瑚岛，也是本能的。人，如果只靠他的本能，讲起来也是有限得很的！人与蜘蛛、蜜蜂、珊瑚虫所以不同，是在他充分运用聪明才智，揭发自然的秘密，来改造自然，征服自然，控制自然。控制自然，为的是什么呢？不是像蜘蛛织网，为的捕虫子来吃；人的控制自然，为的是要减轻人的劳苦，减除人的痛苦，增加人的幸福，使人类的生活格外的丰富，格外有意义。这是“科学与工业的文化”的哲学。我觉得柏格生这个“人”的定义，同我们刚才简单讲的工程师的哲学，工程师的人生观，工程师的目标，是值得我们随时想想，随时考虑的。

这个话同这个目标，不是外国来的东西，可以说是我们老祖宗在几百年，甚至几千年以前，就有了这种理想了。目前有些人提倡读经；我倒很愿意为工程师背几句经书，来说明这个理想。

人如何能控制自然，制造器具呢？人控制自然这个观念，无论东方的圣人贤人，西方的圣人贤人，都是同样有的。我现在提出我们古人的几句话，使大家知道工程师的哲学，并不是完全外来的洋货。我常常喜欢把《易经·系辞》里面几句话翻成外国文给外国人看。这几句话是：“见乃谓之象；形乃谓之器；制而用之谓之法；利用出入，民咸用之，谓之神。”看见一个意思，叫做象；把这个意象变成一种东西——形，叫做器；大规模的制造出来，叫做法；老百姓用工程师制造出来的这些器具，都说好呀！好呀！但是不晓得这器具是从一种意象来的，所以看见工程师便叫做神。

希腊神话，说火是从天上偷来的；中国历史上发明火的燧人氏被称为古帝之一——神。火，是一个大发明。发明火的人，是一个大工程师。我刚才所举《易经·系辞》，从一个观念——意象——造成器具，这个意思，是了不得的。人类历史上所谓文化的进步，完全在制造器具的进步。文化的时代，是照工程师的成绩划分的。人类第一发明是火，大体说来，火的发现是文化的开始。下去为石器时代。无论旧石器时代，新石器时代，都是人类用智慧把石头造成器具的时候。再下去为青铜器时代。用铜制造器具，这是工程师最大的贡献。再下去为铁的时代。这是一个大的革命。后来把铁炼成钢。再下去发明蒸汽机，为蒸汽机时代。再下去运用电力，为电力的时代；现在为原子能时代：这都是制器的大进步。每一个大时代，都只是制器的原料与动力的大革命。从发明火以后，石器时代，铜器时代，铁器时代，电力时代，原子能时代；这些文化的阶段，都是依工程师所创造划分的。

这种理想，中国历史上，早就有了的。工学院水工试验室要我写字，我写了两句话。这两句话，是《荀子·天论》篇里面的。《荀子·天论》篇，是中国古代了不得的哲学，也就是西方柏格生征服自然，以为人用的思想。《荀子·天论》篇说：“从天而颂之，孰与制天命而用之？大天而思之，孰与物蓄而制裁之？”这个文字，依照清代学者校勘，稍须改动。但意思没有改动。“从天而颂之”，是说服从自然。“从天而颂之，孰与制天命而用之。”两句话连起来说，意思是：跟着自然走而歌颂，不如控制自然来用。“大天而思之”，是问自然是怎样来的。“大天而思之，孰与物蓄而制裁之？”是说：问自然从哪里来的，不如把自然看成一种东西，养它、制裁它。把自然控制来用，中国思想史上只有荀子才说得这样彻底。从这两句话，也可以看出中国在两千二三百年前，就有控制天命——古人所谓天命，就是自然——把天命看做一种东西来用的思想。

“穷理致知”四个字，是代表七八百年前——十一世纪到十二世纪——宋朝的思想的。宋代程子、朱子提倡格物——穷理——的哲学。什么叫做“格物”呢？这有七十几种说法。今天我们不去研究这些说法。照程子朱子的解释，“格物”是“即物而穷其理。……即凡天下之物，莫不因其已知之理而益穷之，以求至乎其极”。这样的格物致知，可以扩大人的智识。程子说，“今天格一物，明天格一物，习而久之，自然贯通”。有人以范围问他；他说，“上自天地之高大，下至一草一木，都要格的”。这个范围，就是科学的范围，工程师的范围。

两千二三百年前，荀子就有“制天命而用之”的思想；七八百年前，程子、朱子就有格物——穷理——的哲学。这是科学的哲学，可算是工程师的哲学。我们老祖宗有这样好的思想、哲学，为什么不能做到科学工业的文化呢？简单一句话，我们不幸得很，两千五百年以前的时候，已经走上了自然主义的哲学一条路了。像《老子》、《庄子》，以及更后的《淮南子》，都是代表自然主义思想的。这种自然主义的哲学发达得太早，而自然科学与工业发达的太迟，这是中国思想史的大缺点。

刚才讲的，人是用智慧制造器具的动物。这样，人就要天天同自然界接触，天天动手动脚的，抓住实物，把实物来玩，或者打碎它，煮它，烧它。玩来玩去，就可以发现新的东西，走上科学工业的一条路。比方“豆腐”，就是把豆子磨细，用其他的东西来点，来试验；一次，二次，……经过许多次的试验，结果点成浆，做成功豆腐；做成功豆腐还不够，还要作豆腐干，豆腐乳。豆腐的做成，很显然的，是与自然界接触，动手、动脚，多方试验的结果，不是对自然界看看，想想，或作一首诗恭维自然界就行了的。

顶好一个例子，是格物哲学到了明朝的一个故事。明朝有一位大哲学家王阳明，他说，“照程子、朱子的说法，要做圣人，要‘即物而穷其理’。‘即物穷理’，你们没有试验过，我王阳明试验过了”。有一天，他同一位姓钱的朋友研究格物，并由钱先生动手格竹子；拿一个凳子坐在竹子旁边望，望了三天三夜，格不出来，病了。王阳明说：“你不够做圣人，我来格。”也端把椅子对着竹子望；望了一天一夜，两天两夜，……到了七天七夜，王阳明也格不出来，病了。于是王阳明说：“我们不配做圣人；不能格物。”从这个故事，可以看出传统的不动手动脚，拿天然实物来玩的习惯。今天工学院植物系的学生格竹子，是要把竹子劈开，用显微镜来细细地看，再加上颜色的水，作各种的试验，然后就可以判定竹子在工业上的地位。为什么王阳明格不出来，今天的工程师可以格出来？因王阳明没有动手动脚作器具的习惯，今天的工程师有动手动脚作器具的习惯。荀子“制天命而用之”的哲学，终敌不过老子，庄子“错（措）人而思天”的哲学。故程、朱的格物穷理的思想，终不能应用到自然界的实物上去，至多只能在“读书”上（文史的研究上）发生了一点功效。

今天送给各位工程师哲学的人生观，又约略讲一讲我们老祖宗为什么失败；为什么有了这样好的征服天然的理想，穷理致知的哲学，而没有造成功科学文化，工业文化。我们可以了解我们老祖宗让西方人赶上去了，同时，从西方人后来实现了我们老祖宗的理想，我们亦就可以知道，只要振作，是可以迎头赶上的。我们只要二十年，三十年的努力，就可以同世界上科学工业发达的国家站在一样的地位。

二十年前，中国科学社要我作一个社歌；后来请赵元任先生作了乐谱。今天我把这个东西送给各位工程师。这个社歌，一共三段十二句：

我们不崇拜自然。它是一个刁钻古怪；
我们要捶他，煮他，要叫它听我们的指派。

我们要它给我们推车；我们要它给我们送信。
我们要揭穿他的秘密，好叫它服侍我们人。

我们唱天行有常；我们唱致知穷理。
明知道真理无穷，进一寸有一寸的欢喜。

（本文为1952年12月27日胡适在台南工学院七周年纪念会上的演讲，原载1952年12月28日台北《中央日报》）

人生问题

1903年，我只有十二岁，那年12月17日，有美国的莱特弟兄作第一次飞机试验，用很简单的机器试验成功，因此美国定12月17日为飞行节。12月17日正是我的生日，我觉得我同飞行有前世因缘。我在前十多年，曾在广西飞行过十二天，那时我作了一首《飞行小赞》，这算是关于飞行的很早的一首辞。诸位飞过大西洋，太平洋，我在民国三十年，在美国也飞过四万英里，这表示我同诸位不算很隔阂。今天大家要我讲人生问题，这是诸位出的题目，我来交卷。这是很大的问题，让我先下定义，但是定义不是我的，而是思想界老前辈吴稚晖的。他说：人为万物之灵，怎么讲呢？第一：人能够用两只手做东西。第二：人的脑部比一切动物的都大，不但比哺乳动物大，并且比人的老祖宗猿猴的还要大。有这能做东西的两手和比一切动物都大的脑部，所以说人为万物之灵。人生是什么？即是人在戏台上演戏，在唱戏。看戏有各种看法，即对人生的看法叫做人生观。但人生有什么意义呢？怎样算好戏？怎样算坏戏？我常想：人生意义就在我们怎样看人生。意义的大小浅深，全在我们怎样去用两手和脑部。人生很短，上寿不过百年，完全可用手脑做事的时候，不过几十年。有人说，人生是梦，是很短的梦。有人说，人生不过是肥皂泡。其实，就是最悲观的说法，也证实我上面所说人生的有没有意义全看我们对人生的看法。就算他是做梦吧，也要做一个热闹的，轰轰烈烈的好梦，不要做悲观的梦。既然辛辛苦苦的上台，就要好好地唱个好戏，唱个像样子的戏，不要跑龙套。人生不是单独的，人是社会的动物，他能看见和想象他所看不到的东西，他有能看到上至数百万年下至子孙百代的能力。无论是过去，现在，或将来，人都逃不了人与人的关系。比如这一杯茶（讲演桌上放着一杯玻璃杯盛的茶）就包括多少人的贡献，这些人虽然看不见，但从种茶，挑选，用自来水，自来水又包括电力等等，这有多少人的贡献，这就可以看出社会的意义。我们的一举一动，也都有社会的意义，譬如我随便往地上吐口痰，经太阳晒干，风一吹起，如果我有痨病，风可以把病菌带给几个人到无数人。我今天讲的话，诸位也许有人不注意，也许有人认为没道理，也许说胡适之胡说，是瞎说八道，也许有人因我的话回去看看书，也许竟一生受此影响。一句话，一句格言，都能影响人。我举一个极端的例子，两千五百年前，离尼泊尔不远地方，路上有一个乞丐死了，尸首正在腐烂。这时走来一位年轻的少爷叫 Gotama，后来就是释迦牟尼佛，这位少爷是生长于深宫中不知穷苦的，他一看到尸首，问这是什么？人说这是死。他说：噢！原来死是这样子，我们都不能不死吗？这位贵族少爷就回去想这问题，后来跑到森林中去想，想了几年，出来宣传他的学说，就是所谓佛学。这尸身腐烂一件事，就有这么大的影响。飞机在莱特兄弟做试验时，是极简单的东西，经四十年的工夫，多少人聪明才智，才发展到今天。我们一举一动，一言一行，一点行为都可以有永远不能磨灭的影响。几年来的战争，都是由希特勒的一本《我的奋斗》闯的祸，这一本书害了多少人？反过来说，一句好话，也可以影响无数人，我讲一个故事：民国元年，有一个英国人到我们学堂讲话，讲的内容很荒谬，但他的 O 字的发音，同普通人不一样，是尖声的，这也影响到我的 O 字发音，许多我的学生又受到我的影响。在四十年前，有一天我到一外国人家去，出来时鞋带掉了，那外国人提醒了我，并告诉我系鞋带时，把结头底下转一弯就不会掉了，我记住了这句话，并又告诉许多人，如今这外国人是死了，但他这句话已发生不可磨灭的影响。总而言之，从顶小的事情到顶大的像政治经济宗教等等，我们的一举一动都有不可磨灭的影响，尽管看不见，影响还是有。在孔夫子小时，有一位鲁国人说：人生有三不朽，即立德，立功，立言。立德就是最伟大的人格，像耶稣孔子等。立功就是对社会有贡献。立言包括思想和文学，最伟大的思想和文学都是不朽的。但我们不要把这句话看得贵族化，要看得平民化，比如皮鞋打结不散，吐痰，O 的发音，都是不朽的。就是说：不但好的东西不朽，坏的东西也不朽，善不朽，恶亦不朽。一句好话可以影响无数人，一句坏话可以害死无数人。这就给我们一个人生标准，消极的我们不要害人，要懂得自己行为。积极的要使这社会增加一点好处，总要叫人家得我一点好处。再回来说，人生就算是做梦，也要做一个像样子的梦。宋朝的政治家王安石有一首诗，题目是《梦》。说："知世如梦无所求，无所求心普定寂，还似梦中随梦境，成就河沙梦功德"。不要丢掉这梦，要好好去做！即算是唱戏，也要好好去唱。

（本文为1948年8月12日胡适在北平空军司令部的演讲，原载1948年8月13日北平《世界日报》）

《科学与人生观》序

亚东图书馆主人汪孟邹先生近来把散见国内各种杂志上的讨论科学与人生观的文章搜集印行，总名为《科学与人生观》。我从烟霞洞回到上海时，这部书已印了一大半了。孟邹要我做一篇序。我觉得，在这回空前的思想界大笔战的战场上，我要算一个逃兵了。我在本年三、四月间，因为病体未复原，曾想把《努力周报》停刊；当时丁在君先生极不赞成停刊之议，他自己做了几篇长文，使我好往南方休息一会。我看了他的《玄学与科学》，心里很高兴，曾对他说，假使《努力》以后向这个新方向去谋发展，——假使我们以后为科学作战，——《努力》便有了新生命，我们也有了新兴趣，我从南方回来，一定也要加入战斗的。然而我来南方以后，一病就费去了六个多月的时间，在病中我只做了一篇很不庄重的《孙行者与张君劢》，此外竟不曾加入一拳一脚，岂不成了一个逃兵了？我如何敢以逃兵的资格来议论战场上各位武士的成绩呢？

但我下山以后，得遍读这次论战的各方面的文章，究竟忍不住心痒手痒，究竟不能不说几句话。一来呢，因为论战的材料太多，看这部大书的人不免有"目迷五色"的感觉，多作一篇综合的绪论也许可以帮助读者对于论点的了解。二来呢，有几个重要的争点，或者不曾充分发挥，或者被埋没在这二十五万字的大海里，不容易引起读者的注意，似乎都有特别点出的需要。因此，我就大胆地作这篇序了。

1

这三十年来，有一个名词在国内几乎做到了无上尊严的地位；无论懂与不懂的人，无论守旧和维新的人，都不敢公然对它表示轻视或戏侮的态度。那个名词就是“科学”。这样几乎全国一致的崇信，究竟有无价值，那是另一问题。我们至少可以说，自从中国讲变法维新以来，没有一个自命为新人物的人敢公然毁谤“科学”的，直到民国八、九年间梁任公先生发表他的《欧游心影录》，科学方才在中国文字里正式受了“破产”的宣告。梁先生说：

……要而言之，近代人因科学发达，生出工业革命，外部生活变迁急剧，内部生活随而动摇，这是很容易看得出的。……依着科学家的新心理学，所谓人类心灵这件东西，就不过物质运动现象之一种。……这些唯物派的哲学家，托庇科学宇下建立一种纯物质的纯机械的人生观。把一切内部生活外部生活都归到物质运动的“必然法则”之下。……不唯如此，他们把心理和精神看成一物，根据实验心理学，硬说人类精神也不过一种物质，一样受“必然法则”所支配。于是人类的自由意志不得不否认了。意志既不能自由，还有什么善恶的责任？……现今思想界最大的危机就在这一点。宗教和旧哲学既已被科学打得个旗靡帜乱，这位“科学先生”便自当仁不让起来，要凭他的试验发明个宇宙新大原理。却是那大原理且不消说，敢是各科的小原理也是日新月异，今日认为真理，明日已成谬见。新权威到底树立不来，旧权威却是不可恢复了。所以全社会人心，都陷入怀疑沉闷畏惧之中，好像失了罗针的海船遇着风雾，不知前途怎生是好。既然如此，所以那些什么乐利主义强权主义越发得势。死后既没有天堂，只好尽这几十年尽情地快活。善恶既没有责任，何妨尽我的手段来充满我个人欲望。然而享用的物质增加速率，总不能和欲望的升腾同一比例，而且没有法子令他均衡。怎么好呢？只有凭自己的力量自由竞争起来，质而言之，就是弱肉强食。近年来什么军阀，什么财阀，都是从这条路产生出来。这回大战争，便是一个报应。……总之，在这种人生观底下，那么千千万万人前脚接后脚地来这世界走一趟住几十年，干什么呢？独一无二的目的就是抢面包吃。不然就是怕那宇宙间物质运动的大轮子缺了发动力，特自来供给他燃料。果真这样，人生还有一毫意味，人类还有一毫价值吗？无奈当科学全盛时代，那主要的思潮，却是偏在这方面，当时讴歌科学万能的人，满望着科学成功，黄金世界便指日出现。如今功总算成了，一百年物质的进步，比从前三千年所得还加几倍。我们人类不仅没有得着幸福，倒反带来许多灾难。好像沙漠中迷路的旅人，远远望见个大黑影，拼命往前赶，以为可以靠他向导，哪知赶上几程，影子却不见了，因此无限凄惶失望。影子是谁，就是这位“科学先生”。欧洲人做了一场科学万能的大梦，到如今却叫起科学破产来。(《梁任公近著》第一辑上卷，页一九—二三)

梁先生在这段文章里很动情感地指出科学家的人生观的流毒：他很明显地控告那“纯物质的纯机械的人生观”把欧洲全社会“都陷入怀疑沉闷畏惧之中”，养成“弱肉强食”的现状，——“这回大战争，便是一个报应”。他很明白地控告这种科学家的人生观造成“抢面包吃”的社会，使人生没有一毫意味，使人类没有一毫价值，没有给人类带来幸福，“倒反带来许多灾难”，叫人类“无限凄惶失望”。梁先生要说的是欧洲“科学破产”的喊声，而他举出的却是科学家的人生观的罪状；梁先生摭拾了一些玄学家诬蔑科学人生观的话头，便加上了“科学破产”的恶名。

梁先生后来在这一段之后，加上两行自注道：

读者切勿误会，因此菲薄科学，我绝不承认科学破产，不过也不承认科学万能罢了。

然而谣言这件东西，就同野火一样，是易放而难收的。自从《欧游心影录》发表之后，科学在中国的尊严就远不如前了。一般不曾出国门的老先生很高兴地喊着，“欧洲科学破产了！梁任公这样说的”。我们不能说梁先生的话和近年同善社、悟善社的风行有什么直接的关系；但我们不能不说梁先生的话在国内确曾替反科学的势力助长不少的威风。梁先生的声望，梁先生那支“笔锋常带情感”的健笔，都能使他的读者容易感受他的言论的影响。何况国中还有张君劢先生一流人，打着柏格森、倭铿、欧立克……的旗号，继续起来替梁先生推波助澜呢？

我们要知道，欧洲的科学已到了根深蒂固的地位，不怕玄学鬼来攻击了。几个反动的哲学家，平素饱餍了科学的滋味，偶尔对科学发几句牢骚话，就像富贵人家吃厌了鱼肉，常想尝尝咸菜豆腐的风味：这种反动并没有什么大危险。那光焰万丈的科学，绝不是这几个玄学鬼摇撼得动的。一到中国，便不同了。中国此时还不曾享着科学的赐福，更谈不到科学带来的“灾难”。我们试睁开眼看看：这遍地的乩坛道院，这遍地的仙方鬼照相，这样不发达的交通，这样不发达的实业，——我们哪里配排斥科学？至于“人生观”，我们只有做官发财的人生观，只有靠天吃饭的人生观，只有求神问卜的人生观，只有《安士全书》的人生观，只有《太上感应篇》的人生观，——中国人的人生观还不曾和科学行见面礼呢！我们当这个时候，正苦科学的提倡不够，正苦科学的教育不发达，正苦科学的势力还不能扫除那迷漫全国的乌烟瘴气，——不料还有名流学者出来高唱“欧洲科学破产”的喊声，出来把欧洲文化破产的罪名归到科学身上，出来菲薄科学，历数科学家的人生观的罪状，不要科学在人生观上发生影响！信仰科学的人看了这种现状，能不发愁吗？能不大声疾呼出来替科学辩护吗？

这便是这一次“科学与人生观”的大论战所以发生的动机。明白了这个动机，我们方才可以明白这次大论战在中国思想史上占的地位。

2

张君劢的《人生观》原文的大旨是：

> 人生观之特点所在，曰主观的，曰直觉的，曰综合的，曰自由意志的，曰单一性的。惟其有此五点，故科学无论如何发达，而人生观问题之解决，决非科学所能为力，惟赖诸人类之自身而已。

君劢叙述那五个特点时，处处排斥科学，处处用一种不可捉摸的语言——“是非各执，绝不能施以一种试验”，“无所谓定义，无所谓方法，皆其身良心之所命起而主张之”，“若强为分析，则必失其真义”，“皆出于良心之自动，而绝非有使之然者”。这样一个大论战，却用一篇处处不可捉摸的论文作起点，这是一件大不幸的事。因为原文处处不可捉摸，故驳论与反驳都容易跳出本题。战线延长之后，战争的本意反不很明白了（我常想，假如当日我们用了梁任公先生的“科学万能之梦”一篇作讨论的基础，我们定可以使这次论争的旗帜格外鲜明，——至少可以免去许多无谓的纷争）。我们为读者计，不能不把这回论战的主要问题重说一遍。

君劢的要点是“人生观问题之解决，决非科学所能为力”。我们要答复他，似乎应该先说明科学应用到人生观问题上去，曾产生什么样子的人生观；这就是说，我们应该先叙述“科学的人生观”是什么，然后讨论这种人生观是否可以成立，是否可以解决人生观的问题，是否像梁先生说的那样贻祸欧洲，流毒人类。我总观这二十五万字的讨论，终觉得这一次为科学作战的人——除了吴稚晖先生——都有一个共同的错误，就是不曾具体地说明科学的人生观是什么，却去抽象地力争科学可以解决人生观的问题。这个共同错误的原因，约有两种：第一，张君劢的导火线的文章内并不曾像梁任公那样明白指斥科学家的人生观，只是笼统地说科学对于人生观问题无能为力。因此，驳论与反驳论的文章也都走上那“可能与不可能”的笼统讨论上去了。例如丁在君的《玄学与科学》的主要部分只是要证明

> 凡是心理的内容，真的概念推论，无一不是科学的材料。

然而他却始终没有说出什么是“科学的人生观”。从此以后，许多参战的学者都错在这一点上。如张君劢《再论人生观与科学》只主张

> “人生观超于科学以上”，“科学决不能支配人生”。

如梁任公的《人生观与科学》只说

> 人生关涉理智方面的事项，绝对要用科学方法来解决；关于情感方面的事项，绝对的超科学。

如林宰平的《读丁在君先生的〈玄学与科学〉》只是一面承认“科学的方法有益于人生观”，一面又反对科学包办或管理“这个最古怪的东西”——人类。如丁在君《答张君劢》也只是说明

> 这种（科学）方法，无论用在知识界的哪一部分，都有相当的成绩，所以我们对于知识的信用，比对于没有方法的情感要好；凡有情

感的冲动都要想用知识来指导他，使他发展的程度提高，发展的方向得当。

如唐擘黄《心理现象与因果律》只证明

一切心理现象都是有因的。

他的《一个痴人的说梦》只证明

关于情感的事项，要就我们的知识所及，尽量用科学方法来解决的。

王抚五的《科学与人生观》也只是说：

科学是凭借“因果”和“齐一”两个原理而构造起来的；人生问题无论为生命之观念，或生活之态度，都不能逃出这两个原理的金刚圈，所以科学可以解决人生问题。

直到最后范寿康的《评所谓科学与玄学之争》，也只是说：

伦理规范——人生观——一部分是先天的，一部分是后天的。先天的形式是由主观的直觉而得，绝不是科学所能干涉。后天的内容应由科学的方法探讨而定，绝不是主观所应妄定。

综观以上各位的讨论，人人都在那里笼统地讨论科学能不能解决人生问题或人生观问题。几乎没有一个人明白指出，假使我们把科学适用到人生观上去，应该产生什么样子的人生观。然而这个共同的错误大都是因为君劢的原文不曾明白攻击科学家的人生观，却只悬空武断科学决不能解决人生观问题。殊不知，我们若不先明白科学应用到人生观上去时发生的结果，我们如何能悬空评判科学能不能解决人生观呢？

这个共同的错误——大家规避“科学的人生观是什么”的问题——怕还有第二个原因，就是一班拥护科学的人虽然抽象地承认科学可以解决人生观问题，却终不愿公然承认那具体的“纯物质，纯机械的人生观”为科学的人生观。我说他们“不愿”，并不是说他们怯懦不敢，只是说他们对于那科学家的人生观还不能像吴稚晖先生那样明显坚决的信仰，所以还不能公然出来主张。这一点确是这一次大论争的一个绝大的弱点。若没有吴老先生把他的“漆黑一团”的宇宙观和“人欲横流”的人生观提出来做个压阵大将，这一场大战争真成了一场混战，只闹得个一哄散场！

关于这一点，陈独秀先生的序里也有一段话，对于作战的先锋大将丁在君先生表示不满意。独秀说：

> 他（丁先生）自号存疑的唯心论，这是沿袭赫胥黎、斯宾塞诸人的谬误；你既承认宇宙间有不可知的部分而存疑，科学家站开，且让玄学家来解疑。此所以张君劢说，“既已存疑，则研究形而上界之玄学，不应有丑诋之词”。其实我们对于未发现的物质固然可以存疑，而对于超物质而独立存在并且可以支配物质的什么心（心即是物之一种表现），什么神灵与上帝，我们已无疑可存了。说我们武断也好，说我们专制也好，若无证据给我们看，我们断然不能抛弃我们的信仰。

关于存疑主义的积极的精神，在君自己也曾有明白的声明（《答张君劢》，页二一—二三）。“拿证据来！”一句话确然是有积极精神的。但赫胥黎等在当用这种武器时，究竟还只是消极的防御居多。在十九世纪的英国，在那宗教的权威不曾打破的时代，明明是无神论者也不得不挂一个“存疑”的招牌。但在今日的中国，在宗教信仰向来比较自由的中国，我们如果深信现有的科学证据只能叫我们否认上帝的存在和灵魂的不灭，那么，我们正不妨老实自居为“无神论者”。这样的自称并不算是武断；因为我们的信仰是根据于证据的：等到有神论的证据充足时，我们再改信有神论，也还不迟。我们在这个时候，既不能相信那没有充分证据的有神论，心灵不灭论，天人感应论，……又不肯积极地主张那自然主义的宇宙观，唯物的人生观，……怪不得独秀要说“科学家站开！且让玄学家来解疑”了。吴稚晖先生便不然。他老先生宁可冒“玄学鬼”的恶名，偏要冲到那“不可知的区域”里去打一阵，他希望“那不可知区域里的假设，责成玄学鬼也带着伦理色彩去假设着”（《宇宙观及人生观》，页九）。这个态度是对的。

我们信仰科学的人，正不妨做一番大规模的假设。只要我们的假设处处建筑在已知的事实之上，只要我们认定我们的建筑不过是一种最满意的假设，可以跟着新证据修正的，——我们带着这种科学的态度，不妨冲进那不可知的区域里，正如姜子牙展开了杏黄旗，也不妨冲进十绝阵里去试试。

3

我在上文说的，并不是有意挑剔这一次论战场上的各位武士。我的意思只是要说，这一篇论战的文章只做了一个“破题”，还不曾做到“起讲”。至于“余兴”与“尾声”，更谈不到了。破题的功夫，自然是很重要的。丁在君先生的发难，唐擘黄先生等的响应，六个月的时间，二十五万字的皇皇大文，大吹大擂地把这个大问题捧了出来，叫乌烟瘴气的中国知道这个大问题的重要，——这件功劳真不在小处！

可是现在真有做“起讲”的必要了。吴稚晖先生的“一个新信仰的宇宙观及人生观”已给我们做下一个好榜样。在这篇《科学与人生观》的“起讲”里，我们应该积极地提出什么叫做“科学的人生观”，应该提出我们所谓“科学的人生观”，好教将来的讨论有个具体的争点。否则你单说科学能解决人生观，他单说不能，势必至于吴稚晖先生说的“张丁之战，便延长了一百年，也不会得到究竟”。因为若不先有一种具体的科学人生观作讨论的底子，今日泛泛地承认科学有解决人生观的可能，是没有用的。等到那“科学的人生观”的具体内容拿出来时，战线上的组合也许要起一个大大的变化。我的朋友朱经农先生是信仰科学“前程不可限量”的，然而他定不能承认无神论是科学的人生观。我的朋友林宰平先生是反对科学包办人生观的，然而我想他一定可以很明白地否认上帝的存在。到了那个具体讨论的时期，我们才可以说是真正开战。那时的反对，才是真反对。那时的赞成，才是真赞成。那时的胜利，才是真胜利。

我还要再进一步说：拥护科学的先生们，你们虽要想规避那“科学的人生观是什么”的讨论，你们终于免不了的。因为他们早已正式对科学的人生观宣战了。梁任公先生的“科学万能之梦”，早已明白攻击那“纯物质的，纯机械的人生观”了。他早已把欧洲大战祸的责任加到那“科学家的新心理学”上去了。张君劢先生在《再论人生观与科学》里，也很笼统地攻击“机械主义”了。他早已说“关于人生之解释与内心之修养，当然以唯心派之言为长”了。科学家究竟何去何从？这时候正是科学家表明态度的时候了。

因此，我们十分诚恳地对吴稚晖先生表示敬意，因为他老先生在这个时候很大胆地把他信仰的宇宙观和人生观提出来，很老实地宣布他的“漆黑一团”的宇宙观和“人欲横流”的人生观。他在那篇大文章里，很明白地宣言

> 那种骇得煞人的显赫的名词，上帝呀，神呀，还是取消了好。(页十二)

很明白地

> 开除了上帝的名额，放逐了精神元素的灵魂。(页二九)

很大胆地宣言：

> 我以为动植物且本无感觉，皆止有其质力交推，有其辐射反应，如是而已。譬之于人，其质构而为如是之神经系，即其力生如是之反应。所谓情感，思想，意志，等等，就种种反应而强为之名，美其名曰心理，神其事曰灵魂，质直言之曰感觉，其实统不过质力之相应。(页二二—二三)

他在《人生观》里，很“恭敬地又好像滑稽地”说：

> 人便是外面只剩两只脚，却得到了两只手，内面有三斤二两脑髓，五千零四十八根脑筋，比较占有多额神经系质的动物。(页三九)
>
> 生者，演之谓也，如是云尔。(页四十)
>
> 所谓人生，便是用手用脑的一种动物，轮到“宇宙大剧场”的第亿垓八京六兆五万七千幕，正在那里出台演唱。(页四七)

他老先生五年的思想和讨论的结果，给我们这样一个“新信仰的宇宙观及人生观”。他老先生很谦逊地避去“科学的”的尊号，只叫他做“柴积上，日黄中的老头儿”的新信仰。他这个新信仰正是张君劢先生所谓“机械主义”，正是梁任公先生所谓“纯物质的纯机械的人生观”。他一笔勾销了上帝，抹杀了灵魂，戳穿了“人为万物之灵”的玄秘。这才是真正的挑战。我们要看那些信仰上帝的人们出来替上帝向吴老先生作战。我们要看那些信仰灵魂的人们出来替灵魂向吴老先生作战。我们要看那些信仰人生的神秘的人们出来向这“两手动物演戏”的人生观作战。我们要看那些认爱情为玄秘的人们出来向这“全是生理作用，并无丝毫微妙”的爱情观作战。这样的讨论，才是切题的，具体的讨论。这才是真正开火。这样战争的结果，不是科学能不能解决人生的问题了，乃是上帝的有无，鬼神的有无，灵魂的有无，……人生切要问题的解答。

只有这种具体的人生切要问题的讨论才可以发生我们所希望的效果，——才可以促进思想上的刷新。

反对科学的先生们！你们以后的作战，请向吴稚晖的“新信仰的宇宙观及人生观”作战。

拥护科学的先生们！你们以后的作战，请先研究吴稚晖的“新信仰的宇宙观及人生观”：完全赞成他的，请准备替他辩护，像赫胥黎替达尔文辩护一样；不能完全赞成他的，请提出修正案，像后来的生物学者修正达尔文主义一样。

从此以后，科学与人生观的战线上的压阵老将吴老先生要倒转来做先锋了！

4

说到这里，我可以回到张、丁之战的第一个“回合”了。张君劢说：

> 天下古今之最不统一者，莫若人生观。（《人生观》页一）

丁在君说：

人生观现在没有统一是一件事，永久不能统一又是一件事，除非你能提出事实理由来证明它是永远不能统一的，我们总有求它统一的义务。(《玄学与科学》页三)

玄学家先存了一个成见，说科学方法不适用于人生观；世界上的玄学家一天没有死完，自然一天人生观不能统一。(页四)

“统一”一个词，后来很引起一些人的抗议。例如林宰平先生就控告丁在君，说他“要把科学来统一一切”，说他“想用科学的武器来包办宇宙”。这种控诉，未免过于夸大其词了。在君用的“统一”一个词，不过是沿用君劢文章里的话，他们两位的意思大概都不过是大同小异的一致罢了。依我个人想起来，人类的人生观总应该有一个最低限度的一致的可能。唐擘黄先生说得最好：

人生观不过是一个人对于世界万物同人类的态度，这种态度是随着一个人的神经构造，经验，知识等而变的。神经构造等就是人生观之因。我举一二例来看。

无因论者以为叔本华（Schopenhauer）哈德门（Hartmann）的人生观是直觉的，其实他们自己并不承认这事。他们都说根据经验阅历而来的。叔本华是引许多经验作证的，哈德门还要说他的哲学是从归纳法得来的。

人生观是因知识而变的。例如，哥白尼太阳居中说，同后来的达尔文的人猿同祖说发明以后，世界人类的人生观起绝大变动；这是无可疑的历史事实。若人生观是直觉的，无因的，何以随自然界的知识而变更呢?

我们因为深信人生观是因知识经验而变换的，所以深信宣传与教育的效果可以使人类的人生观得着一个最低限度的一致。

最重要的问题是：拿什么东西来做人生观的“最低限度的一致”呢?

我的答案是：拿今日科学家平心静气地，破除成见地，共同承认的“科学的人生观”来做人类人生观的最低限度的一致。

宗教的功效已曾使有神论和灵魂不灭论统一欧洲（其实何止欧洲?）的人生观至千余年之久。假使我们信仰的“科学的人生观”将来靠教育与宣传的功效，也能有“有神论”和“灵魂不灭论”在中世纪欧洲那样的风行，那样的普遍，那也可算是我所谓“大同小异的一致”了。

我们若要希望人类的人生观逐渐做到大同小异的一致，我们应该准备替这个新人生观作长期的奋斗。我们所谓“奋斗”，并不是像林宰平先生形容的“摩哈默得式”的武力统一；只是用光明磊落的态度，诚恳的言论，宣传我们的“新信仰”，继续不断的宣传，要使今日少数人的信仰逐渐变成将来大多数人的信仰。我们也可以说这是“作战”，因为新信仰总免不了和旧信仰冲突的事；但我们总希望作战的人都能尊重对方的人格，都能承认那些和我们信仰不同的人不一定都是笨人与坏人，都能在作战之中保持一种“容忍”（Toleration）的态度；我们总希望那些反对我们的新信仰的人，也能用“容忍”的态度来对我们，用研究的态度来考察我们的信仰。我们要认清；我们的真正敌人不是对方；我们的真正敌人是“成见”，是“不思想”。我们向旧思想和旧信仰作战，其实只是很诚恳地请求旧思想和旧信仰势力之下的朋友们起来向“成见”和“不思想”作战。凡是肯用思想来考察他的成见的人，都是我们的同盟！

5

总而言之，我们以后的作战计划是宣传我们的新信仰，是宣传我们信仰的新人生观（我所谓“人生观”，依唐擘黄先生的界说，包括吴稚晖先生所谓“宇宙观”）。这个新人生观的大旨，吴稚晖先生已宣布过了。我们总括他的大意，加上一点扩充和补充，在这里再提出这个新人生观的轮廓：

（1）根据于天文学和物理学的知识，叫人知道空间的无穷之大。

（2）根据于地质学及古生物学的知识，叫人知道时间的无穷之长。

（3）根据于一切科学，叫人知道宇宙及其中万物的运行变迁皆是自然的，——自己如此的，——正用不着什么超自然的主宰或造物者。

（4）根据于生物的科学的知识，叫人知道生物界的生存竞争的浪费与残酷，——因此，叫人更可以明白那“有好生之德”的主宰的假设是不能成立的。

（5）根据于生物学，生理学，心理学的知识，叫人知道人不过是动物的一种，他和别种动物只有程度的差异，并无种类的区别。

(6) 根据于生物的科学及人类学，人种学，社会学的知识，叫人知道生物及人类社会演进的历史和演进的原因。

(7) 根据于生物的及心理的科学，叫人知道一切心理的现象都是有因的。

(8) 根据于生物学及社会学的知识，叫人知道道德礼教是变迁的，而变迁的原因都是可以用科学方法寻求出来的。

(9) 根据于新的物理化学的知识，叫人知道物质不是死的，是活的；不是静的，是动的。

(10) 根据于生物学及社会学的知识，叫人知道个人——“小我”——是要死灭的，而人类——“大我”——是不死的，不朽的；叫人知道“为全种万世而生活”就是宗教，就是最高的宗教；而那些替个人谋死后的“天堂”，“净土”的宗教，乃是自私自利的宗教。

这种新人生观是建筑在二三百年的科学常识之上的一个大假设，我们也许可以给它加上“科学的人生观”的尊号。但为避免无谓的争论起见，我主张叫它做“自然主义的人生观”。

在那个自然主义的宇宙里，在那无穷之大的空间里，在那无穷之长的时间里，这个平均高五尺六寸，上寿不过百年的两手动物——人——真是一个藐乎其小的微生物了。在那个自然主义的宇宙里，天行是有常度的，物变是有自然法则的，因果的大法支配着他——人——的一切生活，生存竞争的惨剧鞭策着他的一切行为，——这个两手动物的自由真是很有限的了。然而那个自然主义的宇宙里的这个渺小的两手动物却也有他的相当的地位和相当的价值。他用的两手和一个大脑，居然能做出许多器具，想出许多方法，造成一点文化。他不但驯服了许多禽兽，他还能考究宇宙间的自然法则，利用这些法则来驾驭天行，到现在他居然能叫电气给他赶车，以太给他送信了。他的智慧的长进就是他的能力的增加；然而智慧的长进却又使他的胸襟扩大，想象力提高。他也曾拜物拜畜生，也曾怕神怕鬼，但他现在渐渐脱离了这种种幼稚的时期，他现在渐渐明白：空间之大只增加他对于宇宙的美感；时间之长只使他格外明了祖宗创业之艰难；天行之有常只增加他制裁自然界的能力。甚至于因果律的笼罩一切，也并不见得束缚他的自由，因为因果律的作用一方面使他可以由因求果，由果推因，解释过去，预测未来；一方面又使他可以运用他的智慧，创造新因以求新果。甚至于生存竞争的观念也并不见得就使他成为一个冷酷无情的畜生，也许还可以格外增加他对于同类的同情心，格外使他深信互助的重要，格外使他注重人为的努力以减免天然竞争的残酷与浪费。——总而言之，这个自然主义的人生观里，未尝没有美，未尝没有诗意，未尝没有道德的责任，未尝没有充分运用"创造的智慧"的机会。

我这样粗枝大叶的叙述，定然不能使信仰的读者满意，或使不信仰的读者信服。这个新人生观的满意的叙述与发挥，那正是这本书和这篇序所期望能引起的。

十二，十一，廿九　在上海

附录一　陈独秀先生序

亚东图书馆汇印讨论科学与人生观的文章，命我作序，我方在病中而且多事，却很欢喜的做这篇序。第一，因为文化落后的中国，到现在才讨论这个问题（文化落后的俄国此前关于这问题也有过剧烈的讨论，现在他们的社会科学进了步，稍懂得一点社会科学门径的人，都不会有这种无常识的讨论了，和我们中国的知识阶级现在也不至于讨论什么天圆地方天动地静电线是不是蜘蛛精这等问题一样），而却已开始讨论这个问题，进步虽说太缓，总算是有了进步；只可惜一班攻击张君劢、梁启超的人们，表面上好像是得了胜利，其实并未攻破敌人的大本营，不过打散了几个支队，有的还是表面上在那里开战，暗中却已投降了（如范寿康先天的形式说，及任叔永人生观的科学是不可能说）。就是主将丁文江大攻击张君劢唯心的见解，其实他自己也是以五十步笑百步，这是因为有一种可以攻破敌人大本营的武器，他们素来不相信，因此不肯用。"科学何以不能支配人生观"，敌人方面却举出一些似是而非的证据出来；"科学何以能支配人生观"，这方面却一个证据也没举出来，我以为不但不曾得着胜利，而且几乎是卸甲丢盔的大败战，大家的文章写得虽多，大半是"下笔千言离题万里"，令人看了好像是"科学概论讲义"，不容易看出他们和张君劢的争点究竟是什么，张君劢那边离开争点之枝叶更加倍之多，这乃一场辩论的最大遗憾！第二，因为适之最近对我说，“唯物史观至多只能解释大部分的问题”，经过这回辩论之后，适之必能百尺竿头更进一步！因为这两个缘故，我很欢喜的做这篇序。

数学、物理学、化学等科学，和人生观有什么关系，这问题本不用着讨论。可是后来科学的观察分类说明等方法应用到活动的生物，更应用到最活动的人类社会，于是便有人把科学略分为自然科学与社会科学二类。社会科学中最主要的是经济学，社会学，历史学，心理学，哲学（这里所指是实验主义的及唯物史观的人生哲学，不是指本体论宇宙论的玄学，即所谓形而上的哲学）。这些社会科学，不用说和那些自然科学都还在幼稚时代，然即是幼稚，已经有许多不可否认的成绩，若因为还幼稚便不要它，我们不必这样蠢。自然科学已经说明了自然界许多现象，这是我们不能否认的；社会科学已经说明了人类社会许多现象，这也是我们不能否认的。自然界及社会都有它的实际现象：科学家说明得对，它原来是那样；科学家说明得不对，它仍旧是那样；玄学家无论如何胡想乱说，它仍旧是那样；它的实际现象是死板板的，不是随着你们唯物论唯心论改变的；哥白尼以前，地球原来在那里绕日而行，孟轲以后，渐渐变成了无君的世界；科学的说明能和这死板板的实际一一符合，才是最后的成功；我们所以相信科学（无论自然科学或社会科学）也就是因为“科学家之最大目的，曰摈除人意之作用，而一切现象化之为客观的，因而可以推算，可以穷其因果之相生”，（张君劢说）必如此而后可以根据实际寻求实际，而后可以说明自然界及人类社会死板板的实际，和玄学家的胡想乱说不同。

人生观和（社会）科学的关系是很显明的，为什么大家还要讨论？哈哈！就是讨论这个问题之本身，也可以证明人生观和科学的关系之深了。孔德分人类社会为三时代，我们还在宗教迷信时代；你看全国最大多数的人，还是迷信巫鬼、符咒、算命、卜卦等超物质以上的神秘；次多数像张君劢这样相信玄学的人，旧的士的阶级全体，新的士的阶级一大部分皆是；像丁在君这样相信科学的人，其数目几乎不能列入统计。现在由迷信时代进步到科学时代，自然要经过玄学先生的狂吠；这种社会的实际现象，想无人能够否认。倘不能否认，便不能不承认孔德三时代说是社会科学上一种定律。这个定律便可以说明许多时代许多社会许多个人的人生观之所以不同。譬如张君劢是个饱学秀才，他一日病了，他的未尝学问的家族要去求符咒仙方，张君劢立意要延医诊脉服药；他的朋友丁在君方从外国留学回来，说汉医靠不住，坚劝他去请西医，张君劢不但不相信，并说出许多西医不及汉医的证据；两人争持正烈的时候，张君劢的家族说，西医汉医都靠不住，还是符咒仙方好：他们如此不同的见解，也便是他们如此不同的人生观，他们如此不同的人生观，都是他们所遭客观的环境造成的，绝不是天外飞来主观的意志造成的，这本是社会科学可以说明的，绝不是形而上的玄学可以说明的。

张君劢举出九项人生观，说都是主观的，起于直觉的，综合的，自由意志的，起于人格之单一性的，而不为客观的，论理的，分析的，因果律的科学所支配。今就其九项人生观看起来：第一，大家族主义和小家族主义，纯粹是由农业经济宗法社会进化到工业经济军国社会之自然的现象。第二，男女尊卑及婚姻制度，也是由于农业宗法社会亲与夫都把子女及妻当做生产工具，当做一种财产，到了工业社会，家庭手工已不适用，有了雇工制度，也用不着拿家族当生产工具，于是女权运动自然会兴旺起来。第三，财产公有私有制度，在原始共产社会，人弱于兽，势必结群合作，原无财产私有之必要与可能（假定有人格之单一性的张先生，生在那个社会，他的主观，他的直觉，他的自由意志，忽然要把财产私有起来，怎奈他所得的果物兽肉无地存储，并没有防腐的方法，又不能变卖金钱存在银行，结果恐怕只有放弃他私有财产的人生观）。到了农业社会，有了一定的住所，有了仓库，谷物又比较的易于保存，独立生产的小农，只有土地占有的必要，没有通力合作的必要，私有财产观念，是如此发生的；到了工业社会，家庭的手工的独立生产制已不能存立，成千成万的人组织在一个通力合作的机关之内，大家无工做便无饭吃，无工具便不能做工，大家都没有生产工具，生产工具已为少数资本家私有了，非将生产工具收归公有，大家只好卖力给资本家，公有财产观念，是如此发生的。第四，守旧维新之争持，乃因为现社会有了经济的变化，而与此变化不适应的前社会之制度仍旧存在，束缚着这变化的发展，于是在经济上利害不同的阶级，自然会随着变化之激徐，或激或徐的冲突起来。第五，物质精神之异见，少数人因为有他的特殊环境，一般论起来，慢说工厂里体力工人了，就是商务印书馆月薪二三十元的编辑先生，日愁衣食不济，哪有如许闲情像张君劢、梁启超高谈什么精神文明、东方文化。第六，社会主义之发生，和公有财产制是一事。第七，人性中本有为我利他两种本能，个人本能发挥的机会，乃由于所遭环境及所受历史的社会的暗示之不同而异。第八，悲观乐观见解之不同，亦由于个人所遭环境及所受历史的社会的暗示而异，试观各国自杀的统计，不但自杀的原因都是环境使然，而且和年龄、性别、职业、节季等都有关系。第九，宗教思想之变迁，更是要受时代及社会势力支配的：各民族原始的宗教，依据所传神话，大都是崇拜太阳，火，高山，巨石，毒蛇，猛兽等的自然教；后来到了农业经济宗法社会，族神、祖先、农神等多神教遂至流行；后来商业发达，随着国家的统一运动，一神教遂至得势；后来工业发达，科学勃兴，无神非宗教之说随之而起；即在同一时代，各民族各社会产业进化之迟速不同，宗教思想亦随之而异，非洲、美洲、南洋蛮族，仍在自然宗教时代，中国、印度，乃信多神，商工业发达之欧、美，多奉基督；使中国圣人之徒生于伦敦，他也要奉洋教，歌颂耶和华；使基督信徒生在中国穷乡僻壤，他也要崇拜祖宗与狐狸。以上九项种种不同的人生观，都为种种不同客观的因果所支配，而社会科学可一一加以分析的论理的说明，找不出哪一种是没有客观的原因，而由于个人主观的直觉的自由意志凭空发生的。

梁启超究竟比张君劢高明些，他说："君劢列举'我对非我'之九项，他以为不能用科学方法解答者，依我看来十有八九倒是要用科学方法解答。"梁启超取了骑墙态度，一面不赞成张君劢，一面也不赞成丁在君，他自己的意见是：

> 人生问题，有大部分是可以——而且必要用科学方法来解决的。却有一小部分——或者还是最重要的部分是超科学的。

他所谓大部分是指人生关涉理智方面的事项，他所谓一小部分是指关于情感方面的事项。他说："既涉到物界，自然为环境上——时间空间——种种法则所支配。"理智方面事项，固然不离物界，难道情感方面事项不涉到物界吗？感官如何受刺激，如何反应，情感如何而起，这都是极普通的心理学。关于情感超科学这种怪论，唐钺已经驳得很明白。但是唐钺驳梁启超说："我们论事实的时候，不能羼入价值问题。"而他自己论到田横事件，解释过于浅薄，并且说出"没有多大价值"的话，如此何能使梁启超心服！其实孝子割股疗亲，程婴、杵臼代人而死，田横、乃木自杀等举动，在社会科学家看起来，无所谓优不优，无所谓合理不合理，无所谓有价值无价值，无所谓不可解，无所谓神秘，不过是农业的宗法社会封建时代所应有之人生观。这种人生观乃是农业的宗法社会封建时代之道德传说及一切社会的暗示所铸而成，试问在工业的资本主义社会，有没有这样举动，有没有这样情感，有没有这样的自由意志？

范寿康也是一个骑墙论者，他主张科学是指广义的科学，他主张科学决不能解决人生问题的全部。他说："人生观一部分是先天的，一部分是后天的。先天的形式是由主观的直觉而得，绝不是科学所能干涉。后天的内容应由科学的方法探讨而定，绝不是主观所应妄定。"他所谓先天的形式，即指良心命令人类做各人所自认为善的行为。

什么先天的形式，什么良心，什么直觉，什么自由意志，一概都是生活状况不同的各时代各民族之社会的暗示所铸而成：一个人生在印度婆罗门家，自然不愿意杀人，他若生在非洲酋长家，自然以多杀为无上荣誉；一个女子生在中国阀阅之家，自然以贞节为她的义务，她若生在意大利，会以多获面首夸示其群；西洋人见中国人赤膊对女子则骇然，中国人见西洋人用字纸揩粪则惊讶；匈奴可汗父死遂娶其母，满族初入中国不知汉人礼俗，皇太后再嫁其夫弟而不以为耻；中国人以厚葬其亲为孝，而蛮族有委亲尸于山野以被鸟兽所噬为荣幸者；欧美妇女每当稠人广众吻其所亲，而以为人妾为奇耻大辱；中国妇人每以得为贵人之妾为荣幸，而当众接吻虽娼妓亦羞为之；由此看来，世界上哪里真有什么良心，什么直觉，什么自由意志！

丁在君不但未曾说明"科学何以能支配人生观"，并且他的思想之根底，仍和张君劢走的是一条道路。我现在举出两个证据：

第一，他自号存疑的唯心论，这是沿袭了赫胥黎、斯宾塞诸人的谬误；你既承认宇宙间有不可知的部分而存疑，科学家站开，且让玄学家来解疑。此所以张君劢说："既已存疑，则研究形而上界之玄学，不应有丑诋之词。"其实我们对于未发现的物质固然可以存疑，而对于超物质而独立存在并且可以支配物质的什么心（心即是物之一种表现），什么神灵与上帝，我们已无疑可存了。说我们武断也好，说我们专制也好，若无证据给我们看，我们断然不能抛弃我们的信仰。

第二，把欧洲文化破产的责任归到科学与物质文明，固然是十分糊涂，但丁在君把这个责任归到玄学家教育家政治家身上，却也离开事实太远了。欧洲大战分明是英德两大工业资本发展到不得不互争世界商场之战争，但看他们战争结果所定的和约便知道，如此大的变动，哪里是玄学家、教育家、政治家能够制造得来的。如果离了物质的即经济的原因，排科学的玄学家、教育家、政治家能够造成这样空前的大战争；那么，我们不得不承认张君劢所谓自由意志的人生观真有力量了。

我们相信只有客观的物质原因可以变动社会，可以解释历史，可以支配人生观，这便是“唯物的历史观”。我们现在要请问丁在君先生和胡适之先生：相信“唯物的历史观”为完全真理呢，还是相信唯物以外像张君劢等类人所主张的唯心观也能够超科学而存在？

十二，十一，十三

附录二　答陈独秀先生

胡适

陈独秀先生在他的序文的结论里说：

> 我们相信只有客观的物质原因可以变动社会，可以解释历史，可以支配人生观，这便是“唯物的历史观”。我们现在要请问丁在君先生和胡适之先生：相信“唯物的历史观”为完全真理呢？还是相信唯物以外像张君劢等类人所主张的唯心观也能够超科学而存在？

我不知道丁先生要如何回答他；但我个人的意见先要说明：

(1) 独秀说的是一种“历史观”，而我们讨论的是“人生观”。人生观是一个人对于宇宙万物和人类的见解；历史观是“解释历史”的一种见解，是一个人对于历史的见解。历史观只是人生观的一部分。

(2) 唯物的人生观是用物质的观念来解释宇宙万物及心理现象。唯物的历史观是用“客观的物质原因”来说明历史（狭义的唯物史观则用经济的原因来说明历史）。

说明了以上两层，然后我可以回答独秀了。我们信不信唯物史观，全靠“客观的物质原因”一个名词怎样解说。关于这一点，我觉得独秀自己也不曾说得十分明白。独秀在这篇序里曾说，“心即是物之一种表现”（序页十）。那么，“客观的物质原因”似乎应该包括一切“心的”原因了，——即是知识，思想，言论，教育等事。这样解释起来，独秀的历史观就成了“只有客观的原因（包括经济组织，知识，思想，等等）可以变动社会，可以解释历史，可以支配人生观。”这就是秃头的历史观，用不着戴什么有色彩的帽子了。这种历史观，我和丁在君都可以赞成的。

然而独秀终是一个不彻底的唯物论者。他一面说“心即是物之一种表现”，一面又把“物质的”一个词解成“经济的”。因此，他责备在君不应该把欧战的责任归到那班非科学的政治家与教育家的身上。他说：

> 欧洲大战分明是英德两大工业资本制度发展到不得不互争世界商场之战争，但看他们战争结果所定的和约便知道，如此大的变动，哪里是玄学家、教育家、政治家能够制造出来的？

欧洲大战之有经济的原因，那是稍有世界知识的人都承认的。在君在他的两篇长文里那样恭维安基尔的《大幻想》（《玄学与科学》页二六，《答张君劢》页一六。）他岂不承认欧战与经济的关系？不过我们治史学的人，知道历史事实的原因往往是多方面的，所以我们虽然极欢迎“经济史观”来做一种重要的史学工具，同时我们也不能不承认思想知识等事也都是“客观的原因”，也可以“变动社会，解释历史，支配人生观”。所以我个人至今还只能说，“唯物（经济）史观至多只能解释大部分的问题”。独秀希望我“百尺竿头更进一步”，可惜我不能进这一步了。

其实独秀也只承认“经济史观至多只能解释大部分的问题”。他若不相信思想知识言论教育也可以“变动社会，解释历史，支配人生观”，那么，他尽可以袖着手坐待经济组织的变更就完了，又何必辛辛苦苦地努力做宣传的事业，谋思想的革新呢？如果独秀真信仰他们的宣传事业可以打倒军阀，可以造成平民革命，可以打破国际资本主义，那么，他究竟还是丁在君和胡适之的同志，——他究竟还信仰思想知识言论教育等事也可以变动社会，也可以解释历史，也可以支配人生观！

十二，十一，廿九

附录三　答适之

陈独秀

我对于适之先生这篇序，固然赞美其能成立一家言，但有不能同意之二点：

（一）这回的争论当然有两个问题，一个是“科学的人生观是否错误？”一个是“科学能否支配一切人生观？”后者的讨论多于前者，适之说是共同的错误，其实是适之个人的错误。何以呢？梁启超、张君劢这班人，当初也未必不曾经过极肤浅的唯物即科学的人生观，只因他们未曾敲过社会科学的门，阅世又稍稍久远，接触了许多稀奇古怪的人生观，都和科学的原理原则相隔太远，于是他们的第一观念便是“人生观超于科学以上”，“科学决不能支配人生”。他们对科学的信仰如此破坏了，第二观念方思维到科学的人生观本身之错误与否。并且梁启超更聪明一点，他骂得科学简直是罪孽深重不自陨灭祸延人类，而同时却又说：“我绝不承认科学破产，不过也不承认科学万能罢了。”所以我们现在所争的，正是科学是否万能问题，此问题解决了，科学已否破产便不成问题了。照适之的意见，只需努力具体的说明科学的人生观，不必去力争科学可否解决人生观的问题，像这样缩短战线，只立而不破的辩论法，不是纵敌，便是收兵。无论你科学的人生观有如何具体的说明，张君劢、梁启超可以回答你：适之先生！我们佩服你科学的人生观也很高明，我们本来不曾承认科学破产；但是人类社会除了你这样高明的人生观以外，另外还有许多人生观，如先生所说的做官发财的人生观，靠天吃饭的人生观，求神问卜的人生观，《安士全书》的人生观，《太上感应篇》的人生观，其余三天三夜也说不尽的人生观，却都是超科学的，却都是科学所不能支配的，他们的世界大得很哩，科学的万能在哪里？适之只重在我们自己主观的说明，而疏忽了社会一般客观的说明，只说明了科学的人生观自身之美满，未说明科学对于一切人生观之威权，不能证明科学万能，使玄学游魂尚有四出的余地；我则以为，固然在主观上须建设科学的人生观之信仰，而更须在客观上对于一切超科学的人生观加以科学的解释，毕竟证明科学之威权是万能的，方能使玄学鬼无路可走，无缝可钻。

（二）社会是人组织的，历史是社会现象之记录，“唯物的历史观”是我们的根本思想，名为历史观，其实不限于历史，并应用于人生观及社会观。适之说：“独秀说的是一种历史观（我明明说‘只有客观的物质原因可以变动社会，可以解释历史，可以支配人生观’，何尝专指历史?），而我们讨论的是人生观。”我依据唯物史观的理论来讨论人生观，适之便欲强为分别；倘适之依据实验主义的理论来讨论人生观，别人若说：“我们讨论的是人生观，适之说的是一种实验主义的哲学”，适之服是不服？或者适之还不承认唯物史观也是一种哲学，想适之不致如此。适之好像于唯物史观的理论还不大清楚，因此发生了许多误会，兹不得不略加说明。第一，唯物史观所谓客观的物质原因，在人类社会，自然以经济（即生产方法）为骨干；第二，唯物史观所谓客观的物质原因，是指物质的本因而言，由物而发生之心的现象，当然不包括在内。世界上无论如何彻底的唯物论者，断不能不承认有心的现象即精神现象这种事实（我不知适之所想象之彻底的唯物论是怎样?）；唯物史观的哲学者也并不是不重视思想文化宗教道德教育等心的现象之存在，唯只承认它们都是经济的基础上面之建筑物，而非基础之本身；这是因为唯物史观的哲学者，是主张如左（下）表

经济 {
制度
宗教
思想
政治
道德
文化
教育

之一元论，而非如左（下）表

经济
宗教
思想
政治
道德
文化
教育

之多元论。这本是适之和我们争论之焦点。我们何以不承认多元论别的且不说，单就适之先生所举的思想及教育来讨论。中国古代大思想家莫如孔、老，他们思想的来因，老是小农社会的产物，孔是宗法封建的结晶，他们的思想即他们社会经济制度的映像，和希腊亚里士多德拥护农奴制一样，并无多少自由创造。他们思想的效果，中国周末农业品手工业品之交易渐渐发达起来（观《史记·货殖传》所述及汉朝种种抑制商人的法令可知），当时的社会已远离了部落生活，已不是单纯的农业经济，已开始需要一个统一的国家，所以当时挂的是道家儒家招牌，卖的是法家药料，并且自秦始皇一直到宣统，都是申、韩世界。思想的价值如此。再说教育，我们有何方法在封建社会的经济组织之下，使资本社会的教育制度实现？我们又有何方法在资本社会制度之下，使人人都有受教育的机会？漫说资本社会制度之下了，就是趋向社会主义的俄罗斯，非不极力推重教育，列宁屡次很沉痛地说："在教育不普及的国家中建设共产社会是不可能的事。""要使教育极不普及的俄罗斯很快地变成一个人民极开通的国家，是一件不可能的事。"但以物质的条件之限制，无论列宁如何热诚，所谓教育普及，眼前还只是一句空话。欧美资本社会教育进步，完全是工业发达的结果，工业家不但需学术精巧的技师，并且需手艺熟练的工人，资产阶级为发财计不得不发达教育，家庭农业、家庭手工业社会自不需此，所以有些中国人一面绝不注意工业，一面却盲目的提倡教育，真是痴人说梦。教育本身的地位如此。适之说："如果独秀真信仰他们的宣传事业可以打倒军阀，云云。"我老实告诉适之，如果我们妄想我们的宣传他本身的力量可以打倒军阀，可以造成平民革命，可以打破国际资本主义，我们还配谈什么唯物史观！常有人说：白话文的局面是胡适之、陈独秀一班人闹出来的。其实这是我们的不虞之誉。中国近来产业发达人口集中，白话文完全是应这个需要而发生而存在的。适之等若在三十年前提倡白话文，只需章行严一篇文章便驳得烟消灰灭，此时章行严的崇论宏议有谁肯听？适之又说："他（指独秀）若不相信思想知识言论教育，也可以变动社会，解释历史，支配人生观，那么，他尽可以袖着手坐待经济组织的变更就完了，又何必辛辛苦苦地努力做宣传的事业，谋思想的革新呢？"我的解答是：在社会的物质条件可能范围内，唯物史观论者本不否认人的努力及天才之活动。我们不妄想造一条铁路通月宫，但我们却不妨妄想造一条铁路到新疆；我们不妄想学秦皇、汉武长生不老，但我们却不妨极力卫生以延长相当的寿命与健康的身体。人的努力及天才之活动，本为社会进步所必需，然其效力只在社会的物质条件可能以内。思想知识言论教育，自然都是社会进步的重要工具，然不能说它们可以变动社会解释历史支配人生观和经济立在同等地位。我们并不抹杀知识思想言论教育，但我们只把它当做经济的儿子，不像适之把它当做经济的弟兄。我们并不否认心的现象，但我们只承认它是物之一种表现，不承认这表现复与物有同样的作用。适之赞成所谓秃头的历史观，除经济组织外，“似乎应该包括一切‘心的’原因——即是知识，思想，言论，教育等事”。“心的”原因，这句话如何在适之口中说出来！离开了物质一元论，科学便濒于破产，适之颇尊崇科学，如何对心与物平等看待!! 适之果坚持物的原因外，尚有心的原因，——即知识，思想，言论，教育，也可以变动社会，也可以解释历史，也可以支配人生观，——像这样明白主张心物二元论，张君劢必然大摇大摆的来向适之拱手道谢!!!

十二，十二，九

（收入《科学与人生观》，1923 年 12 月亚东图书馆初版）

新思潮的意义

研究问题
输入学理
整理国故
再造文明

1

近来报纸上发表过几篇解释“新思潮”的文章。我读了这几篇文章，觉得他们所举出的新思潮的性质，或太琐碎，或太笼统，不能算作新思潮运动的真确解释，也不能指出新思潮的将来趋势。即如包世杰先生的《新思潮是什么》一篇长文，列举新思潮的内容，何尝不详细？但是他究竟不曾使我们明白那种种新思潮的共同意义是什么。比较最简单的解释要算我的朋友陈独秀先生所举出的《新青年》两大罪案，——其实就是新思潮的两大罪案，——一是拥护德莫克拉西先生（民治主义），一是拥护赛因斯先生（科学）。陈先生说：

> 要拥护那德先生，便不得不反对孔教，礼法，贞节，旧伦理，旧政治。要拥护那赛先生，便不得不反对旧艺术，旧宗教。要拥护德先生，又要拥护赛先生，便不得不反对国粹和旧文学。（《新青年》六卷一号页一〇）

这话虽然很简明，但是还嫌太笼统了一点。假使有人问：“何以要拥护德先生和赛先生便不能不反对国粹和旧文学呢？”答案自然是：“因为国粹和旧文学是同德、赛两位先生反对的。”又问：“何以凡同德、赛两位先生反对的东西都该反对呢？”这个问题可就不是几句笼统简单的话所能回答的了。

据我个人的观察，新思潮的根本意义只是一种新态度。这种新态度可叫做“评判的态度”。

评判的态度，简单说来，只是凡事要重新分别一个好与不好。仔细说来，评判的态度含有几种特别的要求：

（1）对于习俗相传下来的制度风俗，要问：“这种制度现在还有存在的价值吗？”

（2）对于古代遗传下来的圣贤教训，要问：“这句话在今日还是不错吗？”

（3）对于社会上糊涂公认的行为与信仰，都要问：“大家公认的，就不会错了吗？人家这样做，我也该这样做吗？难道没有别样做法比这个更好，更有理，更有益的吗？”

尼采说现今时代是一个“重新估定一切价值”（Transvaluation of all Values）的时代。“重新估定一切价值”八个字便是评判的态度的最好解释。从前的人说妇女的脚越小越美。现在我们不但不认小脚为“美”，简直说这是“惨无人道”了。十年前，人家和店家都用鸦片烟敬客。现在鸦片烟变成犯禁品了。二十年前，康有为是洪水猛兽一般的维新党。现在康有为变成老古董了。康有为并不曾变换，估价的人变了，故他的价值也跟着变了。这叫做“重新估定一切价值”。

我以为现在所谓“新思潮”，无论怎样不一致，根本上同有这公共的一点：——评判的态度。孔教的讨论只是要重新估定孔教的价值。文学的评论只是要重新估定旧文学的价值。贞操的讨论只是要重新估定贞操的道德在现代社会的价值。旧戏的评论只是要重新估定旧戏在今日文学上的价值。礼教的讨论只是要重新估定古代的纲常礼教在今日还有什么价值。女子的问题只是要重新估定女子在社会上的价值。政府与无政府的讨论，财产私有与公有的讨论，也只是要重新估定政府与财产等等制度在今日社会的价值。……我也不必往下数了，这些例很够证明这种评判的态度是新思潮运动的共同精神。

2

这种评判的态度，在实际上表现时，有两种趋势。一方面是讨论社会上，政治上，宗教上，文学上种种问题。一方面是介绍西洋的新思想，新学术，新文学，新信仰。前者是“研究问题”，后者是“输入学理”。这两项是新思潮的手段。

我们随便翻开这两三年以来的新杂志与报纸，便可以看出这两种的趋势。在研究问题一方面，我们可以指出（1）孔教问题，（2）文学改革问题，（3）国语统一问题，（4）女子解放问题，（5）贞操问题，（6）礼教问题，（7）教育改良问题，（8）婚姻问题，（9）父子问题，（10）戏剧改良问题，……在输入学理一方面，我们可以指出《新青年》的“易卜生号”、“马克思号”，《民铎》的“现代思潮号”，《新教育》的“杜威号”，《建设》的“全民政治”的学理，和北京《晨报》、《国民公报》、《每周评论》，上海《星期评论》、《时事新报》、《解放与改造》，广州《民风周刊》等杂志报纸所介绍的种种西洋新学说。

为什么要研究问题呢？因为我们的社会现在正当根本动摇的时候，有许多风俗制度，向来不发生问题的，现在因为不能适应时势的需要，不能使人满意，都渐渐地变成困难的问题，不能不彻底研究，不能不考问旧日的解决方法是否错误；如果错了，错在什么地方；错误寻出了，可有什么更好的解决方法；有什么方法可以适应现时的要求。例如孔教的问题，向来不成什么问题；后来东方文化与西方文化接近，孔教的势力渐渐衰微，于是有一班信仰孔教的人妄想要用政府法令的势力来恢复孔教的尊严；却不知道这种高压的手段恰好挑起一种怀疑的反动。因此，民国四、五年的时候，孔教会的活动最大，反对孔教的人也最多。孔教成为问题就在这个时候。现在大多数明白事理的人，已打破了孔教的迷梦，这个问题又渐渐的不成问题了，故安福部的议员通过孔教为修身大本的议案时，国内竟没有人睬他们了！

又如文学革命的问题。向来教育是少数“读书人”的特别权利，于大多数人是无关系的，故文字的艰深不成问题。近来教育成为全国人的公共权利，人人知道普及教育不是可少的，故渐渐的有人知道文言在教育上实在不适用，于是文言、白话就成为问题了。后来有人觉得单用白话做教科书是不中用的，因为世间决没有人情愿学一种除了教科书以外便没有用处的文字。这些人主张：古文不但不配做教育的工具，并且不配做文学的利器；若要提倡国语的教育，先须提倡国语的文学。文学革命的问题就是这样发生的。现在全国教育联合会已一致通过小学教科书改用国语的议案，况且用国语做文章的人也渐渐的多了，这个问题又渐渐的不成问题了。

为什么要输入学理呢？这个大概有几层解释。一来呢，有些人深信中国不但缺乏炮弹兵船电报铁路，还缺乏新思想与新学术，故他们尽量的输入西洋近世的学说。二来呢，有些人自己深信某种学说，要想它传播发展，故尽力提倡。三来呢，有些人自己不能做具体的研究功夫，觉得翻译现成的学说比较容易些，故乐得做这种稗贩事业。四来呢，研究具体的社会问题或政治问题，一方面做那破坏事业，一方面做对症下药的功夫，不但不容易，并且很遭犯忌讳，很容易惹祸，故不如做介绍学说的事业，借“学理研究”的美名，既可以避“过激派”的罪名，还可以种下一点革命的种子。五来呢，研究问题的人，势不能专就问题本身讨论，不能不从那问题的意义上着想；但是问题引申到意义上去，便不能不靠许多学理做参考比较的材料，故学理的输入往往可以帮助问题的研究。

这五种动机虽然不同，但是多少总含有一种“评判的态度”，总表示对于旧有学术思想的一种不满意，和对于西方的精神文明的一种新觉悟。

但是这两三年新思潮运动的历史应该给我们一种很有益的教训。什么教训呢？就是：这两三年来新思潮运动的最大成绩差不多全是研究问题的结果。新文学的运动便是一个最明白的例。这个道理很容易解释。凡社会上成为问题的问题，一定是与许多人有密切关系的。这许多人虽然不能提出什么新解决，但是他们平时对于这个问题自然不能不注意。若有人能把这个问题的各方面都细细分析出来，加上评判的研究，指出不满意的所在，提出新鲜的救济方法，自然容易引起许多人的注意。起初自然有许多人反对。但是反对便是注意的证据，便是兴趣的表示。试看近日报纸上登的马克思的《盈余价值论》，可有反对的吗？可有讨论的吗？没有人讨论，没有人反对，便是不能引起人注意的证据。研究问题的文章所以能发生效果，正为所研究的问题一定是社会人生最切要的问题，最能使人注意，也最能使人觉悟。悬空介绍一种专家学说，如《盈余价值论》之类，除了少数专门学者之外，绝不会发生什么影响。但是我们可以在研究问题里面做点输入学理的事业，或用学理来解释问题的意义，或从学理上寻求解决问题的方法。用这种方法来输入学理，能使人于不知不觉之中感受学理的影响。不但如此，研究问题最能使读者渐渐的养成一种批评的态度，研究的兴趣，独立思想的习惯。十部“纯粹理性的评判”，不如一点评判的态度；十篇“盈余价值论”，不如一点研究的兴趣；十种“全民政治论”，不如一点独立思想的习惯。

总起来说：研究问题所以能于短时期中发生很大的效力，正因为研究问题有这几种好处：（1）研究社会人生切要的问题最容易引起大家的注意；（2）因为问题关切人生，故最容易引起反对，但反对是该欢迎的，因为反对便是兴趣的表示，况且反对的讨论不但给我们许多不要钱的广告，还可使我们得讨论的益处，使真理格外分明；（3）因为问题是逼人的活问题，故容易使人觉悟，容易使人信从；（4）因为从研究问题里面输入的学理，最容易消除平常人对于学理的抗拒力，最容易使人于不知不觉之中受学理的影响；（5）因为研究问题可以不知不觉地养成一班研究的，评判的，独立思想的革新人才。

这是这几年新思潮运动的大教训！我希望新思潮的领袖人物以后能了解这个教训，能把全副精力贯注到研究问题上去；能把一切学理不看作天经地义，但看作研究问题的参考材料；能把一切学理应用到我们自己的种种切要问题上去；能在研究问题上面做输入学理的功夫；能用研究问题的功夫来提倡研究问题的态度，来养成研究问题的人才。

这是我对于新思潮运动的解释。这也是我对于新思潮将来的趋向的希望。

（注）参看：

（1）《多研究些问题，少谈些主义》。（2）《问题与主义》。（3）《再论问题与主义》。（4）《三论问题与主义》。

3

以上说新思潮的“评判的精神”在实际上的两种表现。现在要问：“新思潮的运动对于中国旧有的学术思想，持什么态度呢？”

我的答案是："也是评判的态度。"

分开来说，我们对于旧有的学术思想有三种态度。第一，反对盲从；第二，反对调和；第三，主张整理国故。

盲从是评判的反面，我们既主张"重新估定一切价值"，自然要反对盲从。这是不消说的了。

为什么要反对调和呢？因为评判的态度只认得一个是与不是，一个好与不好，一个适与不适，——不认得什么古今中外的调和。调和是社会的一种天然趋势。人类社会有一种守旧的惰性，少数人只管趋向极端的革新，大多数人至多只能跟你走半程路。这就是调和。调和是人类懒病的天然趋势，用不着我们来提倡。我们走了一百里路，大多数人也许勉强走三四十里。我们若先讲调和，只走五十里，他们就一步都不走了。所以革新家的责任只是认定"是"的一个方向走去，不要回头讲调和。社会上自然有无数懒人懦夫出来调和。

我们对于旧有的学术思想，积极的只有一个主张，——就是"整理国故"。整理就是从乱七八糟里面寻出一个条理脉络来；从无头无脑里面寻出一个前因后果来；从胡说谬解里面寻出一个真意义来；从武断迷信里面寻出一个真价值来。为什么要整理呢？因为古代的学术思想向来没有条理，没有头绪，没有系统，故第一步是条理系统的整理。因为前人研究古书，很少有历史进化的眼光的，故从来不讲究一种学术的渊源，一种思想的前因后果，所以第二步是要寻出每种学术思想怎样发生，发生之后有什么影响效果。因为前人读古书，除极少数学者以外，大都是以讹传讹的谬说，——如太极图，爻辰，先天图，卦气，……之类，——故第三步是要用科学的方法，作精确的考证，把古人的意义弄得明白清楚。因为前人对于古代的学术思想，有种种武断的成见，有种种可笑的迷信，如骂杨朱、墨翟为禽兽，却尊孔丘为德配天地，道冠古今！故第四步是综合前三步的研究，各家都还他一个本来真面目，各家都还他一个真价值。

这叫做"整理国故"。现在有许多人自己不懂得国粹是什么东西，却偏要高谈"保存国粹"。林琴南先生做文章论古文之不当废，他说，"吾知其理而不能言其所以然！"现在许多国粹党，有几个不是这样糊涂懵懂的？这种人如何配谈国粹？若要知道什么是国粹，什么是国渣，先需要用评判的态度，科学的精神，去做一番整理国故的功夫。

4

新思潮的精神是一种评判的态度。

新思潮的手段是研究问题与输入学理。

新思潮的将来趋势，依我个人的私见看来，应该是注重研究人生社会的切要问题，应该于研究问题之中做介绍学理的事业。

新思潮对于旧文化的态度，在消极一方面是反对盲从，是反对调和；在积极一方面，是用科学的方法来做整理的功夫。

新思潮的唯一目的是什么呢？是再造文明。

文明不是笼统造成的，是一点一滴的造成的。进化不是一晚上笼统进化的，是一点一滴的进化的。现今的人爱谈“解放与改造”，须知解放不是笼统解放，改造也不是笼统改造。解放是这个那个制度的解放，这种那种思想的解放，这个那个人的解放，是一点一滴的解放。改造是这个那个制度的改造，这种那种思想的改造，这个那个人的改造，是一点一滴的改造。

再造文明的下手功夫，是这个那个问题的研究。再造文明的进行，是这个那个问题的解决。

中华民国八年十一月一日晨三时

（原载1919年12月1日《新青年》第7卷第1号）

新　生　活

——为《新生活》杂志第一期做的

哪样的生活可以叫做新生活呢？

我想来想去，只有一句话。新生活就是有意思的生活。

你听了，必定要问我，有意思的生活又是什么样子的生活呢？我且先说一两件实在的事情做个样子，你就明白我的意思了。

前天你没有事做，闲的不耐烦了，你跑到街上一个小酒店里，打了四两白干，喝完了，又要四两，再添上四两。喝得大醉了，同张大哥吵了一回嘴，几乎打起架来。后来李四哥来把你拉开，你气愤愤的又要了四两白干，喝的人事不知，幸亏李四哥把你扶回去睡了。昨儿早上，你酒醒了，大嫂子把前天的事告诉你，你懊悔的很，自己埋怨自己："昨儿为什么要喝那么多酒呢？可不是糊涂吗？"

你赶上张大哥家去，作了许多揖，赔了许多不是，自己怪自己糊涂，请张大哥大量包涵。正说时，李四哥也来了，王三哥也来了。他们三缺一，要你陪他们打牌。你坐下来，打了十二圈牌，输了一百多吊钱。你回得家来，大嫂子怪你不该赌博，你又懊悔的很，自己怪自己道："是呵，我为什么要陪他们打牌呢？可不是糊涂吗？"

诸位，像这样子的生活，叫做糊涂生活，糊涂生活便是没有意思的生活。你做完了这种生活，回头一想，"我为什么要这样干呢？"你自己也回不出究竟为什么。

诸位，凡是自己说不出"为什么这样做"的事，都是没有意思的生活。

反过来说，凡是自己说得出"为什么这样做"的事，都可以说是有意思的生活。

生活的“为什么”，就是生活的意思。

人同畜生的分别，就在这个“为什么”上。你到万牲园里去看那白熊一天到晚摆来摆去不肯歇，那就是没有意思的生活。我们做了人，应该不要学那些畜生的生活。畜生的生活只是糊涂，只是胡混，只是不晓得自己为什么如此做。一个人做的事应该件件事回得出一个“为什么”。

我为什么要干这个？为什么不干那个？回答得出，方才可算是一个人的生活。

我们希望中国人都能做这种有意思的新生活。其实这种新生活并不十分难，只消时时刻刻问自己为什么这样做，为什么不那样做，就可以渐渐的做到我们所说的新生活了。

诸位，千万不要说“为什么”这三个字是很容易的小事。你打今天起，每做一件事，便问一个为什么，——为什么不把辫子剪了？为什么不把大姑娘的小脚放了？为什么大嫂子脸上搽那么多的脂粉？为什么出棺材要用那么多叫花子？为什么娶媳妇也要用那么多叫花子？为什么骂人要骂他的爹妈？为什么这个？为什么那个？——你试办一两天，你就会晓得这三个字的趣味真是无穷无尽，这三个字的功用也无穷无尽。

诸位，我们恭恭敬敬地请你们来试试这种新生活。

民国八年八月

（原载1919年8月24日《新生活》第1期）

我对于丧礼的改革

去年北京通俗讲演所请我讲演“丧礼改良”，讲演日期定在 11 月 27 日。不料到了 11 月 24 日，我接到家里的电报，说我的母亲死了。我的讲演还没有开讲，就轮着我自己实行“丧礼改良”了！

我们于 25 日赶回南。将动身的时候，有两个学生来见我，他们说：“我们今天过来，一则是送先生起身；二则呢，适之先生向来提倡改良礼俗，现在不幸遭大丧，我们很盼望先生能把旧礼大大的改革一番。”

我谢了他们的好意，就上车走了。

我出京之先，想到家乡印刷不便，故先把讣帖付印。讣帖如下式：

> 先母冯大夫人于中华民国七年十一月二十三日病殁于安徽绩溪上川本宅。敬此讣闻。
>
> 胡 觉 适 谨告

这个讣帖革除了三种陋俗：一是“不孝□□等罪孽深重，不自殒灭，祸延显妣”，一派的鬼话。这种鬼话含有儿子有罪连带父母的报应观念，在今日已不能成立；况且现在的人心里本不信这种野蛮的功罪见解，不过因为习惯如此，不能不用，那就是无意识的行为。二是“孤哀子□□等泣血稽颡”的套语。我们在民国礼制之下，已不“稽颡”，更不“泣血”，又何必自欺欺人呢？三是“孤哀子”后面排着那一大群的“降服子”，“齐衰期服孙”，“期”，“大功”，“小功”，等等亲族，和“抆泪稽首”，“拭泪稽首”，等等有“谱”的虚文。这一大群人为什么要在讣闻上占一个位置呢？因为这是古代宗法社会遗传下来的风俗如此。现在我们既然不承认大家族的恶风俗，自然用不着列入这许多名字了。还有那从“泣血稽颡”到“拭泪顿首”一大串的阶级，又是因为什么呢？这是儒家“亲亲之杀”的流毒。因为亲疏有等级，故在纸上写一个“哭”字也要依着分等级的“谱”。我们绝对不承认哭丧是有“谱”的，故把这些有谱的虚文一概删去了。

我在京时，家里电报问“应否先殓”，我复电说“先殓”。我们到家时，已殓了七日了，衣衾棺材都已办好，不能有什么更动。我们徽州的风俗，人家有丧事，家族亲眷都要送锡箔，白纸，香烛；讲究的人家还要送“盘缎”，纸衣帽，纸箱担，等件。锡箔和白纸是家家送的，太多了，烧也烧不完，往往等丧事完了，由丧家打折扣卖给店家。这种靡费，真是无道理。我到家之后，先发一个通告给各处有往来交谊的人家。通告上说：

> 本宅丧事拟于旧日陋俗略有所改良。倘蒙赐吊，只领香一炷或挽联之类。此外如锡箔，素纸，冥器，盘缎等物，概不敢领，请勿见赐。伏乞鉴原。

这个通告随着讣帖送去，果然发生效力，竟没有一家送那些东西来的。

和尚，道士，自然是不用的了。他们怨我，自不必说。还有几个投机的人，预算我家亲眷很多，定做冥器盘缎的一定不少，故他们在我们村上新开一个纸扎铺，专做我家的生意。不料我把这东西都废除了，这个新纸扎铺只好关门。

我到家之后，从各位长辈亲戚处访问事实，——因为我去国日久，事实很模糊了，——做了一篇《先母行述》。我们既不“寝苫”，又不“枕块”，自然不用“苫块昏迷，语无伦次”等等诳语了。“棘人”两字，本来不通，（《诗·桧风·素冠》一篇本不是指三年之丧的，乃是怀人的诗，故有“聊与子同归”，“聊与子如一”的话，素冠素衣也不过是与《曹风》“麻衣如雪”同类的话，未必专指丧服；“棘人”两字，棘训急，训瘠，也不过是“劳人”的意思；这一首很好的相思诗，被几个腐儒解作一篇丧礼论，真是可恨！）故也不用了。我做这篇《行述》，抱定一个说老实话的宗旨，故不免得罪了许多人。但是得罪了许多人，便是我说老实话的证据。文人做死人的传记，既怕得罪死人，又怕得罪活人，故不能不说谎，说谎便是大不敬。

讣闻出去之后，便是受吊。吊时平常的规矩是：外面击鼓，里面启灵帏，主人男妇举哀，吊客去了，哀便止了。这是作伪的丑态。古人“哀至则哭"，哭岂是为吊客哭的吗？因为人家要用哭来假装"孝"，故有大户人家吊客多了，不能不出钱雇人来代哭，我是一个穷书生，哪有钱来雇人代我们哭？所以我受吊的时候，灵帏是开着的，主人在帏里答谢吊客，外面有子侄辈招待客人；哀至即哭，哭不必做出种种假声音，不能哭时，便不哭了，决不为吊客做出举哀的假样子。

再说祭礼。我们徽州是朱子、江慎修、戴东原、胡培翚的故乡，代代有礼学专家，故祭礼最讲究。我做小孩的时候，也不知看了多少次的大祭小祭。祭礼很繁，每一个祭，总得要两三个钟头；祠堂里春分冬至的大祭，要四五点钟。我少时听见秀才先生们说，他们半夜祭春分冬至，跪着读祖宗谱，一个人一本，读"某某府君，某某孺人"，烛光又不明，天气又冷，石板的地又冰又硬，足足要跪两点钟！他们为了祭包和胙肉，不能不来鬼混念一遍。这还算是宗法社会上一种很有意味的仪节。最怪的，是人家死了人，一定要请一班秀才先生来做"礼生"，代主人做祭。祭完了，每个礼生可得几尺白布，一条白腰带，还可吃一桌"九碗"或"八大八小"。大户人家，停灵日子长，天天总要热闹，故天天须有一个祭。或是自己家祭，或是亲戚家"送祭"。家祭是今天长子祭，明天少子祭，后天长孙祭，……送祭是那些有钱的亲眷，远道不能来，故送钱来托主人代办祭菜，代请礼生。总而言之，哪里是祭？不过是做热闹，装面子，摆架子！——哪里是祭！

我起初想把祭礼一概废了，全改为"奠"。我的外婆七十多岁了，她眼见一个儿子两个女儿死在她生前，心里实在悲恸，所以她听见我要把祭全废了，便叫人来说，"什么事都可依你，两三个祭是不可少的"。我仔细一想，只好依她，但是祭礼是不能不改的。我改的祭礼有两种：

（1）本族公祭仪节（族人亲自做礼生）：序立。就位。参灵，三鞠躬。三献。读祭文（祭文中列来祭的人名，故不可少）。辞灵。礼成。

（2）亲戚公祭。我不要亲戚"送祭"。我把要来祭的亲戚邀在一块，公推主祭者一人，赞礼二人，余人陪祭，一概不请外人作礼生。同时一奠，不用"三献礼"。向来可分七八天的祭，改了新礼，十五分钟就完了。仪节如下：序立。主祭者就位。陪祭者分列就位。参灵，三鞠躬。读祭文。辞灵。礼成。谢奠。

我以为我这第二种祭礼，很可以供一般人的采用。祭礼的根据在于深信死人的"灵"还能受享。我们既不信死者能受享，便应该把古代供献死者饮食的祭礼，改为生人对死者表示敬意的祭礼。死者有知无知，另是一个问题。但生人对死者表示敬意，是在情理之中的行为，正不必问死者能不能领会我们的敬意。有人说，“古礼供献酒食，也是表示敬意，也不必问死者能不能饮食。”这却有个区别。古人深信死者之灵真能享用饮食，故先有“降神”，后有“三献”，后有“侑食”，还有“望燎”，还有“举哀”，都是见神见鬼的做作，便带着古宗教的迷信，不单是表示生人的敬意了。

再论出殡。出殡的时候，“铭旌”先行，表示谁家的丧事；次是灵柩，次是主人随柩行，次是送殡者。送殡者之外，没有别样排场执事。主人不必举哀，哀至则哭，哭不必出声。主人穿麻衣，不戴帽，不执哭丧杖，不用草索束腰，但用白布腰带。为什么要穿麻衣呢？我本来想用民国服制，用乙种礼服，袖上蒙黑纱。后来因为来送殡的男人女人都穿白衣，主人不能独穿黑，只好用麻衣，束白腰带。为什么不戴帽呢？因为既不用那种俗礼的高粱孝子冠，一时寻不出相当的帽子，故不如用表示敬意的脱帽法。为什么不用杖呢？因为古人居父母的丧要自己哀毁，要做到“扶而后能起，杖而后能行”的半死样子，故不能不用杖。我们既不能做到那种半死样子，又何必拿那根杖来装门面呢？

我们是聚族而居的，人死了，该送神主入祠。俗礼先有“题主”或“点主”之法，把“神主牌”先请人写好，留着“主”字上的一点，再去请一位阔人来，求他用朱笔蘸了鸡冠血，把“主”字上一点点上。这就是“点主”。点主是丧事里一件最重要的事，因为它是一件最可装面子摆架子的事。你们回想当年袁世凯死后，他的儿子孙子们请徐世昌点主的故事，就可晓得这事的重要了。

那时家里人来问我要请谁点主。我说，用不着点主了。为什么呢？因为古礼但有“请善书者书主”（《朱子家礼》与《温公书仪》同）。这是恐怕自己不会写好字，故请一位写好字的写牌，是郑重其事的意思。后来的人，要借死人来摆架子，故请顶阔的人来题主。但是阔人未必会写字。也许请的是一位督军，连字都不认得。所以主人家先把牌子上的字写好，单留“主”字上的一点，请“大宾”的大笔一点。如此办法，就是不识字的大帅，也会题主了！我不配借我母亲来替我摆架子，不如行古礼罢。所以我请我的老友近仁把牌位连那“主”字上的一点一齐写好。出殡之后把神主送进宗祠，就完了事。

未出殡之前，有人来说，他有一穴好地，葬下去可以包我做到总长。我说，我也看过一些堪舆书，但不曾见那部书上有“总长”二字，还是请他留上那块好地自己用罢。我自己出去，寻了一块坟地，就是在先父铁花先生的坟的附近。乡下的人以为我这个“外国翰林”看的风水，一定是极好的地，所以我的母亲葬下之后，不到十天，就有人抬了一口棺材，摆在我母亲坟下的田里。人来对我说，前面的棺材挡住了后面的“气”。我说，气是四方八面都可进来的，没有东西可挡得住，由他挡去罢。

以上记丧事完了。

再论我的丧服。我在北京接到凶电的时候，哪有仔细思想的心情？故糊糊涂涂的依着习惯做去，把缎子的皮袍脱了，换上布棉袍，布帽，帽上还换了白结子，又买了一双白鞋。时表上的练子是金的，——镀金的，——故留在北京。眼镜脚也是金的，但是来不及换了，我又不能离开眼镜，只好戴了走。里面的棉袄是绸的，但是来不及改做布的，只好穿了走，好在穿在里面，人看不见！我的马褂袖上还加了一条黑纱。这都是我临走的一天，糊糊涂涂的时候，依着习惯做的事。到了路上，我自己回想，很觉惭愧。何以惭愧呢？因为我这时候用的丧服制度，乃是一种没有道理的大杂凑。白帽结，布袍，布帽，白鞋，是中国从前的旧礼。袖上蒙黑纱是民国元年定的新制。既蒙了黑纱，何必又穿白呢？我为什么不穿皮袍呢？为什么不敢穿绸缎呢？为什么不敢戴金色的东西呢？绸缎的衣服上蒙上黑纱，不仍旧是民国的丧服吗？金的不用了，难道用了银的就更“孝”了吗？

我问了几个“为什么”，自己竟不能回答。我心里自然想着孔子“食夫稻，衣夫锦，于汝安乎”的话，但是我又问：我为什么要听孔子的话？为什么我们现在“食稻”（吃饭）心已安了？为什么“衣锦”便不安呢？仔细想来，我还是脱不了旧风俗的无形的势力，——我还是怕人说话！

但是那时我在路上，赶路要紧，也没有心思去想这些“细事小节”。到家之后，更忙了，便也不曾想到服制上去。丧事里的丧服，上文已说过了。丧事完了之后，我仍旧是布袍，布帽，白帽结，白棉鞋，袖上蒙了一块黑纱。穿惯了，我更不觉得这种不中不西半新半旧的丧服有什么可怪的了。习惯的势力真可怕！

今年4月底，我到上海欢迎杜威先生，过了几天，便是5月7日的上海国民大会。那一天的天气非常的热，诸位大概总还有人记得。我到公共体育场去时，身上穿着布的夹袍，布的夹裤还是绒布里子的，上面套着线缎的马褂。我要听听上海一班演说家，故挤到台前，身上已是汗流遍体。我脱下马褂，听完演说，跟着大队去游街，从西门一直走到大东门，走得我一身衣服从里衣湿透到夹袍子。我回到一家同乡店家，邀了一位同乡带我去买衣服更换，因为我从北京来，不预备久住，故不曾带得单衣服。习惯的势力还在，我自然到石路上小衣店里去寻布衫子，羽纱马褂，布套裤之类。我们寻来寻去，寻不出合用的衣裤，因为我一身湿汗，急于要换衣服，但是布衣服不曾下水是不能穿的。我们走完一条石路，仍旧是空手。我忽然问我自己道："我为什么一定要买布的衣服？因为我有服在身，穿了绸衣，人家要说话。我为什么怕人家说我的闲话？"我问到这里，自己不能回答。我打定主意，去买绸衣服，买了一件原当的府绸长衫，一件实地纱马褂，一双纱套裤，再借了一身衬衣裤，方才把衣服换了。初换的时候，我心里还想在袖上蒙上一条黑纱。后来我又想：我为什么一定要蒙黑纱呢？因为我丧期没有完。我又想：我为什么一定要守这三年的服制呢？我既不是孔教徒，又向来不赞成儒家的丧制，为什么不敢实行短丧呢？我问到这里，又不能回答了，所以决定主意，实行短丧，袖上就不蒙黑纱了。

我从5月7日起，已不穿丧服了。前后共穿了五个月零十几天的丧服。人家问我行的是什么礼？我说是古礼。人家又问，哪一代的古礼？我说是《易传》说的太古时代"丧期无数"的古礼。我以为"丧期无数"最为有理。人情各不相同，父母的善恶各不相同，儿子的哀情和敬意也不相同。《檀弓》上说：

> 子夏既除丧而见，予之琴，和之不和，弹之而不成声，作而曰，"哀未忘也，先王制礼而弗敢过也"。子张既除丧而见，予之琴，和之而和，弹之而成声，作而曰，"先王制礼，不敢不至焉。"

这可见人对父母的哀情各不相同，子张、宰我嫌三年之丧太长了，子夏、闵子骞又嫌三年太短了。最好的办法是"丧期无数"，长的可以几年，短的可以三月，或三日，或竟无服。不但时期无定，还应该打破古代一定等差的丧服制度。我以为服制不必限于自己的亲属：亲属值得纪念的，不妨为他纪念穿服；朋友可以纪念的，也不妨为他穿服；不值得纪念的，无论在几服之内，尽可不必为他穿服。

我的母亲是我生平最敬爱的一个人，我对她的纪念，自然不止五六个月，何以我一定要实行短丧的制度呢？我的理由不止一端：

第一，我觉得三年的丧服在今日没有保存的理由。顾亭林说，“三代圣王教化之事，其仅存于今日者，惟服制而已”（《日知录》卷十五）。这话说得真正可怜！现在居丧的人，可以饮酒食肉，可以干政筹边，可以嫖赌纳妾，可以作种种“不孝”的事，却偏要苦苦保存这三年穿素的“服制”！不能实行三年之“丧”，却偏要保存三年的“丧服”！这真是孟子说的“放饭流歠而问无齿决，是之谓不知务”了！

第二，真正的纪念父母，方法很多，何必单单保存这三年服制？现行的服制，乃是古丧礼的皮毛，乃是今人装门面自欺欺人的形式。我因为不愿意用这种自欺欺人的服制来做纪念我母亲的方法，所以我决意实行短丧。我因为不承认“穿孝”就算“孝”，不承认“孝”是拿来穿在身上的，所以我决意实行短丧。

第三，现在的人居父母之丧，自称为“守制”，写自己的名字要加上一个小“制”字，请问这种制是谁人定的制？是古人遗传下来的制呢？还是现在国家法律规定的制呢？民国法律并不曾规定丧期。若说是古代遗制，则从斩衰三年到小功，缌，都是“制”，何以三年之丧单称为“制”呢？况且古代的遗制到了今日，应该经过一番评判的研究，看那种遗制是否可以存在，不应该因为它是古制就糊糊涂涂的服从它。我因为尊重良心的自由，不愿意盲从无意识的古制，故决意实行短丧。

第四，现在的服制实际上有许多行不通的地方。若说素色是丧服，现在的风尚喜欢素色衣裳，素色久已不成为丧服的记号了。若说布衣是丧服，绸缎不是丧服，那么，除了丝织的材料之外，许多外国的有光的织料是否算是布衣？有光的洋货织料可以穿得，何以本国的丝织物独不可穿？蚕丝织的绸缎既不能穿，何以羊毛织的呢货又可以穿得？还有羊皮既可以穿得，何以狐皮便穿不得？银器既可以戴得，金器和镀金器何以又戴不得？——诸如此类，可以证明现在的服制全凭社会的习惯随意乱定，没有理由可说，没有标准可寻；颠倒杂乱，一无是处。经济上的困难且丢开不说，就说这心理上的麻烦不安，也很够受了。我也曾想采用一种近人情，有道理，有一贯标准的丧服，竟寻不出来，空弄得精神上受无数困难惭愧。因此，我素性主张把服丧的期限缩短，在这短丧期内，无论穿何种织料的衣服，——无论布的，绸缎的，呢的，绒的，纱的，——只要蒙上黑纱，依民国的新礼制，便算是丧服了。

以上记我实行短丧的原委和理由。

我把我自己经过的丧礼改革，详细记了下来，并不是说我所改的都是不错的，也并不敢劝国内的人都依着我这样做。我的意思，不过是想表示我个人从一次生平最痛苦的经验里面得来的一些见解，一些感想；不过想指点出现在丧礼的种种应改革的地方和将来改革的大概趋势。我现在且把我对于丧礼的一点普通见解总括写出来，做一个结论。

结　论

人类社会的进化，大概分两条路子：一边是由简单的变为复杂的，如文字的增添之类；一边是由繁复的变为简易的，如礼仪的变简之类。近来的人，听得一个“由简而繁，由浑而画”的公式，以为进化的秘诀全在于此了。却不知由简而繁固然是进化的一种，由繁而简也是进化的一条大路。即如文字固是逐渐增多，但文法却逐渐变简。拿英文和希腊、拉丁文比较，便是文法变简的进化。汉文也有逐渐变简的痕迹。古代的代名词，“吾”、“我”有别，“尔”、“汝”有别，“彼”、“之”有别。现代变为“我”、“你”、“他”，“我们”、“你们”、“他们”，使主次宾次变为一律，使多数单数的变化也归一律。这不是一大进化吗？古代的字如马两岁叫做“驹”，三岁叫做“駣”，八岁叫做“馴”；又马高六尺为“骄”，七尺为“騋”。这都是很不规则的变化，现在都变简易了。

我举这几个例，来证明由繁而简也是进化。再举礼仪的变迁，更可以证明这个道理。我们试请一位孔教会的信徒，叫他把一部《仪礼》来实行，他做得到吗？何以做不到呢？因为古人生活简单，那些一半祭司一半贵族的士大夫，很可以玩那“一献之礼宾主百拜”的把戏儿。后来生活复杂了，谁也没有工夫来干这揖让周旋的无谓繁文。因此，自古以来，礼仪一天简单一天，虽有极顽固的复古家，势不能恢复那“礼仪三百，威仪三千”的盛世规模。故社会生活变复杂了，是一进化。同时礼仪变简单了，也是一进化。由我们现在的生活，要想回到茹毛饮血，穴居野处的生活，固是不可能；但是由我们现在简单礼节，要想回到那揖让周旋宾主百拜的礼节，也是不可能。

懂得这个道理，方才可以谈礼俗改良，方才可以谈丧礼改良。

简单说来，我对于丧礼问题的意见是：

（1）现在的丧礼比古礼简单多了，这是自然的趋势，不能说是退化。将来社会的生活更复杂，丧礼应该变得更简单。

（2）现在丧礼的坏处，并不在不行古礼，乃在不曾把古代遗留下来的许多虚伪仪式删除干净。例如不行“寝苫枕块”的礼，并不是坏处；但自称“苫块昏迷”，便是虚伪的坏处。又如古礼，儿子居丧，用种种自己刻苦的仪式，“水浆不入于口者三日，杖而后能起”，所以必须用杖。现在的人不行这种野蛮的风俗，本是一大进步，并不是一种坏处；但做“孝子”的仍旧拿着哭丧棒，这便是作伪了。

（3）现在的丧礼还有一种大坏处，就是一方面虽然废去古代的繁重礼节，一方面又添上了许多迷信的，虚伪的，野蛮风俗。例如地狱天堂，轮回果报，等等迷信，在丧礼上便发生了和尚念经超度亡人，棺材头点“随身灯”，做法事“破地狱”，“破血盆湖”，等等迷信的风俗。

（4）现在我们讲改良丧礼，当从两方面下手。一方面应该把古丧礼遗下的种种虚伪仪式删除干净，一方面应该把后世加入的种种野蛮迷信的仪式删除干净。这两方面破坏功夫做到了，方才可以有一种近于人情，适合于现代生活状况的丧礼。

（5）我们若要实行这两层破坏的功夫，应该用什么做去取的标准呢？我仔细想来，没有绝对的标准，只有一个活动的标准，就是“为什么”三个字。我们每做一件事，每行一种礼，总得问自己：我为什么要做这件事？为什么要行那种礼？（例如我上面所举“点主”一件事）能够每事要寻一个“为什么”，自然不肯行那些说不出为什么要行的种种陋俗了。凡事不问为什么要这样做，便是无意识的习惯行为。那是下等动物的行为，是可耻的行为！

（原载1919年11月1日《新青年》第6卷第6号）

大宇宙中谈博爱

“博爱”就是爱一切人。这题目范围很大。在未讨论以前，让我们先看一个问题：“我们的世界有多大?”

我的答复是“很大!”我从前念《千字文》的时候，一开头便已念到这样的词句：“天地玄黄，宇宙洪荒。”宇宙是中国的字，和英文的Universe，World 意思差不多，都是抽象名词。宇是空间（Space）即东南西北；宙是时间（Time）即古今旦暮。《淮南子》说宇是上下四方，宙是古往今来。宇宙就是天地，宇宙就是 Time - Space。古人能得“Universe”的观念实在不易，相当合于今日的科学。但古人所见的空间很小，时间很短，现在的观念已扩大了许多。考古学探讨千万年的事，地质学、古生物学、天文学等等不断地发现，更将时间空间的观念扩大。

现在的看法：空间是无穷的大，时间是无穷的长。

古人只见到八大行星，二十年前只见九大行星。现在所谓的银河，是古代所未能想象得到的。以前觉得太阳很远，现在说起来算不得什么，因为比太阳远千万倍的东西多得很。

科学就这样地答复了“宇宙究竟有多大?”这个问题。

现在谈第二点：博爱。

在这个大世界里谈博爱，真是个大问题。广义的爱，是世界各大宗教的最终目的。墨子可谓中国历史上最了不起的人，可说是宗教创立者(Founder of Religion)，他提出“兼爱”为他的理论中心。兼爱就是博爱，是爱无等差的爱。墨子理论和基督教教义有很多相合的地方，如“爱人如己”、“爱我们的仇敌”等。

佛教哲学本谓一切无常，我亦无常，“我”是“四大”（土、水、火、风）偶然结合而成的，是十分简单的东西，因此无所谓爱与恨——根本不值得爱，也不值得恨。但早期佛教亦有爱的意念在：我既无常，可牺牲以为人。

和尚爱众生，但是佛教不准自食其力，所以有人称之为“叫花”（乞丐）宗教。自己的饭亦须取之于人，何能博爱？

古时很多人为了“爱”，每次登坑（大便）的时候便想，想，大想一番，想到爱人。有些人则以身喂蚊，或以刀割肉，以自身所受的痛苦来显示他们对人的爱。这种爱的方法，只能做到牺牲自己，在现代的眼光看来，是可笑的。这种博爱给人的帮助十分有限，与现代的科学——工程、医学等所能给我们的“博爱”比起来，力量实在小得可怜。今日的科学增进了人类互助博爱的能力。就说最近意大利邮船 Andrea Doria 号遇难的事吧，短短的数小时内就救起千多人。近代交通、医学等的发达，减少了人类无数的痛苦。

我们要谈博爱，一定要换一观念。古时那种喂蚊割肉的博爱，等于开空头支票，毫无价值。现在的科学才能放大我们的眼光，促进我们的同情心，增加我们助人的能力。我们需要一种以科学为基础的博爱——一种实际的博爱。

孔子说：“修己以敬，修己以安人，修己以安百姓。”修己就是把自己弄好。我们应当先把自己弄好，然后帮助别人；独善其身然后能兼善天下。同学们，现在我们读书的时候，不要空谈高唱博爱；但应先努力学习，充实自己，到我们有充分能力的时候才谈博爱，仍不算迟。

（本文为1956年9月1日胡适在中西部留美同学夏令大会上的演讲，由《灯塔》特约记者简新程记录，原载1957年2月1日香港《灯塔》第8期）

归国杂感

我在美国动身的时候，有许多朋友对我道：“密斯忒胡，你和中国别了七个足年了，这七年之中，中国已经革了三次的命，朝代也换了几个子。真个是一日千里的进步。你回去时，恐怕要不认得那七年前的老大帝国了。”我笑着对他们说道：“列位不用替我担忧。我们中国正恐怕进步太快，我们留学生回去要不认得他了，所以他走上几步，又退回几步。他正在那里回头等我们回去认旧相识呢。”

这话并不是戏言，乃是真话。我每每劝人回国时莫存大希望：希望越大，失望越大。所以我自己回国时，并不曾怀什么大希望。果然船到了横滨，便听得张勋复辟的消息。如今在中国已住了四个月了，所见所闻，果然不出我所料。七年没见面的中国还是七年前的老相识！到上海的时候，有一天，有一位朋友拉我到大舞台去看戏。我走进去坐了两点钟，出来的时候，对我的朋友说道：“这个大舞台真正是中国的一个绝妙的缩本模型。你看这大舞台三个字岂不很新？外面的房屋岂不是洋房？里面的座位和戏台上的布景装潢又岂不是西洋新式？但是做戏的人都不过是赵如泉、沈韵秋、万盏灯、何家声、何金寿这些人。没有一个不是二十年前的旧古董！我十三岁到上海的时候，他们已成了老角色了。如今又隔了十三年了，却还是他们在台上撑场面。这十三年造出来的新角色都到哪里去了呢？你再看那台上做的《举鼎观画》。那祖先堂上的布景，岂不很完备？只是那小薛蛟拿了那老头儿的书信，就此跨马加鞭，却忘记了台上布的景是一座祖先堂！又看那出《四进士》。台上布景，明明有了门了，那宋士杰却还要做手势去关那没有的门！上公堂时，还要跨那没有的门槛！你看这二十年前的旧古董，在二十世纪的小舞台上做戏；装上了二十世纪的新布景，却偏要做那二十年前的旧手脚！这不是一副绝妙的中国现势图吗？”

我在上海住了十二天，在内地住了一个月，在北京住了两个月，在路上走了二十天，看了两件大进步的事：第一件是“三炮台”的纸烟，居然行到我们徽州去了；第二件是“扑克”牌居然比麻雀牌还要时髦了。“三炮台”纸烟还不算稀奇，只有那“扑克”牌何以会这样风行呢？有许多老先生向来学 A，B，C，D，是很不行的，如今打起“扑克”来，也会说“恩德”，“累死”，“接客倭彭”了！这些怪不好记的名词，何以会这样容易上口呢？他们学这些名词这样容易，何以学正经的 A，B，C，D，又那样蠢呢？我想这里面很有可以研究的道理。新思想行不到徽州，恐怕是因为新思想没有“三炮台”那样中吃罢？A，B，C，D，不容易教，恐怕是因为教的人不得其法罢？

我第一次走过四马路，就看见了三部教“扑克”的书。我心想“扑克”的书已有这许多了，那别种有用的书，自然更不少了，所以我就花了一天的工夫，专去调查上海的出版界。我是学哲学的，自然先寻哲学的书。不料这几年来，中国竟可以算得没有出过一部哲学书。找来找去，找到一部《中国哲学史》，内中王阳明占了四大页，《洪范》倒占了八页！还说了些“孔子既受天之命”，“与天地合德”的话。又看见一部《韩非子精华》，删去了《五蠹》和《显学》两篇，竟成了一部“韩非子糟粕”了。文学书内，只有一部王国维的《宋元戏曲史》是很好的。又看见一家书目上有翻译的莎士比亚剧本，找来一看，原来把会话体的戏剧，都改作了《聊斋志异》体的叙事古文！又看见一部《妇女文学史》，内中苏蕙的回文诗足足占了六十页！又看见《饮冰室丛著》内有《墨学徽》一书，我是喜欢看看墨家的书的人，自然心中很高兴。不料抽出来一看，原来是任公先生十四年前的旧作，不曾改了一个字！此外只有一部《中国外交史》，可算是一部好书，如今居然到了三版了。这件事还可以使人乐观。此外那些新出版的小说，看来看去，实在找不出一部可看的小说。有人对我说，如今最风行的是一部《新华春梦记》，这也可想见中国小说界的程度了。

总而言之，上海的出版界，——中国的出版界——这七年来简直没有两三部以上可看的书！不但高等学问的书一部都没有，就是要找一部轮船上火车上消遣的书，也找不出（后来我寻来寻去，只寻得一部吴稚晖先生的《上下古今谈》，带到芜湖路上去看）！我看了这个怪现状，真可以放声大哭。如今的中国人，肚子饿了，还有些施粥的厂把粥给他们吃。只是那些脑子叫饿的人可真没有东西吃了。难道可以把些《九尾龟》、《十尾龟》来充饥吗？

中文书籍既是如此，我又去调查现在市上最通行的英文书籍。看来看去，都是些什么莎士比亚的《威尼斯商人》、《麦克白传》，阿狄生的《文报选录》，戈司密的《威克斐牧师》，欧文的《见闻杂记》，……大概都是些十七世纪十八世纪的书。内中有几部十九世纪的书，也不过是欧文、狄更斯、司各脱、麦考来几个人的书，都是和现在欧美的新思潮毫无关系的。怪不得我后来问起一位有名的英文教习，竟连 Bernard Shaw 的名字也不曾听见过，不要说 Tchekoff 和 Andreyev 了。我想这都是现在一班教会学堂出身的英文教习的罪过。这些英文教习，只会用他们先生教过的课本。他们的先生又只会用他们先生的先生教过的课本。所以现在中国学堂所用的英文书籍，大概都是教会先生的太老师或太太老师们教过的课本！怪不得和现在的思想潮流绝无关系了。

有人说，思想是一件事，文学又是一件事，学英文的人何必要读与现代新思潮有关系的书呢？这话似乎有理，其实不然。我们中国人学英文，和英国、美国的小孩子学英文，是两样的。我们学西洋文字，不单是要认得几个洋字，会说几句洋话，我们的目的在于输入西洋的学术思想。所以我以为中国学校教授西洋文字，应该用一种"一箭射双雕"的方法，把"思想"和"文字"同时并教。例如教散文，与其用欧文的《见闻杂记》，或阿狄生的《文报选录》，不如用赫胥黎的《进化杂论》。又如教戏曲，与其教莎士比亚的《威尼斯商人》，不如用 Bernard Shaw 的 *Androcles and The Lion*，或是 Galsworthy 的 *Strife* 或 *Justice*。又如教长篇的文字，与其教麦考来的《约翰生行述》，不如教弥尔的《群己权界论》。……我写到这里，忽然想起日本东京丸善书店的英文书目。那书目上，凡是英美两国一年前出版的新书，大概都有。我把这书目和商务书馆与伊文思书馆的书目一比较，我几乎要羞死了。

我回中国所见的怪现状，最普通的是"时间不值钱"。中国人吃了饭没有事做，不是打麻雀，便是打"扑克"。有的人走上茶馆，泡了一碗茶，便是一天了。有的人拿一只鸟儿到处逛逛，也是一天了。更可笑的是朋友去看朋友，一坐下便生了根了，再也不肯走。有事商议，或是有话谈论，倒也罢了。其实并没有可议的事，可说的话。我有一天在一位朋友处有事，忽然来了两位客，是某某馆的人员。我的朋友走出去会客，我因为事没有完，便在他房里等他。我以为这两位客一定是来商议这某某馆中什么要事的。不料我听得他们开口道："某某先生，今回是打津浦火车来的，还是坐轮船来的?”我的朋友说是坐轮船来的。这两位客接着便说轮船怎样不便，怎样迟缓，又从轮船上谈到铁路上，从铁路上又谈到现在中、交两银行的钞洋跌价。因此又谈到梁任公的财政本领，又谈到梁士诒的行踪去迹，……谈了一点多钟，没有谈上一句要紧的话。后来我等的没法了，只好叫听差去请我的朋友。那两位客还不知趣，不肯就走。我不得已，只好跑了，让我的朋友去领教他们的“二梁优劣论”罢!

美国有一位大贤名富兰克林（Benjamin Franklin）的，曾说道:“时间乃是造成生命的东西。”时间不值钱，生命自然也不值钱了。上海那些拣茶叶的女工，一天拣到黑，至多不过得二百铜钱，少的不过得五六十钱!茶叶店的伙计，一天做十六七点钟的工，一个月平均只拿得两三块钱!还有那些工厂的工人，更不用说了。还有那些更下等，更苦痛的工作，更不用说了。人力那样不值钱，所以卫生也不讲究，医药也不讲究。我在北京、上海看那些小店铺里和穷人家里的种种不卫生，真是一种黑暗世界。至于道路的不洁净，瘟疫的流行，更不消说了。最可怪的是无论阿猫、阿狗都可挂牌医病，医死了人，也没有人怨恨，也没有人干涉。人命的不值钱，真可算达到了极端了。

现今的人都说教育可以救种种的弊病。但是依我看来，中国的教育，不但不能救亡，简直可以亡国。我有十几年没到内地去了，这回回去，自然去看看那些学堂。学堂的课程表，看来何尝不完备?体操也有，图画也有，英文也有，那些国文，修身之类，更不用说了。但是学堂的弊病，却正在这课程完备上。例如我们家乡的小学堂，经费自然不充足了，却也要每年花六十块钱去请一个中学堂学生兼教英文唱歌。又花二十块钱买一架风琴。我心想，这六十块一年的英文教习，能教什么英文?教的英文，在我们山里的小地方，又有什么用处?至于那音乐一科，更无道理了。请问哪种学堂的音乐，还是可以增进“美感”呢?还是可以增进音乐知识呢?若果然要教音乐，为什么不去村乡里找一个会吹笛子的唱昆腔的人来教?为什么一定要用那实在不中听的二十块钱的风琴呢?那些穷人的子弟学了音乐回家，能买得起一架风琴来练习他所学的音乐知识吗?我真是莫名其妙了。所以我在内地常说:“列位办学堂，尽不必问教育部规程是什么，须先问这块地方上最需要的是什么。譬如我们这里最需要的是农家常识，蚕桑常识，商业常识，卫生常识，列位却拿修身教科书去教他们做圣贤!又拿二十块钱的风琴去教他们学音乐!又请一位六十块钱一年的教习教他们的英文！列位且自己想想看，这样的教育，造得出怎么样的人才？所以我奉劝列位办学堂，切莫注重课程的完备，须要注意课程的实用。尽不必去巴结视学员，且去巴结那些小百姓。视学员说这个学堂好，是没有用的。须要小百姓都肯把他们的子弟送来上学，那才是教育有成效了。”

以上说的是小学堂。至于那些中学堂的成绩，更可怕了。我遇见一位省立法政学堂的本科学生，谈了一会，他忽然问道：“听说东文是和英文差不多的，这话可真吗？”我已经大诧异了。后来他听我说日本人总有些岛国的习气，忽然问道：“原来日本也在海岛上吗？”……这个固然是一个极端的例。但是如今中学堂毕业的人才，高又高不得，低又低不得，竟成了一种无能的游民。这都由于学校里所教的功课，和社会上的需要毫无关涉。所以学校只管多，教育只管兴，社会上的工人，伙计，账房，警察，兵士，农夫，……还只是用没有受过教育的人。社会所需要的是做事的人才，学堂所造成的是不会做事又不肯做事的人才，这种教育不是亡国的教育吗？

我说我的《归国杂感》，提起笔来，便写了三四千字。说的都是些很可以悲观的话。但是我却并不是悲观的人。我以为这二十年来中国并不是完全没有进步，不过惰性太大，向前三步又退回两步，所以到如今还是这个样子。我这回回家寻出了一部叶德辉的《翼教丛编》，读了一遍，才知道这二十年的中国实在已经有了许多大进步。不到二十年前，那些老先生们，如叶德辉、王益吾之流，出了死力去驳康有为，所以这书叫做《翼教丛编》。我们今日也痛骂康有为。但二十年前的中国，骂康有为太新；二十年后的中国，却骂康有为太旧。如今康有为没有皇帝可保了，很可以做一部《翼教续编》来骂陈独秀了。这两部“翼教”的书的不同之处，便是中国二十年来的进步了。

民国七年一月

（原载1918年1月15日《新青年》第4卷第1号）

美国的妇人

——在北京女子师范学校讲演

去年冬季，我的朋友陶孟和先生请我吃晚饭。席上的远客，是一位美国女子，代表几家报馆，去到俄国做特别调查员的。同席的是一对英国夫妇，和两对中国夫妇，我在这个“中西男女合璧”的席上，心中发生一个比较的观察。那两位中国妇人和那位英国妇人，比了那位美国女士，学问上，知识上，不见得有什么大区别。但我总觉得那位美国女子和她们绝不相同。我便问我自己道，她和她们不相同之处在那一点呢？依我看来，这个不同之点，在于她们的“人生观”有根本的差别。那三位夫人的“人生观”是一种“良妻贤母”的人生观。这位美国女子的，是一种“超于良妻贤母”的人生观。我在席上，估量这位女子，大概不过三十岁上下，却带着一种苍老的状态，倔犟的精神。她的一言一动，似乎都表示这种“超于良妻贤母的人生观”；似乎都会说道：“做一个良妻贤母，何尝不好？但我是堂堂的一个人，有许多该尽的责任，有许多可做的事业。何必定须做人家的良妻贤母，才算尽我的天职，才算做我的事业呢?”这就是“超于良妻贤母”的人生观。我看这一个女子单身走几万里的路，不怕辛苦，不怕危险，要想到大乱的俄国去调查俄国革命后内乱的实在情形：——这种精神，便是那“超于良妻贤母”的人生观的一种表示；便是美国妇女精神的一种代表。

这种“超于良妻贤母的人生观”，换言之，便是“自立”的观念。我并不说美国的妇人个个都不屑做良妻贤母；也并不说她们个个都想去俄国调查革命情形。我但说，依我所观察，美国的妇女，无论在何等境遇，无论做何等事业，无论已嫁未嫁，大概都存一个“自立”的心。别国的妇女大概以“良妻贤母”为目的，美国的妇女大概以“自立”为目的。“自立”的意义，只是要发展个人的才性，可以不依赖别人，自己能独立生活，自己能替社会做事。中国古代传下来的心理，以为“妇人主中馈”；“男子治外，女子主内”；妇人称丈夫为“外子”，丈夫称妻子为“内助”。这种区别，是现代美国妇女所绝对不承认的。他们以为男女同是“人类”，都该努力做一个自由独立的“人”，没有什么内外的区别的。我的母校康南耳大学，几年前新添森林学一科，便有一个女子要求学习此科。这一科是要有实地测量的，所以到了暑假期内，有六星期的野外测量，白天上山测量，晚间睡在帐篷里，是很苦的事。这位女子也跟着去做，毫不退缩，后来居然毕业了。这是一个例。列位去年看报定知有一位美国史天孙女士在中国试演飞行机。去年在美国有一个男子飞行家，名叫 Carlstrom，从 Chicago 飞起。飞了四百五十二英里（约一千五百里），不曾中止，当时称为第一个远道飞行家。不到十几天，有一个女子，名叫 Ruth Law，偏不服气，便驾了她自己的飞行机，一气飞了六百六十八英里，便胜过那个男飞行家的成绩了。这又是一个例。我举这两个例，以表美国妇女不认男外女内的区别。男女同有在社会上谋自由独立的生活的天职。这便是美国妇女的一种特别精神。

这种精神的养成，全靠教育。美国的公立小学全是“男女共同教育”。每年约有八百万男孩子和八百万女孩子受这种共同教育，所发生的效果，有许多好处。女子因为常同男子在一起做事，自然脱去许多柔弱的习惯。男子因为常与女子在一堂，自然也脱去许多野蛮无礼的行为（如秽口骂人之类）。最大的好处，在于养成青年男女自制的能力。中国的习惯，男女隔绝太甚了，所以偶然男女相见，没有鉴别的眼光，没有自制的能力，最容易陷入烦恼的境地，最容易发生不道德的行为。美国的少年男女，从小受同等的教育（有几种学科稍不同），同在一个课堂读书，同在一个操场打球，有时同来同去，所以男女之间，只觉得都是同学，都是朋友，都是“人”：所以渐渐地把男女的界限都消灭了，把男女的形迹也都忘记了。这种“忘形”的男女交际，是增进青年男女自制能力的唯一方法。

以上所说是小学教育。美国的高级教育，起初只限于男子。到了十九世纪中叶以后，女子的高级教育才渐渐发达。女子高级教育可分两种：一是女子大学，一是男女共同的大学。单收女子的高级学校如今也还不少。最著名的，如：

（一）Vassar College 在 Poughkeepsie，N. Y. 有一千二百人。

（二）Wellesley College 在 Wellesley，Mass. 有一千五百人。

（三）Bryn Mawr College 在 Bryn Mawr，Pa. 有五百人。

（四）Smith College 在 Northampton，Mass. 有两千人。

（五）Badchffe College 在 Cambridge，Mass. 有七百人。

（六）Barnard College 在纽约，有八百人。

这种专收女子的大学，起初多用女子教授，现今也有许多男教授了。这种女子大学，往往有极幽雅的校址，极美丽的校舍，极完全的设备。去年有一位中国女学生，陈衡哲女士，做了一篇小说，名叫《一日》，写 Vassar College 的生活，极有趣味。这篇小说登在去年的《留美学生季报》第二号。诸位若要知道美国女子大学的内部生活，不可不读它。

第二种便是男女共同的大学。美国各邦的"邦立大学"，都是男女同校的。那些有名的私立大学，如 Cornell，Chicago，Leland Stanford，也都是男女同校。有几个守旧的大学，如 Yale，Columbia，Johns Hopkins，本科不收女子，却许女子进他们的大学院（即毕业院）。这种男女共校的大学生活，有许多好处。第一，这种大学的学科比那些女子大学，种类自然更丰富了，因此可以扩张女子高级教育的范围。第二，可使成年的男女，有正当的交际，共同的生活，养成自治的能力和待人处世的经验。第三，男学生有了相当的女朋友，可以增进个人的道德，可以减少许多不名誉的行为。第四，在男女同班的学科，平均看来，女子的成绩总在男子之上——这种比较的观察，一方面可以消除男子轻视女子的心理；一方面可以增长女子自重的观念，更可以消灭女子仰望男子和依顺男子的心理。

据 1915 年的调查，美国的女子高级教育，约如下表：

大学本科	男	141 836 人	女	79 763 人
大学院	男	10 571 人	女	5 098 人
专门职业科（如路矿牙医）	男	38 128 人	女	1 775 人

初看这表，似乎男女还不能平等。我们要知道女子高级教育是最近七八十年才发生的，七八十年内做到如此地步，可算得非常神速了。中美和西美的许多大学中，女子人数或和男子相等（如 Wisconsin），或竟比男子还多（如 Northwestern），可见将来未必不能做到高等男女教育完全平等的地位。

美国的妇女教育既然如此发达，妇女的职业自然也发达了。"职业"二字，在这里单指得酬报的工作。母亲替儿子缝补衣裳，妻子替丈夫备饭，都不算“职业”。美国妇女的职业，可用下表表示：

1900 年统计	男	23 754 000 人	
	女	5 319 000 人	居全数百分之十八
1910 年统计	男	30 091 564 人	
	女	8 075 772 人	居全数百分之二十一

这些职业之中，那些下等的职业，如下女之类，大概都是黑人或新入境的欧洲侨民。土生的妇女所做的职业，大抵皆系稍上等的。

教育一业，妇女最多。今举 1915 年的报告如下：

小学校	男教员	114 851 人	女教员	465 207 人
中学私立	男教员	5 776 人	女教员	8 250 人
中学公立	男教员	26 950 人	女教员	35 569 人
师范私立	男教员	167 人	女教员	249 人
师范公立	男教员	1 573 人	女教员	2 916 人
大学及专门学校	男教员	26 636 人	女教员	5 931 人

照上表看来，美国全国四分之三的教员都是妇女！即此一端，便可见美国妇女在社会上的势力了。

据 1910 年的统计，美国共有四千四百万妇女。这八百万有职业的妇人，还不到全数的五分之一。那些其余的妇女，虽然不出去做独立的生活，却并不是坐吃分利的，也并不是没有左右社会的势力的。我在美国住了七年，觉得美国没有一桩大事发生，中间没有妇女的势力的；没有一种有价值的运动，中间没有无数热心妇女出钱出力维持进行的。最大的运动，如“禁酒运动”，“妇女选举权运动”，“反对幼童做苦工运动”，……几乎全靠妇女的功劳，才有今日那么发达。此外如宗教的事业，慈善的事业，文学的事业，美术音乐的事业，……最热心提倡赞助的人都是妇女占最大多数。

美国妇女的政治活动，并不限于女子选举一个问题。有许多妇女极反对妇女选举权的，却极热心去帮助“禁酒”及“反对幼童苦工”种种运动。1912 年大选举时，共和党分裂，罗斯福自组一个进步党。那时有许多妇女，都极力帮助这新政党鼓吹运动，所以进步党成立的第一年，就能把那成立六十年的共和党打得一败涂地。前年（1916）大选举时，从前帮助罗斯福的那些妇女之中，如 Jane Addams 之流，因为怨恨罗斯福破坏进步党，故又都转过来帮助威尔逊。威尔逊这一次的大胜，虽有许多原因，但他得妇女的势力也就不少。最可怪的是这一次选举时，威尔逊对于女子选举权的主张，很使美国妇女失望。然而那些明达的妇女却不因此便起反对威尔逊的心。这便可见他们政治知识的程度了。

美国妇女所做最重要的公众活动，大概属于社会改良的一方面居多。现在美国实行社会改良的事业，最重要的要算“贫民区域居留地”（Social Settlements）。这种运动的大旨，要在下等社会的区域内，设立模范的居宅，兴办演说，游戏，音乐，补习课程，医药，看护等事，要使那些下等贫民有些榜样的生活，有用的知识，正当的娱乐。这些“居留地”的运动起于英国，现在美国的各地都有这种“居留地”。提倡和办理的人，大概都是大学毕业的男女学生。其中妇女更多，更热心。美国有两处这样的“居留地”，是天下闻名的。一处在 Chicago，名叫 Hull House，创办的人就是上文所说的 Jane Addams。这位女士办这“居留地”，办了三十多年，也不知道造就了几多贫民子女，救济了几多下等贫家。前几年有一个《独立周报》，发起一种选举，请读那报的人投票公举美国十大伟人。选出的十大伟人之中，有一个便是这位 Jane Addams 女士。这也可想见那位女士的声价了。还有那一处“居留地”，在纽约省，名叫 Henry Street Settlement，是一位 Lilian Wald 女士办的。这所“居留地”初起的宗旨，在于派出许多看护妇，亲到那些极贫苦的下等人家，做那些不要钱的看病，施药，接生等事。后来范围渐渐扩充，如今这“居留地”里面，有学堂，有会场，有小戏园，有游戏场。那条亨利街本是极下等的贫民区域，自从有了这所“居留地”，真像地狱里有了一座天堂了。以上所说两所“居留地”，不过是两个最著名的榜样，略可表见美国妇女所做改良社会的实行事业。我在美国常看见有许多富家的女子，抛弃了种种贵妇人的快活生涯，到那些“居留地”去居住。那种精神，不由人不赞叹崇拜。

以上所说各种活动中的美国妇女，固然也有许多是沽名钓誉的人，但是其中大多数妇女的目的只是上文所说“自立”两个字。她们的意思，似乎可分三层。第一，她们以为难道妇女便不配做这种有用的事业吗？第二，她们以为正因她们是妇女，所以最该做这种需要细心耐性的事业。第三，她们以为做这种实心实力的好事，是抬高女子地位声望的唯一妙法：即如上文所举那位 Jane Addams，做了三十年的社会事业，便被国人公认为十大伟人之一；这种荣誉岂是沈佩贞一流人那种举动所能得到的吗？所以我们可说美国妇女的社会事业不但可以表示个人的“自立”精神，并且可以表示美国女界扩张女权的实行方法。

以上所说，不过略举几项美国妇女家庭以外的活动。如今且说她们家庭以内的生活。

美国男女结婚，都由男女自己择配。但在一定年限以下，若无父母的允许，婚约即无法律的效力。今将美国四十八邦法律所规定不须父母允许之结婚年限如下：

（男子可自由结婚年限）		（女子可自由结婚年限）	
三十九邦规定	二十一岁	三十四邦规定	十八岁
五邦规定	十八岁	八邦规定	二十一岁
一邦规定	十四岁	二邦规定	十六岁
三邦无法定的年限		一邦规定	十二岁
		三邦无法定的年限	

自由结婚第一重要的条件，在于男女都须要有点处世的阅历，选择的眼光，方才可以不致受人欺骗，或受感情的欺骗，以致陷入痛苦的境遇，种下终身的悔恨。所以须要有法律规定的年限，以保护少年的男女。

据1910年的统计，有下列的现象（此表单指白种人而言）：

已婚的男子有16 196 452人	已婚的女子有15 791 087人
未婚的男子有11 291 985人	未婚的女子有8 070 918人
离婚的男子有138 832人	离婚的女子有151 116人

这表中，有两件事须要说明。第一是不婚不嫁的男女何以这样多？第二是离婚的夫妻何以这样多？（美国女子本多于男子，故上表前两项皆女子多于男子）

第一，不婚不嫁的原因约有几种：

（一）生计一方面，美国男子非到了可以养家的地位，决不肯娶妻。但是个人谋生还不难；要筹一家的衣食，要预备儿女的教育，便不容易了，因此有家室的便少了。

（二）知识一方面，女子的程度高了，往往瞧不起平常的男子；若要寻恰好相当的知识上的伴侣，却又“可遇而不可求”。所以有许多女子往往宁可终身不嫁，不情愿嫁平常的丈夫。

（三）从男子一方面设想，他觉得那些知识程度太高的女子，只配在大学里当教授，未必很配在家庭里做夫人；所以有许多人决意不敢娶那些“博士派”（“Ph. D. Type”）的女子做妻子。这虽是男子的谬见，却也是女子不嫁一种小原因。

（四）美国不嫁的女子，在社会上，在家庭中，并没有什么不便，也不致损失什么权利。她一样的享受财产权，一样的在社会上往来，一样的替社会尽力。她既不怕人家笑她白头“老处女”（old maiduens），也不用虑着死后无人祭祀！

（五）美国的女子，平均看来，大概不大喜欢做当家生活。她并不是不会做：我所见许多已嫁的女子，都是很会当家的。有一位心理学大家Hugo Muensterberg说得好：“受过大学教育的美国女子，管理家务何尝不周到，但她总觉得宁可到病院里去看护病人！”

（六）最重要的原因，还是我上文所说那种“自立”的精神，那种“超于良妻贤母”的人生观。有许多女子，早已选定一种终身的事业，或是著作，或是“贫民区域居留地”，或是学音乐，或是学画，都可用全副精神全副才力去做。若要嫁了丈夫，便不能继续去做了；若要生下儿女，更没有作这种“终身事业”的希望了。所以这些女子，宁可做白头的老处女，不情愿抛弃她们的“终身事业”。

以上六种都是不婚不嫁的原因。

第二，离婚的原因。我们常听见人说美国离婚的案怎样多，便推想到美国的风俗怎样不好。其实错了。第一，美国的离婚人数，约占男人全数千分之三，女子全数千分之四。这并不算过多。第二，须知离婚有几等几样的离婚，不可一笔抹杀。如中国近年的新进官僚，休了无过犯的妻子，好去娶国务总理的女儿：这种离婚，是该骂的。又如近来的留学生，吸了一点文明空气，回国后第一件事便是离婚，却不想想自己的文明空气是机会送来的，是多少金钱买来的；他的妻子要是有了这种好机会，也会吸点文明空气，不至于受他的奚落了！这种不近人情的离婚，也是该骂的。美国的离婚，虽然也有些该骂的，但大多数都有可以原谅的理由。因为美国的结婚，总算是自由结婚；而自由结婚的根本观念就是要夫妇相敬相爱，先有精神上的契合，然后可以有形体上的结婚。不料结婚之后，方才发现从前的错误，方才知道他两人决不能有精神上的爱情。既不能有精神上的爱情，若还依旧同居，不但违背自由结婚的原理，并且必至于堕落各人的人格，决没有良好的结果，更没有家庭幸福可说了。所以离婚案之多，未必全由于风俗的败坏，也未必不由于个人人格的尊贵。我们观风问俗的人，不可把我们的眼光，胡乱批评别国礼俗。

我所闻所见的美国女子之中，很有许多不嫁的女子。那些鼎鼎大名的Jane Addams，Lilian Wald一流人，自不用说了。有的终身做老处女，在家享受安闲自由的清福。有的终身做教育事业，觉得个个男女小学生都是她的儿女一般，比那小小的家庭好得多了。如今单举一个女朋友作例。这位女士是一个有名的大学教授的女儿，学问很好，到了二十几岁上，忽然把头发都剪短了，把从前许多的华丽衣裙都不要了。从此以后，她只穿极朴素的衣裳，披着一头短发，离了家乡，去到纽约专学美术。她的母亲是很守旧的，劝了她几年，终劝不回头。她抛弃了世家的家庭清福，专心研究一种新画法；又不肯多用家中的钱，所以每日自己备餐，自己扫地。她那种新画法，研究了多少年，起初很少人赏识，前年她的新画在一处展览，居然有人出重价买去。将来她那种画法，或者竟能自成一家也未可知。她是无论如何，她这种人格，真可算得“自立”两个字的具体的榜样了。

这是说不嫁的女子。如今且说几种已嫁的妇女的家庭。

第一种是同具高等学问，相敬相爱，极圆满的家庭。如大哲学家John Deway的夫人，帮助她丈夫办一个“实验学校”，把她丈夫的教育学说实地试验了十年，后来他们的大女儿也研究教育学，替她父亲去考察各地的新教育运动。又如生物学家Comstock的夫人，也是生物学名家，夫妇同在大学教授，各人著的书都极有价值。又如经济学家Alvin Johnson的夫人，是一个哲学家，专门研究Aristotle的学说很有成绩。这种学问平等的夫妇，圆满的家庭，便在美国也就不可多得了。

第二种是平常中等人家，夫妻同艰苦，同安乐的家庭。我在Ithaca时，有一天晚上在一位大学教授家吃晚饭。我先向主人、主妇说明，我因有一处演说，所以饭后怕不能多坐。主人问我演什么题目，我说是“中国的婚姻制度”。主人说，“今晚没有他客，你何不就在这里先试演一次？”我便取出演说稿，挑出几段，读给他们听。内中有一节讲中国夫妻，结婚之前，虽然没有爱情，但是成了夫妇之后，有了共同的生活，有福同享，有难同当，这种同艰苦的生活也未尝不可发生一种浓厚的爱情。我说到这里，看见主人抬起头来望着主妇，两人似乎都很为感动。后来他们告诉我说，他们都是苦学生出身，结婚以来虽无子女，却同受了许多艰苦。近来境况稍宽裕了，正在建筑一所精致的小屋，她丈夫是建筑工程科教授，自己打图样，他夫人天天去监督工程。这种共同生活，可使夫妇爱情格外浓厚，家庭幸福格外圆满。

又一次，我在一个人家过年。这家夫妇两人，也没有儿女，却极相敬爱，同尝艰苦。那丈夫是一位化学技师，因他夫人自己洗衣服，便想出心思替她造了一个洗衣机器。他夫人指着对我说，“这便是我的丈夫今年送我的圣诞节礼了”。这位夫人身体很高，在厨房做事，不很方便，因此她丈夫便自己动手把厨房里的桌脚垫高了一尺。这种琐屑小事，可以想见那种同安乐，同艰苦的家庭生活了。

第三种是夫妇各有特别性质，各有特别生活，却又都能相安相得的家庭。我且举一个例。有一个朋友，在纽约一家洋海转运公司内做经理，天天上公司去办事。他的夫人是一个“社交妇人”（Society Woman），善于应酬，懂得几国的文学，又研究美术音乐。每月她开一两次茶会，到的人，有文学家，也有画师，也有音乐家，也有新闻记者，也有很奢华的“社交妇人”，也有衣饰古怪，披着头发的“新妇女”（The New Women）。这位主妇四面招呼，面面都到。来的人从不得见男主人，男主人也从来不与闻这种集会。但他们夫妇却极相投相爱，决不因此生何等间隔。这是一种“和而不同”的家庭。

第四种是“新妇女”的家庭。“新妇女”是一个新名词，所指的是一种新派的妇女，言论非常激烈，行为往往趋于极端，不信宗教，不依礼法，却又思想极高，道德极高。内中固然也有许多假装的“新妇女”，口不应心，所行与所说大相反悖的。但内中实在有些极有思想，极有道德的妇女。我在Ithaca时，有一位男同学，学的是城市风景工程，却极喜欢研究文学，做得极好的诗文。后来我到纽约不上一个月，忽然收到一个女子来信，自言是我这位同学的妻子，因为平日听她丈夫说起我，故很想见我。我自然去见她，谈起来，才知道她是一个“新妇人”，学问思想，都极高尚。她丈夫那时还在Cormell大学的大学院研究高等学问。这位女子在Columbia大学做一个打字的书记，自己谋生，每星期五六夜去学高等音乐。他们夫妇隔开二百多英里，每月会见一次，她丈夫继续学她的风景工程，他夫人继续学他的音乐。他们每日写一封信，虽不相见，却真和朝夕相见一样。这种家庭，几乎没有“家庭”可说；但我和他们做了几年的朋友，觉得他们那种生活，最足代表我所说的“自立”的精神。他们虽结了婚，成了夫妇，却依旧做他们的“自立”生活。这种人在美国虽属少数，但很可以表示美国妇女最近的一种趋向了。

结　论

以上所说“美国的妇女”，不过随我个人见闻所及，略举几端，既没有“逻辑”的次序，又不能详尽。听者读者，心中必定以为我讲“美国的妇女”，单举她们的好处，不提起她们的弱点，未免太偏了。这种批评，我极承认。但我平日的主张，以为我们观风问俗的人，第一个大目的，在于懂得人家的好处。我们所该学的，也只是人家的长处。我们今日还不配批评人家的短处。不如单注意观察人家的长处在什么地方。那些外国传教的人，回到他们本国去捐钱，到处演说我们中国怎样的野蛮不开化。他们钱虽捐到了，却养成一种贱视中国人的心理。这是我所最痛恨的。我因为痛恨这种单摘人家短处的教士，所以我在美国演说中国文化，也只提出我们的长处；如今我在中国演说美国文化，也只注重他们的特别长处。

如今所讲美国妇女特别精神，只在她们的自立心，只在她们那种“超于良妻贤母人生观”。这种观念是我们中国妇女所最缺乏的观念。我们中国的姊妹们若能把这种“自立”的精神来补助我们的“倚赖”性质，若能把那种“超于良妻贤母人生观”来补助我们的“良妻贤母”观念，定可使中国女界有一点“新鲜空气”，定可使中国产出一些真能“自立”的女子。这种“自立”的精神，带有一种传染的性质。女子“自立”的精神，格外带有传染的性质。将来这种“自立”的风气，像那传染鼠疫的微生物一般，越传越远，渐渐的造成无数“自立”的男女，人人都觉得自己是堂堂的一个“人”，有该尽的义务，有可做的事业。有了这些“自立”的男女，自然产生良善的社会。良善的社会绝不是如今这些互相倚赖，不能“自立”的男女所能造成的。所以我所说那种“自立”精神，初看去，似乎完全是极端的个人主义，其实是善良社会绝不可少的条件。这就是我提出这个问题的微意了。

民国七年九月

（原载 1918 年 9 月 15 日《新青年》第 5 卷第 3 号）

贞操问题

1

周作人先生所译的日本与谢野晶子的《贞操论》（《新青年》第四卷第五号），我读了很有感触。这个问题，在世界上受了几千年无意识的迷信，到近几十年中，方才有些西洋学者正式讨论这问题的真意义。文学家如易卜生的《群鬼》和 Thomas Hardy 的《苔丝》（Tess），都带着讨论这个问题。如今家庭专制最厉害的日本居然也有这样大胆的议论！这是东方文明史上一件极可贺的事。

当周先生翻译这篇文字的时候，北京一家很有价值的报纸登出一篇恰相反的文章。这篇文章是海宁朱尔迈的《会葬唐烈妇记》（7 月 23、24 日北京《中华新报》）。上半篇写唐烈妇之死如下：

> 唐烈妇之死，所阅灰水，钱卤，投河，雉经者五，前后绝食者三；又益之以砒霜，则其亲试乎杀人之方者凡九。自除夕上溯其夫亡之夕，凡九十有八日。夫以九死之惨毒，又历九十八日之长，非所称百挫千折有进而无退者乎？……

下文又借出一件“俞氏女守节”的事来替唐烈妇作陪衬：

> 女年十九，受海盐张氏聘，未于归，夫夭，女即绝食七日；家人劝之力，始进糜曰，“吾即生，必至张氏，宁服丧三年，然后归报地下。”

最妙的是朱尔迈的论断：

> 嗟乎，俞氏女盖闻烈妇之风而兴起者乎？……俞氏女果能死于绝食七日之内，岂不甚幸？乃为家人阻之，俞氏女亦以三年为己任，余正恐三年之间，凡一千八十日有奇，非如烈妇之九十八日也。且绝食之后，其家人防之者百端，……虽有死之志，而无死之间，可奈何？烈妇倘能阴相之以成其节，风化所关，猗欤盛矣！

这种议论简直是全无心肝的贞操论，俞氏女还不曾出嫁，不过因为信了那种荒谬的贞操迷信，想做那“青史上留名的事”，所以绝食寻死，想做烈女。这位朱先生要维持风化，所以忍心害理的巴望那位烈妇的英灵来帮助俞氏女赶快死了，“岂不甚幸！”这种议论可算得贞操迷信的极端代表。《儒林外史》里面的王玉辉看他女儿殉夫死了，不但不哀痛，反仰天大笑道：“死得好！死得好！”（五十二回）王玉辉的女儿殉已嫁之夫，尚在情理之中。王玉辉自己“生这女儿为伦纪生色”，他看他女儿死了反觉高兴，已不在情理之中了。至于这位朱先生巴望别人家的女儿替她未婚夫做烈女，说出那种“猗欤盛矣”的全无心肝的话，可不是贞操迷信的极端代表吗？

贞操问题之中，第一无道理的，便是这个替未婚夫守节和殉烈的风俗。在文明国里，男女用自由意志，由高尚的恋爱，订了婚约，有时男的或女的不幸死了，剩下的那一个因为生时爱情太深，故情愿不再婚嫁。这是合情理的事。若在婚姻不自由之国，男女订婚以后，女的还不知男的面长面短，有何情爱可言？不料竟有一种陋儒，用“青史上留名的事”来鼓励无知女儿做烈女，“为伦纪生色”，“风化所关，猗欤盛矣！”我以为我们今日若要作具体的贞操论，第一步就该反对这种忍心害理的烈女论，要渐渐养成一种舆论，不但永不把这种行为看作“猗欤盛矣”可旌表褒扬的事，还要公认这是不合人情，不合天理的罪恶；还要公认劝人做烈女，罪等于故意杀人。

这不过是贞操问题的一方面。这个问题的真相，已经与谢野晶子说得很明白了。她提出几个疑问，内中有一条是：“贞操是否单是女子必要的道德，还是男女都必要的呢？”这个疑问，在中国更为重要。中国的男子要他们的妻子替他们守贞守节，他们自己却公然嫖妓，公然纳妾，公然“吊膀子”。再嫁的妇人在社会上几乎没有社交的资格；再婚的男子，多妻的男子，却一毫不损失他们的身份。这不是最不平等的事了吗？怪不得古人要请“周婆制礼”来补救“周公制礼”的不平等了。

我不是说，因为男子嫖妓，女子便该偷汉；也不是说，因为老爷有姨太太，太太便该有姨老爷。我说的是，男子嫖妓，与妇人偷汉，犯的是同等的罪恶；老爷纳妾，与太太偷人，犯的也是同等的罪恶。

为什么呢？因为贞操不是个人的事，乃是人对人的事；不是一方面的事，乃是双方面的事。女子尊重男子的爱情，心思专一，不肯再爱别人，这就是贞操。贞操是一个“人”对另一个“人”的一种态度。因为如此，男子对于女子，也该有同等的态度。若男子不能照样还敬，他就是不配受这种贞操的待遇。这并不是外国进口的妖言，这乃是孔丘说的“己所不欲，勿施于人”。孔丘说：

> 君子之道四，丘未能一焉：所求乎子以事父，未能也；所求乎臣以事君，未能也；所求乎弟以事兄，未能也；所求乎朋友，先施之，未能也。

孔丘五伦之中，只说了四伦，未免有点欠缺。他理该加上一句道：

> 所求乎吾妇，先施之，未能也。

这才是大公无私的圣人之道！

2

我这篇文字刚才做完，又在上海报上看见陈烈女殉夫的事。今先记此事大略如下：

> 陈烈女名宛珍，绍兴县人，三世居上海。年十七，字王远甫之子菁士。菁士于本年三月廿三日病死，年十八岁。陈女闻死耗，即沐浴

更衣，潜自仰药。其家人觉察，仓皇施救，已无及。女乃泫然曰："儿志早决。生虽未获见夫，殁或相从地下，……"言讫，遂死，死时距其未婚夫之死仅三时而已。（此据上海绍兴同乡会所出征文启）

过了两天，又见上海县知事呈江苏省长请予褒扬的呈文，中说：

呈为陈烈女行实可风，造册具书证明，请予按例褒扬事。……（事实略）……兹据呈称……并开具事实，附送褒扬费银六元前来。……知事复查无异。除先给予"贞烈可风"匾额，以资旌表外，谨援《褒扬条例》……之规定，造具清册，并附证明书，连同褒扬费，一并备文呈送，仰祈鉴核，俯赐咨行内务部将陈烈女按例褒扬，实为德便。

我读了这篇呈文，方才知道我们中华民国居然还有什么《褒扬条例》。于是我把那些条例寻来一看，只见第一条九种可褒扬的行谊的第二款便是"妇女节烈贞操可以风世者"；第七款是"著述书籍，制造器用，于学术技艺有发明或改良之功者"；第九款是"年逾百岁者"！一个人偶然活到了一百岁，居然也可以与学术技艺上的著作发明享受同等的褒扬！这已是不伦不类可笑得很了。再看那条例《施行细则》解释第一条第二款的"妇女节烈贞操可以风世者"如下：

第二条：《褒扬条例》第一条第二款所称之"节"妇，其守节年限自三十岁以前守节至五十岁以后者。但年未五十而身故，其守节已及六年者同。

第三条：同条款所称之"烈"妇"烈"女，凡遇强暴不从致死，或羞愤自尽，及夫亡殉节者，属之。

第四条：同条款所称之"贞"女，守贞年限与节妇同。其在夫家守贞身故，及未符年例而身故者，亦属之。

以上各条乃是中国贞操问题的中心点。第二条褒扬"自三十岁以前守节至五十岁以后"的节妇，是中国法律明明认为三十岁以下的寡妇不该再嫁；再嫁为不道德。第三条褒扬"夫亡殉节"的烈妇烈女，是中国法律明明鼓励妇人自杀以殉夫；明明鼓励未嫁女子自杀以殉未嫁之夫。第四条褒扬未嫁女子替未婚亡夫守贞二十年以上，是中国法律明明说未嫁而丧夫的女子不该再嫁人；再嫁便是不道德。

这是中国法律对于贞操问题的规定。

依我个人的意思看来，这三种规定都没有成立的理由。

第一，寡妇再嫁问题　这全是一个个人问题。妇人若是对她已死的丈夫真有割不断的情义，她自己不忍再嫁；或是已有了孩子，不肯再嫁；或是年纪已大，不能再嫁；或是家道殷实，不愁衣食，不必再嫁——妇人处于这种境地，自然守节不嫁。还有一些妇人，对她丈夫，或有怨心，或无恩意，年纪又轻，不肯抛弃人生正当的家庭快乐；或是没有儿女，家又贫苦，不能度日：——妇人处于这种境遇没有守节的理由，为个人计，为社会计，为人道计，都该劝她改嫁。贞操乃是夫妇相待的一种态度。夫妇之间爱情深了，恩意厚了，无论谁生谁死，无论生时死后，都不忍把这爱情移于别人，这便是贞操。夫妻之间若没有爱情恩意，即没有贞操可说。若不问夫妇之间有无可以永久不变的爱情，若不问做丈夫的配不配受他妻子的贞操，只晓得主张做妻子的总该替她丈夫守节；这是一偏的贞操论，这是不合人情公理的伦理。再者，贞操的道德，“照各人境遇体质的不同，有时能守，有时不能守；在甲能守，在乙不能守”（用与谢野晶子的话）。若不问个人的境遇体质，只晓得说“忠臣不事二君，烈女不更二夫”；只晓得说“饿死事极小，失节事极大”（用程子语）；这是忍心害理，男子专制的贞操论。——以上所说，大旨只要指出寡妇应否再嫁全是个人问题，有个人恩情上，体质上，家计上种种不同的理由，不可偏于一方面主张不近情理的守节。因为如此，故我极端反对国家用法律的规定来褒扬守节不嫁的寡妇。褒扬守节的寡妇，即是说寡妇再嫁为不道德，即是主张一偏的贞操论。法律既不能断定寡妇再嫁为不道德，即不该褒扬不嫁的寡妇。

第二，烈妇殉夫问题　寡妇守节最正当的理由是夫妇间的爱情。妇人殉夫最正当的理由也是夫妇间的爱情。爱情深了，生离尚且不能堪，何况死别？再加以宗教的迷信，以为死后可以夫妇团圆。因此有许多妇人，夫死之后，情愿杀身从夫于地下。这个不属于贞操问题。但我以为无论如何，这也是个人恩爱问题，应由个人自由意志去决定。无论如何，法律总不该正式褒扬妇人自杀殉夫的举动。一来呢，殉夫既由于个人的恩爱，何须用法律来褒扬鼓励？二来呢，殉夫若由于死后团圆的迷信，更不该有法律的褒扬了。三来呢，若用法律来褒扬殉夫的烈妇，有一些好名的妇人，便要借此博一个“青史留名”；是法律的褒扬反发生一种沽名钓誉，作伪不诚的行为了！

第三，**贞女烈女问题**　未嫁而夫死的女子，守贞不嫁的，是“贞女”；杀身殉夫的，是“烈女”。我上文说过，夫妇之间若没有恩爱，即没有贞操可说。依此看来，那未嫁的女子，对于她丈夫有何恩爱？既无恩爱，更有何贞操可守？我说到这里，有个朋友驳我道，“这话别人说了还可，胡适之可不该说这话。为什么呢？你自己曾做过一首诗，诗里有一段道：

> 我不认得他，他不认得我，我却常念他，这是为什么？
> 岂不因我们，分定常相亲？由分生情意，所以非路人。
> 海外土生子，生不识故里，终有故乡情，其理亦如此。

“依你这诗的理论看来，岂不是已订婚而未嫁娶的男女因为名分已定，也会有一种情意。既有了情意，自然发生贞操问题。你于今又说未婚嫁的男女没有恩爱，故也没有贞操可说，可不是自相矛盾吗？”

我听了这番驳论，几乎开口不得。想了一想，我才回答道：我那首诗所说名分上发生的情意，自然是有的；若没有那种名分上的情意，中国的旧式婚姻决不能存在。如旧日女子听人说她未婚夫的事，即面红害羞，即留神注意，可见她对她未婚夫实有这种名分上所发生的情谊。但这种情谊完全属于理想的。这种理想的情谊往往因实际上的反证，遂完全消灭。如女子悬想一个可爱的丈夫，及到嫁时，只见一个极下流不堪的男子，她如何能坚持那从前理想中的情谊呢？我承认名分可以发生一种情谊，我并且希望一切名分都能发生相当的情谊。但这种理想的情谊，依我看来实在不够发生终身不嫁的贞操，更不够发生杀身殉夫的节烈。即使我更让一步，承认中国有些女子，例如吴趼人《恨海》里那个浪子的聘妻，深中了圣贤经传的毒，由名分上真能生出极浓挚的情谊，无论她未婚夫如何淫荡，人格如何堕落，依旧贞一不变。试问我们在这个文明时代，是否应该赞成提倡这种盲从的贞操？这种盲从的贞操，只值得一句“其愚不可及也”的评论，却不值得法律的褒扬。法律既许未嫁的女子夫死再嫁，便不该褒扬处女守贞。至于法律褒扬无辜女子自杀以殉不曾见面的丈夫，那更是男子专制时代的风俗，不该存在于现今的世界。

总而言之，我对于中国人的贞操问题，有三层意见。

第一，这个问题，从前的人都看作“天经地义”，一味盲从，全不研究“贞操”两字究竟有何意义。我们生在今日，无论提倡何种道德，总该想想那种道德的真意义是什么。《墨子》说得好：

> 子墨子问于儒者曰，“何故为乐？”曰，“乐以为乐也”。子墨子曰，“子未我应也。今我问曰，‘何故为室？’曰，‘冬避寒焉，夏避暑焉，室以为男女之别也’，则子告我为室之故矣。今我问曰，‘何故为乐？’曰，‘乐以为乐也’。是犹曰，‘何故为室？’曰，‘室以为室也’”。（《公孟》篇）

今试问人“贞操是什么？”或“为什么你褒扬贞操？”他一定回答道，“贞操就是贞操。我因为这是贞操，故褒扬他”。这种“室以为室也”的论理，便是今日道德思想宣告破产的证据。故我做这篇文字的第一个主意只是要大家知道“贞操”这个问题并不是“天经地义”，是可以彻底研究，可以反复讨论的。

第二，我以为贞操是男女相待的一种态度，乃是双方交互的道德，不是偏于女子一方面的。由这个前提，便生出几条引申的意见：（一）男子对于女子，丈夫对于妻子，也应有贞操的态度；（二）男子做不贞操的行为，如嫖妓娶妾之类，社会上应该用对待不贞妇女的态度来对待他；（三）妇女对于无贞操的丈夫，没有守贞操的责任；（四）社会法律既不认嫖妓纳妾为不道德，便不该褒扬女子的“节烈贞操”。

第三，我绝对的反对褒扬贞操的法律。我的理由是：

（一）贞操既是个人男女双方对待的一种态度，诚意的贞操是完全自动的道德，不容有外部的干涉，不须有法律的提倡。

（二）若用法律的褒扬为提倡贞操的方法，势必至造成许多沽名钓誉，不诚实，无意识的贞操举动。

（三）在现代社会，许多贞操问题，如寡妇再嫁，处女守贞，等等问题的是非得失，却都还有讨论余地，法律不当以武断的态度制定褒贬的规条。

（四）法律既不奖励男子的贞操，又不惩男子的不贞操，便不该单独提倡女子的贞操。

（五）以近世人道主义的眼光看来，褒扬烈妇烈女杀身殉夫，都是野蛮残忍的法律，这种法律，在今日没有存在的地位。

民国七年七月

（原载1918年7月15日《新青年》第5卷第1号）

论贞操问题

——答蓝志先

先生对于这个问题共分五层。第一层的大意是说：

> 夫妇关系，爱情虽是极重要的分子，却不是唯一的条件。……贞操虽是对待的要求，却并不是以爱情有无为标准，也不能仅看做当事者两个人的自由态度。……因为爱情是盲目而极易变化的。这中间须有一种强迫的制裁力。……爱情之外，尚当有一种道德的制裁。简单说来，就是两方应当尊崇对手的人格。……爱情必须经过道德的洗练，使感情的爱变为人格的爱，方能算做真爱。……夫妇关系一旦成立以后，非一方破弃道德的制裁，或是生活上有不得已的缘故，这关系断断不能因一时感情的好恶随便可以动摇。贞操即是道德的制裁人格的义务中应当强迫遵守之一。破弃贞操是道德上一种极大罪恶，并且还毁损对手的人格，绝不可以轻恕的。

这一层的大旨，我是赞成的。我所讲的爱情，并不是先生所说盲目的又极易变化的感情的爱。人格的爱虽不是人人都懂得的（这话先生也曾说过），但平常人所谓爱情，也未必全是肉欲的爱；这里面大概总含有一些"超于情欲的分子"，如共同生活的感情，名分的观念，儿女的牵系，等等。但是这种种分子，总还要把异性的恋爱做一个中心点。夫妇的关系所以和别的关系（如兄弟姊妹朋友）不同，正为有这一点异性的恋爱在内。若没有一种真挚专一的异性恋爱，那么共同生活便成了不可终日的痛苦，名分观念便成了虚伪的招牌，儿女的牵系便也和猪狗的母子关系没有大分别了。我们现在且不要悬空高谈理想的夫妇关系，且仔细观察最大多数人的实际夫妇关系究竟是什么样子。我以为我们若从事实上的观察作根据，一定可以得到这个断语：夫妇之间的正当关系应该以异性的恋爱为主要元素；异性的恋爱专注在一个目的，情愿自己制裁性欲的自由，情愿永久和他所专注的目的共同生活，这便是正当的夫妇关系。人格的爱，不是别的，就是这种正当的异性恋爱加上一种自觉心。

我和先生不同的论点，在于先生把“道德的制裁”和“感情的爱”分为两件事，所以说“爱情之外尚当有一种道德的制裁”。我却把“道德的制裁”看作即是那正当的，真挚专一的异性恋爱。若在“爱情之外”别寻夫妇间的“道德”，别寻“人格的义务”，我觉得是不可能的了。所以我赞成先生说的“夫妇关系一旦成立以后，非一方破弃道德的制裁（即是我所谓“真一的异性恋爱”），或是生活上有不得已的缘故（如寡妇不能生活，或鳏夫不能抚养幼小儿女），这关系断断不能因一时感情的好恶随便可以动摇”。我虽然赞成这个结论，却不赞成先生说的“贞操并不是以爱情有无为标准”。因为我所说的“贞操”即是异性恋爱的真挚专一。没有爱情的夫妇关系，都不是正当的夫妇关系，只可说是异性的强迫同居！既不是正当的夫妇，更有什么贞操可说？

先生所说的“尊重人格”，固然是我所极赞成的。但是夫妇之间的“人格问题”，依我看来只不过是真一的异性恋爱加上一种自觉心。中国古代所说“夫妇相敬如宾”的敬字便含有尊重人格的意味。人格的爱情，自然应该格外尊重贞操。但是人格的观念，根本上研究起来，实在是超于平常人心里的“贞操”观念的范围以外。平常人所谓“贞操”，大概指周作人先生所说的“信实”，我所说的“真一”，和先生所说的“一夫一妇”。但是人格的观念有时不限于此。先生屡用易卜生的《娜拉》为例。即以此戏看来，郝尔茂对于娜拉并不曾违背“贞操”的道德。娜拉弃家出门，并不是为了贞操问题，乃是为了人格问题。这就可见人格问题是超于贞操问题了。

先生又极力攻击自由恋爱和容易的离婚。其实高尚的自由恋爱，并不是现在那班轻薄少年所谓自由恋爱，只是根据于“尊重人格”一个观念。我在美洲也曾见过这种自由恋爱的男女，觉得他们真能尊重彼此的人格。这一层周作人先生已说过了，我且不多说。至于容易的离婚，先生也不免有点误解。我从前在《美国的妇人》一篇里曾有一节论美国多离婚案之故道：

……自由结婚的根本观念就是要夫妇相敬相爱，先有精神上的契合，然后可以有形体上的结婚。不料结婚之后，方才发现从前的错误，方才知道他们两人绝不能有精神上的爱情；既不能有精神上的爱情，若还依旧同居，不但违背自由结婚的原理，并且必至于堕落各人的人格。……所以离婚案之多，未必全由于风俗的败坏，也未必不由于个人人格的尊贵。

所以离婚的容易，并不是一定就可以表示不尊重人格。这又可见人格的问题超于平常的贞操观念以外了。

先生第二层的意思，已有周作人先生的答书了，我本可以不加入讨论，但是我觉得这一段里面有一个重要观念，是哲学上的一个根本问题，故不得不提出讨论。先生不赞成与谢野夫人把贞操看做一种趣味，信仰，洁癖，不当它是道德。先生是个研究哲学的人，大概知道“道德”本可当做一种信仰，一种趣味，一种洁癖。中国的孔丘也曾两次说“吾未见好德如好色者也”。他又说“知之者不如好之者，好之者不如乐之者”。这种议论很有道理，远胜于康德那种“绝对命令”的道德论。道德教育的最高目的是要人人都能自然行善去恶，“如恶恶臭，如好好色”一般。西洋哲学史上也有许多人把道德观念当做一种美感的。要是人人都能把道德当做一种趣味，一种美感，岂不很好吗？

先生第三层的大意是说我不应该“把外部的制裁一概抹杀”。先生所指的乃是法律上消极的制裁，如有夫有妇奸罪，等等。这都是刑事法律的问题，自然不在我所抹杀的“外部干涉”之内，我不消申明了。

先生第四层论续娶和离婚的限制，我也可以不辩。

先生第五层论共妻和自由恋爱。我的原文里并没有提到这两个问题，《新青年》的同人也不曾有提倡这两种问题，本可以不辩。况且周作人先生已有答书提起这一层，我在上文也略提到自由恋爱。我觉得先生对于这两个问题未免有点“笼统”地攻击，不曾仔细分析主张这种制度的人心理和品格。因此我且把先生反对这种人的理由略加讨论。

（一）先生说，“夫妇的平等关系，是人格的平等，待遇的平等，不是男女做同样的事才算平等”。这话固然不错。男女不能做完全同样的事，这是人所共知的。但是有许多事是男女都能做的。古来相传的家庭制度，把许多极烦琐的事看作妇人的天职：有钱的人家固然可以雇人代做，但是中人以下的人家，这是做不到的；因此往往有可造就的女子人才竟被家庭事务埋没了，不能有机会发展她的个性的才能。欧美提倡废家庭制度的人，大多数是自食其力的美术家和文人。这一派人所以反对家庭，正因为家庭的负担有碍于她们才性的自由发展。还有那避妊的行为，也是为此。先生说它们的流弊可以“把一切文明事业尽行推翻”，未免太过了。

（二）先生说，“妇女解放是解放人格，不是解放性欲”。学者的提倡共妻制度（如柏拉图所说），难道是解放性欲吗？还有那种有意识的自由恋爱，据我所见，都是尊重性欲的制裁的。无制裁的性欲，不配称恋爱，更不配称自由恋爱。

（三）先生论儿童归公家教养一段，理由很不充足。这种主张从柏拉图以来，大概有三种理由：（甲）公家教养儿童，可用专门好手，功效可以胜过平常私家的教养，因为有无量数的父母都是不配教养子女的；（乙）儿女乃是社会的分子，并不是你我的私产，所以教养儿童并不全是先生所说“自己应尽的义务”；（丙）依分工互助的道理，有些愿意教养儿童的人便去替公家教养儿童，有些不愿意或不配教养儿童的人便去做旁的事业。先生说，“既说平等，为什么又要一种人来替你尽那不愿意教养儿童的义务呢？”他们并不说人人能力才性都平等（这种平等说是绝对不能成立的），他们也不要勉强别人做不愿意的事；他们只要各人分工互助，各人做自己愿意做的事。

（四）先生又说共妻主义的大罪恶在于“拿极少数人的偏见来破坏人类精神生活上万不可缺的家庭制度”。这话固然有理，但是我们革新家不应该一笔抹杀“极少数人的偏见”；我们应该承认这些极少数人有自由实验他所主张的权利。

（五）先生说“共妻主义实际上是把妇女当做机械牛马”。这话未免冤枉共妻主义的人了。我手头没有近代主张共妻的书，我且引柏拉图的《共和国》中论共妻的一节为证（Republic，458－459）：

> 假定你做了（这个理想国的）立法官，既然选出了那些最好的男子，就该选出一些最好的女子，要拣那些最配得上这些男子的，使他们男女同居公共的房子，同在一块用餐。他们都不许有自己的东西；他们同作健身的运动，同在一处养育长大。他们自然会被一种天性的

必要（Necessity）牵引起来互相结合。我用“必要”一个字，不太强吗？

（答）不太强。你所谓“必要”自然不是几何学上的必要；这种必要只有有情的男女才知道的。

这种必要对于一般人类的效能比几何学上的必要还大的多咧。

是的。但是这种事的进行须要有秩序。在这个乐国里面，淫乱是该禁止的。

（答）应该如此。

你的主张是要使配偶成为最高洁神圣的，要使这种最有益的配偶成为最高洁神圣的吗？

（答）正是。

这就可见古代的共妻论已不曾把妇女当做机械牛马一样看待。近世个性发展，女权伸张，远胜古代，要是共妻主义把妇女看作机械牛马，还能自成一说吗？至于先生把自由恋爱解作“两方同意性欲关系即随便可以结合，不受何等限制”，这也不很公平。世间固然有一种“放纵的异性生活”装上自由恋爱的美名。但是有主义的自由恋爱也不能一笔抹杀。古今正式主张自由恋爱的人，大概总有一种个性的人生观，决不是主张性欲自由的。最著名的先例是 William Godwin 和 Mary Wollstoncraft 的关系。Godwin 最有名的著作 Political Justice 是主张自由恋爱最早的一部书。他后来遇见那位女界的怪杰 Mary Wollstoncraft，居然实行他们理想中的恋爱生活。Godwin 书中曾说自由恋爱未必就有“淫乱”的危险，因为人类的通性总会趋向一个伴侣，不爱杂交；再加上朋友的交情，自然会把粗鄙的情欲变高尚了。即使让一步，承认自由恋爱容易解散，这也未必一定是最坏的事。论者只该问这一桩离散是有理无理，不该问离散是难是易。最近北京有一家夫妇不和睦，丈夫对他妻子常用野蛮无理的行为，后来他妻子跑回娘家去了，不料母家的人说她是弃妇，瞧不起她，她受不过这种嘲笑，只好含羞忍辱回她夫家去受她丈夫的虐待！这种婚姻可算得不容易离散了，难道比容易离散的自由恋爱更好吗？自由恋爱的离散未必全由于性欲的厌倦，也许是因为人格上有不能再同居的理由。他们既然是人格的结合，——有主张的自由恋爱应该是人格的结合！——如今觉得继续同居有妨碍于彼此的人格，自然可以由两方自由解散了。

以上答先生的第五层，完全是学理的讨论；因为先生提到共妻和自由恋爱两种主张，故我也略说几句。我要正式声明，我并不是主张这两种制度的；不过我是一个研究思想史的人，所以对于无论哪一种学说，总想寻出它的根据理由，我决不肯“笼统”排斥它。

民国八年四月

（原载1919年4月15日《新青年》第6卷第4号）

论女子为强暴所污

——答萧宜森

萧先生原书：

……学生有一最亲密的朋友，他的姐姐在前几年曾被土匪掳去，后来又送还他家。我那朋友常以此事为他家“奇耻大辱”，所以他心中常觉不平安；并且因为同学知道此事，他在同学中常像是不好意思似的。学生见这位朋友心中常不平安，也就常将此事故在心中思想。按着中国的旧思想，我这位朋友的姐姐就应当为人轻看，一生受人的侮慢，受人的笑骂。但不知按着新思想，这样的女人应居如何的地位？

学生要问的就是：

（1）一个女子被人污辱，不是她自愿的，这女子是不是应当自杀？

（2）若这样的女子不自杀，她的贞操是不是算有缺欠？她的人格的尊严是不是被灭杀？她应当受人的轻看不？

（3）一个男子若娶一个曾被污辱的女子，他的人格是不是被灭杀？应否受轻看？

（1）女子为强暴所污，不必自杀。

我们男子夜行，遇着强盗，他用手枪指着你，叫你把银钱戒指拿下来送给他。你手无寸铁，只好依着他吩咐。这算不得怯懦。女子被污，平心想来，与此无异。都只是一种“害之中取小”。不过世人不肯平心着想，故妄信“饿死事极小，失节事极大”的谬说。

(2) 这个失身的女子的贞操并没有损失。

平心而论，她损失了什么？不过是生理上，肢体上，一点变态罢了！正如我们无意中砍伤了一只手指，或是被毒蛇咬了一口，或是被汽车碰伤了一根骨头。社会上的人应该怜惜她，不应该轻视她。

(3) 娶一个被污了的女子，与娶一个“处女”，究竟有什么分别？

若有人敢打破这种“处女迷信”，我们应该敬重他。

（本文收入《胡适文存》时未经发表，后收入《胡适来往书信选》上册，中华书局 1979 年版。从信后所署日期知写于 1920 年 6 月 22 日）

“我的儿子”

一 汪长禄先生来信

昨天上午我同太虚和尚访问先生，谈起许多佛教历史和宗派的话，耽搁了一点多钟的工夫，几乎超过先生平日见客时间的规则五倍以上，实在抱歉的很。后来我和太虚匆匆出门，各自分途去了。晚边回寓，我在桌子上偶然翻到最近《每周评论》的文艺那一栏，上面题目是《我的儿子》四个字，下面署了一个“适”字，大约是先生作的。这种议论我从前在《新潮》、《新青年》各报上面已经领教多次，不过昨日因为见了先生，加上“叔度汪汪”的印象，应该格外注意一番。我就不免有些意见，提起笔来写成一封白话信，送给先生，还求指教指教。

大作说，“树本无心结子，我也无恩于你”。这和孔融所说的“父之于子当有何亲……”、“子之于母亦复奚为……”差不多同一样的口气。我且不去管它。下文说的，“但是你既来了，我不能不养你教你，那是我对人道的义务，并不是待你的恩谊”。这就是做父母一方面的说法。换一方面说，做儿子的也可模仿同样口气说道：“但是我既来了，你不能不养我教我，那是你对人道的义务，并不是待我的恩谊”。那么两方面凑泊起来，简直是亲子的关系，一方面变成了跛形的义务者，他一方面变成了跛形的权利者，实在未免太不平等了。平心而论，旧时代的见解，好端端生在社会一个人，前途何等遥远，责任何等重大，为父母的单希望他做他俩的儿子，固然不对。但是照先生的主张，竟把一般做儿子的抬举起来，看做一个“白吃不回账”的主顾，那又未免太“矫枉过正”吧。

现在我且丢却亲子的关系不谈，先设一个譬喻来说。假如有位朋友留我在他家里住上若干年，并且供给我的衣食，后来又帮助我的学费，一直到我能够独立生活，他才放手。虽然这位朋友发了一个大愿，立心做个大施主，并不希望我些许报答，难道我自问良心能够就是这么拱拱手同他离开便算了吗？我以为亲子的关系，无论怎样改革，总比朋友较深一层。就是同朋友一样平等看待，果然有个鲍叔再世，把我看做管仲一般，也不能够说“不是待我的恩谊”吧。

大作结尾说道：“我要你做一个堂堂的人，不要你做我的孝顺儿子。”这话我倒并不十分反对。但是我以为应该加上一个字，可以这么说：“我要你做一个堂堂的人，不单要你做我的孝顺儿子。”为什么要加上这一个字呢？因为儿子孝顺父母，也是做人的一种信条，和那“悌弟”、“信友”、“爱群”，等等是同样重要的。旧时代学说把一切善行都归纳在“孝”字里面，诚然流弊百出。但一定要把“孝”字“驱逐出境”，划在做人事业范围以外，好像人做了孝子，便不能够做一个堂堂的人。换一句话，就是人若要做一个堂堂的人，便非打定主意做一个不孝之子不可。总而言之，先生把“孝”字看得与做人的信条立在相反的地位。我以为“孝”字虽然没有“万能”的本领，但总还够得上和那做人的信条凑在一起，何必如此“雷厉风行”硬要把它“驱逐出境”呢？

前月我在一个地方谈起北京的新思潮，便联想到先生个人身上。有一位是先生的贵同乡，当时插嘴说道：“现在一般人都把胡适之看做洪水猛兽一样，其实适之这个人旧道德并不坏。”说罢，并且引起事实为证。我自然是很相信的。照这位贵同乡的说话推测起来，先生平日对于父母当然不肯做那“孝”字反面的行为，是决无疑义了。我怕的是一般根底浅薄的青年，动辄抄袭名人一两句话，敢于扯起幌子，便“肆无忌惮”起来。打个比方，有人昨天看见《每周评论》上先生的大作，也便可以说道：“胡先生教我做一个堂堂的人，万不可做父母的孝顺儿子。”久而久之，社会上布满了这种议论，那么任凭父母老病冻饿以至于死，都可以不去管他了。我也知道先生的本意无非看见旧式家庭过于“束缚驰骤”，急急地要替他调换空气，不知不觉言之太过，那也难怪。从前朱晦庵说得好，“教学者如扶醉人”，现在的中国人真算是大多数醉倒了。先生可怜他们，当下告奋勇，使一股大劲，把他从东边扶起。我怕是用力太猛，保不住又要跌向西边去。那不是和没有扶起一样吗？万一不幸，连性命都要送掉，那又向谁叫冤呢？

我很盼望先生有空闲的时候，再把那“我的父母”四个字做个题目，细细地想一番。把做儿子的对于父母应该怎样报答的话（我以为一方面做父母的儿子，同时在他方面仍不妨做社会上一个人），也得咏叹几句，“恰如分际”，“彼此兼顾”，那才免得发生许多流弊。

二 我答汪先生的信

前天同太虚和尚谈论，我得益不少。别后又承先生给我这封很诚恳的信，感谢之至。

“父母于子无恩”的话，从王充、孔融以来，也很久了。从前有人说我曾提倡这话，我实在不能承认。直到今年我自己生了一个儿子，我才想到这个问题上去。我想这个孩子自己并不曾自由主张要生在我家，我们做父母的不曾得他的同意，就糊里糊涂的给了他一条生命。况且我们也并不曾有意送给他这条生命。我们既无意，如何能居功？如何能自以为有恩于他？他既无意求生，我们生了他，我们对他只有抱歉，更不能“市恩”了。我们糊里糊涂的替社会上添了一个人，这个人将来一生的苦乐祸福，这个人将来在社会上的功罪，我们应该负一部分的责任。说得偏激一点，我们生一个儿子，就好比替他种下了祸根，又替社会种下了祸根。他也许养成坏习惯，做一个短命浪子；他也许更堕落下去，做一个军阀派的走狗。所以我们“教他养他”，只是我们自己减轻罪过的法子，只是我们种下祸根之后自己补过弥缝的法子。这可以说是恩典吗？

我所说的，是从做父母的一方面设想的，是从我个人对于我自己的儿子设想的，所以我的题目是“我的儿子”。我的意思是要我这个儿子晓得我对他只有抱歉，决不居功，决不市恩。至于我的儿子将来怎样待我，那是他自己的事。我决不期望他报答我的恩，因为我已宣言无恩于他。

先生说我把一般做儿子的抬举起来，看做一个“白吃不还账”的主顾。这是先生误会我的地方。我的意思恰同这个相反。我想把一般做父母的抬高起来，叫他们不要把自己看做一种“放高利债”的债主。

先生又怪我把“孝”字驱逐出境。我要问先生，现在“孝子”两个字究竟还有什么意义？现在的人死了父母都称“孝子”。孝子就是居父母丧的儿子（古书称为“主人”），无论怎样忤逆不孝的人，一穿上麻衣，带上高粱冠，拿着哭丧棒，人家就称他做“孝子”。

我的意思以为古人把一切做人的道理都包在孝字里，故战阵无勇，莅官不敬，等等都是不孝。这种学说，先生也承认它流弊百出。所以我要我的儿子做一个堂堂的人，不要他做我的孝顺儿子。我的意想以为“一个堂堂的人”绝不至于做打爹骂娘的事，绝不至于对他的父母毫无感情。

但是我不赞成把“儿子孝顺父母”列为一种“信条”。易卜生的《群鬼》里有一段话很可研究（《新潮》第五号页八五一）：

> （孟代牧师）你忘了没有，一个孩子应该爱敬他的父母？
> （阿尔文夫人）我们不要讲得这样宽泛。应该说：“欧士华应该爱敬阿尔文先生（欧士华之父）吗？”

这是说，“一个孩子应该爱敬他的父母”是耶教一种信条，但是有时未必适用。即如阿尔文一生纵淫，死于花柳毒，还把遗毒传给他的儿子欧士华，后来欧士华毒发而死。请问欧士华应该孝顺阿尔文吗？若照中国古代的伦理观念自然不成问题。但是在今日可不能不成问题了。假如我染着花柳毒，生下儿子又聋又瞎，终身残废，他应该爱敬我吗？又假如我把我的儿子应得的遗产都拿去赌输了，使他衣食不能完全，教育不能得着，他应该爱敬我吗？又假如我卖国卖主义，做了一国一世的大罪人，他应该爱敬我吗？

至于先生说的，恐怕有人扯起幌子，说，“胡先生教我做一个堂堂的人，万不可做父母的孝顺儿子”。这是他自己错了。我的诗是发表我生平第一次做老子的感想，我并不曾教训人家的儿子！

总之，我只说了我自己承认对儿子无恩，至于儿子将来对我作何感想，那是他自己的事，我不管了。

先生又要我做“我的父母”的诗。我对于这个题目，也曾有诗，载在《每周评论》第一期和《新潮》第二期里。

（原载1919年8月10日至17日《每周评论》第34、35号）

不　朽

——我的宗教

不朽有种种说法，但是总括看来，只有两种说法是真有区别的。一种是把“不朽”解作灵魂不灭的意思。一种就是《春秋左传》上说的“三不朽”。

（一）神不灭论

宗教家往往说灵魂不灭，死后须受末日的裁判：做好事的享受天国天堂的快乐，做恶事的要受地狱的苦痛。这种说法，几千年来不但受了无数愚夫愚妇的迷信，居然还受了许多学者的信仰。但是古今来也有许多学者对于灵魂是否可离形体而存在的问题，不能不发生疑问。最重要的如南北朝人范缜的《神灭论》说：“形者神之质，神者形之用。……神之于质，犹利之于刀；形之于用，犹刀之于利。……舍利无刀，舍刀无利。未闻刀没而利存，岂容形亡而神在?”宋朝的司马光也说：“形既朽灭，神亦飘散，虽有剉烧舂磨，亦无所施。”但是司马光说的“形既朽灭，神亦飘散”，还不免把形与神看作两件事，不如范缜说的更透彻。范缜说人的神灵即是形体的作用，形体便是神灵的形质。正如刀子是形质，刀子的利钝是作用；有刀子方才有利钝，没有刀子便没有利钝。人有形体方才有作用：这个作用，我们叫做“灵魂”。若没有形体，便没有作用了，便没有灵魂了。范缜这篇《神灭论》出来的时候，惹起了无数人的反对。梁武帝叫了七十几个名士作论驳他，都没有什么真有价值的论议。其中只有沈约的《难神灭论》说：“利若遍施四方，则利体无处复立；利之为用正存一边毫毛处耳。神之与形，举体若合，又安得同乎？若以此譬为尽耶，则不尽；若谓本不尽耶，则不可以为譬也。”这一段是说刀是无机体，人是有机体，故不能彼此相比。这话固然有理，但终不能推翻“神者形之用”的议论。近世唯物派的学者也说人的灵魂并不是什么无形体，独立存在的物事，不过是神经作用的总名；灵魂的种种作用都即是脑部各部分的机能作用；若有某部被损伤，某种作用即时废止；人年幼时脑部不曾完全发达，神灵作用也不能完全，老年人脑部渐渐衰耗，神灵作用也渐渐衰耗。这种议论的大旨，与范缜所说“神者形之用”正相同。但是有许多人总舍不得把灵魂打消了，所以咬住说灵魂另是一种神秘玄妙的物事，并不是神经的作用。这个“神秘玄妙”的物事究竟是什么，他们也说不出来，只觉得总应该有这么一件物事。既是“神秘玄妙”，自然不能用科学试验来证明它，也不能用科学试验来驳倒它。既然如此，我们只好用实验主义（Pragmatism）的方法，看这种学说的实际效果如何，以为评判的标准。依此标准看来，信神不灭论的固然也有好人，信神灭论的也未必全是坏人。即如司马光、范缜、赫胥黎一类的人，说不信灵魂不灭的话，何尝没有高尚的道德？更进一层说，有些人因为迷信天堂，天国，地狱，末日裁判，方才修德行善，这种修行全是自私自利的，也算不得真正道德。总而言之，灵魂灭不灭的问题，于人生行为上实在没有什么重大影响；既没有实际的影响，简直可说是不成问题了。

（二）三不朽说

《左传》说的三种不朽是：（一）立德的不朽，（二）立功的不朽，（三）立言的不朽。“德”便是个人人格的价值，像墨翟、耶稣一类的人，一生刻意孤行，精诚勇猛，使当时的人敬爱信仰，使千百年后的人想念崇拜。这便是立德的不朽。“功”便是事业，像哥伦布发现美洲，像华盛顿造就美洲共和国，替当时的人开一新天地，替历史开一新纪元，替天下后世的人种下无量幸福的种子。这便是立功的不朽。“言”便是语言著作，像那《诗经》三百篇的许多无名诗人，又像陶潜、杜甫、莎士比亚、易卜生一类的文学家，又像柏拉图、卢梭、弥儿一类的文学家，又像牛顿、达尔文一类的科学家，或是做了几首好诗使千百年后的人欢喜感叹；或是做了几本好戏使当时的人鼓舞感动，使后世的人发愤兴起；或是创出一种新哲学，或是发明了一种新学说，或在当时发生思想的革命，或在后世影响无穷。这便是立言的不朽。总而言之，这种不朽说，不问人死后灵魂能不能存在，只问他的人格，他的事业，他的著作有没有永远存在的价值。即如基督教徒说耶稣是上帝的儿子，他的神灵永远存在，我们正不用驳这种无凭据的神话，只说耶稣的人格、事业，和教训都可以不朽，又何必说那些无谓的神话呢？又如孔教会的人每到了孔丘的生日，一定要举行祭孔的典礼，还有些人学那“朝山进香”的法子，要赶到曲阜孔林去对孔丘的神灵表示敬意！其实孔丘的不朽全在他的人格与教训，不在他那“在天之灵”。大总统多行两次丁祭，孔教会多行两次“朝山进香”，就可以使孔丘格外不朽了吗？更进一步说，像那《三百篇》里的诗人，也没有姓名，也没有事实，但是他们都可说是立言的不朽。为什么呢？因为不朽全靠一个人的真价值，并不靠姓名事实的流传，也不靠灵魂的存在。试看古今来的多少大发明家，那发明火的，发明养蚕的，发明缫丝的，发明织布的，发明水车的，发明舂米的水碓的，发明规矩的，发明秤的，……虽然姓名不传，事实湮没，但他们的功业永远存在，他们也就都不朽了。这种不朽比那个人的小小灵魂的存在，可不是更可宝贵，更可羡慕吗？况且那灵魂的有无还在不可知之中，这三种不朽——德，功，言，——可是实在的。这三种不朽可不是比那灵魂的不灭更靠得住吗？

以上两种不朽论，依我个人看来，不消说得，那“三不朽说”是比那“神不灭说”好得多了。但是那“三不朽说”还有三层缺点，不可不知。第一，照平常的解说看来，那些真能不朽的人只不过那极少数有道德，有功业，有著述的人。还有那无量平常人难道就没有不朽的希望吗？世界上能有几个墨翟、耶稣，几个哥伦布、华盛顿，几个杜甫、陶潜，几个牛顿、达尔文呢？这岂不成了一种“寡头”的不朽论吗？第二，这种不朽论单从积极一方面着想，但没有消极的裁制。那种灵魂的不朽论既说有天国的快乐，又说有地狱的苦楚，是积极消极两方面都顾着的。如今单说立德可以不朽，不立德又怎样呢？立功可以不朽，有罪恶又怎样呢？第三，这种不朽论所说的“德，功，言”三件，范围都很含糊。究竟怎样的人格方才可算是“德”呢？怎样的事业方才可算是“功”呢？怎样的著作方才可算是“言”呢？我且举一个例。哥伦布发现美洲固然可算得立了不朽之功，但是他船上的水手火头又怎样呢？他那只船的造船工人又怎样呢？他船上用的罗盘器械的制造工人又怎样呢？他所读的书的著作者又怎样呢？……举这一条例，已可见“三不朽”的界限含糊不清了。

因为要补足这三层缺点，所以我想提出第三种不朽论来请大家讨论。我一时想不起别的好名字，姑且称它做“社会的不朽论”。

（三）社会的不朽论

社会的生命，无论是看纵剖面，是看横截面，都像一种有机的组织。从纵剖面看来，社会的历史是不断的；前人影响后人，后人又影响更后人；没有我们的祖宗和那无数的古人，又哪里有今日的我和你？没有今日的我和你，又哪里有将来的后人？没有那无量数的个人，便没有历史，但是没有历史，那无数的个人也绝不是那个样子的个人：总而言之，个人造成历史，历史造成个人。从横截面看来，社会的生活是交互影响的：个人造成社会，社会造成个人；社会的生活全靠个人分工合作的生活，但个人的生活，无论如何不同，都脱不了社会的影响；若没有那样这样的社会，绝不会有这样那样的我和你；若没有无数的我和你，社会也绝不是这个样子。来勃尼慈（Leibnitz）说得好：

> 这个世界乃是一片大充实（Plenum，为真空 Vacuum 之对），其中一切物质都是接连着的。一个大充实里面有一点变动，全部的物质都要受影响，影响的程度与物体距离的远近成正比例。世界也是如此。每一个人不但直接受他身边亲近的人的影响，并且间接又间接的受距离很远的人的影响。所以世间的交互影响，无论距离远近，都受得着的。所以世界上的人，每人受着全世界一切动作的影响。如果他有周知万物的智慧，他可以在每人的身上看出世间一切施为，无论过去未来都可看得出，在这一个现在里面便有无穷时间空间的影子。（见 Monadology 第六十一节）

从这个交互影响的社会观和世界观上面，便生出我所说的“社会的不朽论”来。我这“社会的不朽论”的大旨是：

我这个"小我"不是独立存在的，是和无量数小我有直接或间接的交互关系的；是和社会的全体和世界的全体都有互为影响的关系的；是和社会世界的过去和未来都有因果关系的。种种从前的因，种种现在无数"小我"和无数他种势力所造成的因，都成了我这个"小我"的一部分。我这个"小我"，加上了种种从前的因，又加上了种种现在的因，传递下去，又要造成无数将来的"小我"。这种种过去的"小我"，和种种现在的"小我"，和种种将来无穷的"小我"，一代传一代，一点加一滴；一线相传，连绵不断；一水奔流，滔滔不绝——这便是一个"大我"。"小我"是会消灭的，"大我"是永远不灭的。"小我"是有死的，"大我"是永远不死，永远不朽的。"小我"虽然会死，但是每一个"小我"的一切作为，一切功德罪恶，一切语言行事，无论大小，无论是非，无论善恶，一一都永远留存在那个"大我"之中。那个"大我"，便是古往今来一切"小我"的纪功碑，彰善祠，罪状判决书，孝子慈孙百世不能改的恶谥法。这个"大我"是永远不朽的，故一切"小我"的事业，人格，一举一动，一言一笑，一个念头，一场功劳，一桩罪过，也都永远不朽。这便是社会的不朽，"大我"的不朽。

那边"一座低低的土墙，遮着一个弹三弦的人"。那三弦的声浪，在空间起了无数波澜；那被冲动的空气质点，直接间接冲动无数旁的空气质点；这种波澜，由近而远，至于无穷空间；由现在而将来，由此刹那以至于无量刹那，至于无穷时间——这已是不灭不朽了。那时间，那"低低的土墙"外边来了一位诗人，听见那三弦的声音，忽然起了一个念头；由这一个念头，就成了一首好诗；这首好诗传诵了许多人；人读了这诗，各起种种念头；由这种种念头，更发生无量数的念头，更发生无数的动作，以至于无穷。然而那"低低的土墙"里面那个弹三弦的人又如何知道他所发生的影响呢？

一个生肺病的人在路上偶然吐了一口痰。那口痰被太阳晒干了，化为微尘，被风吹起空中，东西飘散，渐吹渐远，至于无穷时间，至于无穷空间。偶然一部分的病菌被体弱的人呼吸进去，便发生肺病，由他一身传染一家，更由一家传染无数人家。如此辗转传染，至于无穷空间，至于无穷时间。然而那先前吐痰的人的骨头早已腐烂了，他又如何知道他所种的恶果呢？

一千五六百年前有一个人叫做范缜说了几句话道："神之于形，犹利之于刀；未闻刀没而利存，岂容形亡而神在?”这几句话在当时受了无数人的攻击。到了宋朝有个司马光把这几句话记在他的《资治通鉴》里。一千五六百年之后，有一个十一岁的小孩子，——就是我，——看《资治通鉴》到这几句话，心里受了一大感动，后来便影响了他半生的思想行事。然而那说话的范缜早已死了一千五百年了！

二千六七百年前，在印度地方有一个穷人病死了，没人收尸，尸首暴露在路上，已腐烂了。那边来了一辆车，车上坐着一个王太子，看见了这个腐烂发臭的死人，心中起了一念；由这一念，辗转发生无数念。后来那位王太子把王位也抛了，富贵也抛了，父母妻子也抛了，独自去寻思一个解脱生老病死的方法。后来这位王子便成了一个教主，创了一种哲学的宗教，感化了无数人。他的影响势力至今还在；将来即使他的宗教全灭了，他的影响势力终久还存在，以至于无穷。这可是那腐烂发臭的路毙所曾梦想到的吗?

以上不过是略举几件事，说明上文说的“社会的不朽”，“大我的不朽”。这种不朽论，总而言之，只是说个人的一切功德罪恶，一切言语行事，无论大小好坏，一一都留下一些影响在那个“大我”之中，一一都与这永远不朽的“大我”一同永远不朽。

上文我批评那“三不朽论”的三层缺点：（一）只限于极少数的人，（二）没有消极的裁制，（三）所说“功，德，言”的范围太含糊了。如今所说“社会的不朽”，其实只是把那“三不朽论”的范围更推广了。既然不论事业功德的大小，一切都可不朽，那第一第三两层短处都没有了。冠绝古今的道德功业固可以不朽，那极平常的“庸言庸行”，油盐柴米的琐屑，愚夫愚妇的细事，一言一笑的微细，也都永远不朽。那发现美洲的哥伦布固可以不朽，那些和他同行的水手火头，造船的工人，造罗盘器械的工人，供给他粮食衣服银钱的人，他所读的书的著作家，生他的父母，生他父母的父母祖宗，以及生育训练那些工人、商人的父母祖宗，以及他以前和同时的社会，……都永远不朽。社会是有机的组织，那英雄伟人可以不朽，那挑水的，烧饭的，甚至于浴堂里替你擦背的，甚至于每天替你家淘粪倒马桶的，也都永远不朽。至于那第二层缺点，也可免去。如今说立德不朽，行恶也不朽；立功不朽，犯罪也不朽；“流芳百世”不朽，“遗臭万年”也不朽；功德盖世固是不朽的善因，吐一口痰也有不朽的恶果。我的朋友李守常先生说得好：“稍一失脚，必致遗留层层罪恶种子于未来无量的人，——即未来无量的我，——永不能消除，永不能忏悔。”这就是消极的裁制了。

中国儒家的宗教提出一个父母的观念，和一个祖先的观念，来做人生一切行为的裁制力。所以说，“一出言而不敢忘父母，一举足而不敢忘父母”。父母死后，又用丧礼祭礼等等见神见鬼的方法，时刻提醒这种人生行为的裁制力。所以又说，“斋明盛服，以承祭祀，洋洋乎如在其上，如在其左右”。又说，“斋三日，则见其所为斋者；祭之日，入室，僾然必有见乎其位；周还出户，肃然必有闻乎其容声；出户而听，忾然必有闻乎其叹息之声”。这都是“神道设教”，见神见鬼的手段。这种宗教的手段在今日是不中用了。还有那种“默示”的宗教，神权的宗教，崇拜偶像的宗教，在我们心里也不能发生效力，不能裁制我们一生的行为。以我个人看来，这种“社会的不朽”观念很可以做我的宗教了。我的宗教的教旨是：

我这个现在的“小我”，对于那永远不朽的“大我”的无穷过去，须负重大的责任；对于那永远不朽的“大我”的无穷未来，也须负重大的责任。我须要时时想着，我应该如何努力利用现在的“小我”，方才可以不辜负了那“大我”的无穷过去，方才可以不遗害那“大我”的无穷未来？

(跋)

这篇文章的主意是民国七年年底当我的母亲丧事里想到的。那时只写成一部分，到八年二月十九日方才写定付印。后来俞颂华先生在报纸上指出我论社会是有机体一段很有语病，我觉得他的批评很有理，故九年二月间我用英文发表这篇文章时，我就把那一段完全改过了。十年五月，又改定中文原稿，并记作文与修改的缘起于此。

(原载1919年2月15日《新青年》第6卷第2号)

不　老

——跋梁漱溟先生致陈独秀书

一　梁先生原信节录

仲甫先生：

方才收到《新青年》六卷一号，看见你同陶孟和先生论我父亲自杀的事务一篇，我很感谢。为什么呢？因为凡是一件惹人注目的事，社会上对于它一定有许多思量感慨。当这用思兴感的时候，必不可无一种明确的议论来指导他们到一条正确的路上去，免得流于错误而不自觉。所以我很感谢你们作这种明确的议论。我今天写这信有两个意思：一个是我读孟和的论断似乎还欠明晰，要有所申论；一个是凡人的精神状况差不多都与他的思想有关系，要众人留意。……

诸君在今日被一般人指而目之为新思想家，哪里知道二十年前我父亲也是受人指而目之为新思想家的呀。那时候人都毁骂郭筠仙（嵩焘）信洋人讲洋务，我父亲同他不相识，独排众论，极以他为然。又常亲近那最老的外交家许静山先生（珏），去访问世界大势，讨论什么亲俄亲英的问题。自己在日记上说："倘我本身不能出洋留学，一定节省出钱来叫我儿子出洋。万事可省，此事不可不办。"大家总该晓得向来小孩子开蒙念书照规矩是《百家姓》、《千字文》、《四书五经》。我父亲竟不如此，叫那先生拿《地球韵言》来教我。我八岁时候有一位陈先生开了一个"中西小学堂"，便叫我去那里学起 ABCD 来。到现在二十岁了，那人人都会背的《论语》、

《孟子》，我不但不会背，还是没有念呢！请看二十年后的今日还在那里压派着小学生读经，稍为革废之论，即为大家所不容。没有过人的精神，能行之于二十年前么？我父亲有兄弟交彭翼仲先生是北京城报界开天辟地的人，创办《启蒙画报》、《京话日报》、《中华报》，等等（《启蒙画报》上边拿些浅近科学知识讲给人听，排斥迷信，恐怕是北京人与赛先生（Science）相遇的第一次呢!）。北京人都叫它"洋报"，没人过问，赔累不堪，几次绝望。我父亲典当了钱接济他，前后千余金。在那借钱折子上自己批道："我们为开化社会，就是把这钱赔干净了也甘心。"我父亲又拿鲁国漆室女倚门而叹的故事编了一出新戏叫做"女子爱国"。其事距今有十四五年了，算是北京新戏的开创头一回。戏里边便是把当时认为新思想的种种改革的主张夹七夹八的去灌输给听戏的人。平日言谈举动，在一般亲戚朋友看去，都有一种生硬新异的感觉，抱一种老大不赞成的意思。当时的事且不再叙，去占《新青年》的篇幅了。然而到了晚年，就是这五六年，除了合于从前自己主张的外，自己常很激烈的表示反对新人物新主张（于政治为尤然）。甚至把从前所主张的，如伸张民权排斥迷信之类，有返回去的倾向。不但我父亲如此，我的父执彭先生本是勇往不过的革新家，那一种破釜沉舟的气概，恐怕现在的革新家未必能及，到现在他的思想也是陈旧的很。甚至也有那返回去的倾向。当年我们两家虽都是南方籍贯，因为一连几代做官不曾回南，已经成了北京人。空气是异常腐败的。何以竟能发扬蹈厉去作革新的先锋？到现在的机会，要比起从前，那便利何止百倍，反而不能助成他们的新思想，却墨守条规起来，又何故呢？这便是我说的精神状况的关系了。当四十岁时，人的精神充裕，那一副过人的精神便显起效用来，于甚少的机会中追求出机会，摄取了知识，构成了思想，发动了志气，所以有那一番积极的作为。在那时代便是维新家了。到六十岁时，精神安能如昔？知识的摄取力先减了，思想的构成力也退了，所有的思想都是以前的遗留，没有那方兴未艾的创造，而外界的变迁却一日千里起来，于是乎就落后为旧人物了。因为所差的不过是精神的活泼，不过是创造的智慧，所以虽不是现在的新思想家，却还是从前的新思想家；虽没有今人的思想，却不像寻常人的没思想。况且我父亲虽然到了老年，因为有一种旧式道德家的训练，那颜色还是很好，目光极其有神，肌肉不瘠，步履甚健，样样都比我们年轻人还强。精神纵不如昔，还是过人。那神志的清明，志气的刚强，情感的真挚，真所谓老当益壮的了。对于外界政治上社会上种种不好的现象，他如何肯糊涂过去！便本着那所有的思想终日早起晏息的去做事，并且成了这自杀的举动。其间知识上的错误自是有的，然而不算事。假使拿他早年本有的精神遇着现在新学家同等的机会，那思想举动正未知如何呢！因此我又联想到何以这么大的中国，却只有一个《新青年》杂志？可以验国人的精神状况了！诸君所反复说之不已的，不过是很简单的一点意思，何以一般人就大惊小怪起来，又有一般人就觉得趣味无穷起来？想来这般人的思想构成力太缺了！然则这国民的“精神的养成”恐怕是第一大事了。我说精神状况与思想关系是要留意的一桩事，就是这个。

梁漱溟

二　跋

漱溟先生这封信，讨论他父亲巨川先生自杀的事，使人读了都很感动。他前面说的一段，因陶先生已去欧洲，我们且不讨论。后面一段论“精神状况与思想有关系”一个问题，使我们知道巨川先生精神生活的变迁，使我们对于他老先生不能不发生一种诚恳的敬爱心。这段文章，乃是近来传记中有数的文字。若是将来的孝子贤孙替父母祖宗做传时，都能有这种诚恳的态度，写实的文体，解释的见地，中国文学也许发生一些很有文学价值的传记。

我读这一段时，觉得内中有一节很可给我们少年人和壮年人做一种永久的教训，所以我把它提出来抄在下面：

> 当四十岁时，人的精神充裕，那一副过人的精神便显起效用来，于甚少的机会中追求出机会，摄取了知识，构成了思想，发动了志气，所以有那一番积极的作为。在那时代便是维新家了。到六十岁时，精神安能如昔？知识的摄取力先减了，思想的构成力也退了，所有的思想都是以前的遗留，没有那方兴未艾的创造，而外界的变迁却一日千里起来，于是乎就落后成为旧人物了。

我们少年人读了这一段，应该问自己道："我们到了六七十岁时，还能保存那创造的精神，做那时代的新人物吗？"这个问题还不是根本问题。我们应该进一步，问自己道："我们该用什么法子方才可使我们的精神到老还是进取创造的呢？我们应该怎么预备做一个白头的新人物呢？"

从这个问题上着想，我觉得漱溟先生对于他父亲平生事实的解释还不免有一点"倒果为因"的地方。他说，"到了六十岁时，精神安能如昔？知识的摄取力先减了，思想的构成力也退了"。这似乎是说因为精神先衰了，所以不能摄取新知识，不能构成新思想。但他下文又说巨川先生老年的精神还是过人，"真所谓老当益壮"。这可见巨川先生致死的原因不在精神先衰，乃在知识思想不能调剂补助他的精神。二十年前的知识思想决不够培养他那二十年后"老当益壮"的旧精神，所以有一种内部的冲突，所以竟致自杀。

我们从这个上面可得一个教训：我们应该早点预备下一些"精神不老丹"方才可望做一个白头的新人物。这个"精神不老丹"是什么呢？我说是永远可求得新知识新思想的门径。这种门径不外两条：（一）养成一种欢迎新思想的习惯，使新知识新思潮可以源源进来；（二）极力提倡思想自由和言论自由，养成一种自由的空气，布下新思潮的种子，预备我们到了七八十岁时，也还有许多簇新的知识思想可以收获来做我们的精神培养品。

今日的新青年！请看看二十年前的革命家！

民国八年四月

（原载1919年4月15日《新青年》第6卷第4号，附在梁漱溟《致陈独秀书》后）

非个人主义的新生活

这个题目是我在山东道上想着的，后来曾在天津学生联合会的学术讲演会讲过一次，又在唐山的学术讲演会讲过一次。唐山的演讲稿由一位刘赞清君记出，登在1月15日《时事新报》上。我这一篇的大意是对于新村的运动贡献一点批评。这种批评是否合理，我也不敢说。但是我自信这一篇文字是研究考虑的结果，并不是根据于先有的成见的。

九，一，二二

本篇有两层意思。一是表示我不赞成现在一般有志青年所提倡，我所认为"个人主义的"新生活。一是提出我所主张的"非个人主义的"新生活，就是"社会的"新生活。

先说什么叫做"个人主义"（Individualism）。一月二夜（就是我在天津讲演前一晚），杜威博士在天津青年会讲演《真的与假的个人主义》，他说：个人主义有两种：

（1）假的个人主义——就是为我主义（Egoism），它的性质是自私自利；只顾自己的利益，不管群众的利益。

（2）真的个人主义——就是个性主义（Individuality），它的特性有两种：一是独立思想，不肯把别人的耳朵当耳朵，不肯把别人的眼睛当眼睛，不肯把别人的脑力当自己的脑力；二是个人对于自己思想信仰的结果要负完全责任，不怕权威，不怕监禁杀身，只认得真理，不认得个人的利害。

杜威先生极力反对前一种假的个人主义，主张后一种真的个人主义。这是我们都赞成的。但是他反对的那种自私自利的个人主义的害处，是大家都明白的。因为人多明白这种主义的害处，故它的危险究竟不很大。例如东方现在实行这种极端为我主义的“财主督军”，无论他们眼前怎样横行，究竟逃不了公论的怨恨，究竟不会受多数有志青年的崇拜。所以我们可以说这种主义的危险是很有限的。但是我觉得“个人主义”还有第三派，是很受人崇敬的，是格外危险的。这一派是：

（3）独善的个人主义　它的共同性质是：不满意于现社会，却又无可奈何，只想跳出这个社会去寻一种超出现社会的理想生活。

这个定义含有两部分：（1）承认这个现社会是没有法子挽救的了；（2）要想在现社会之外另寻一种独善的理想生活。自有人类以来，这种个人主义的表现也不知有多少次了。简括说来，共有四种：

（一）宗教家的极乐国　如佛家的净土，犹太人的伊甸园，别种宗教的天堂，天国，都属于这一派。这种理想的缘起，都由于对现社会不满意。因为厌恶现社会，故悬想那些无量寿，无量光的净土；不识不知，完全天趣的伊甸园；只有快乐，毫无痛苦的天国。这种极乐国里所没有的，都是他们所厌恨的；所有的，都是他们所梦想而不能得到的。

（二）神仙生活　神仙的生活也是一种悬想的超出现社会的生活。人世有疾病痛苦，神仙无病长生；人世愚昧无知，神仙能知过去未来；人生不自由，神仙乘云遨游，来去自由。

（三）山林隐逸的生活　前两种是完全出世的；他们的理想生活是悬想的，渺茫的出世生活。山林隐逸的生活虽然不是完全出世的，也是不满意于现社会的表示。他们不满意于当时的社会政治，却又无能为力，只得隐姓埋名，逃出这个恶浊社会去做他们自己理想中的生活。他们不能“得君行道”，故对于功名利禄，表示藐视的态度；他们痛恨富贵的人骄奢淫逸，故说富贵如同天上的浮云，如同脚下的破草鞋。他们痛恨社会上有许多不耕而食，不劳而得的“吃白阶级”，故自己耕田锄地，自食其力。他们厌恶这污浊的社会，故实行他们理想中梅妻鹤子，渔蓑钓艇的洁净生活。

（四）近代的新村生活　近代的新村运动，如十九世纪法国、美国的理想农村，如现在日本日向的新村，照我的见解看起来，实在同山林隐逸的生活是根本相同的。那不同的地方，自然也有。山林隐逸是没有组织的，新村是有组织的：这是一种不同。隐遁的生活是同世事完全隔绝的，故有“不知有汉，遑论魏晋”的理想；现在的新村的人能有赏玩 Rodin 同 Cezanne 的幸福，还能在村外著书出报：这又是一种不同。但是这两种不同都是时代造成的，是偶然的，不是根本的区别。从根本性质上看来，新村的运动都是对于现社会不满意的表示。即如日向的新村，他们对于现在“少数人在多数人的不幸上，筑起自己的幸福”的社会制度，表示不满意，自然是公认的事实。周作人先生说日向新村里有人把中国看做“最自然，最自在的国”（《新潮》二，页七五）。这是他们对于日本政治极不满意的一种牢骚话，很可玩味的。武者小路实笃先生一班人虽然极不满意于现社会，却又不赞成用“暴力”的改革。他们都是“真心仰慕着平和”的人。他们于无可奈何之中，想出这个新村的计划来。周作人先生说，“新村的理想，要将历来非暴力不能做到的事，用和平方法得来”（《新青年》七，二，一三四）。这个和平方法就是离开现社会，去做一种模范的生活。“只要万人真希望这种的世界，这世界便能实现。”（《新青年》同上）这句话不但是独善主义的精义，简直全是净土宗的口气了！所以我把新村来比山林隐逸，不算冤枉他；就是把他来比求净土天国的宗教运动，也不算玷辱他。不过他们的“净土”是在日向，不在西天罢了。

我这篇文章要批评的“个人主义的新生活”，就是指这一种跳出现社会的新村生活。这种生活，我认为“独善的个人主义”的一种。“独善”两个字是从孟轲“穷则独善其身”一句话上来的。有人说：新村的根本主张是要人人“尽了对于人类的义务，却又完全发展自己个性”；如此看来，他们既承认“对于人类的义务”，如何还是独善的个人主义呢。我说：这正是个人主义的证据。试看古往今来主张个人主义的思想家，从希腊的“狗派”（Cynic）以致十八九世纪的个人主义，哪一个不是一方面崇拜个人，一方面崇拜那广漠的“人类”的？主张个人主义的人，只是否认那些切近的伦谊，——或是家族，或是“社会”，或是国家，——但是因为要推翻这些比较狭小逼人的伦谊，不得不捧出那广漠不逼人的“人类”。所以凡是个人主义的思想家，没有一个不承认这个双重关系的。

新村的人主张“完全发展自己个性”，故是一种个人主义。他们要想跳出现社会去发展自己个性，故是一种独善的个人主义。

这种新村的运动，因为恰合现在青年不满意于现社会的心理，故近来中国也有许多人欢迎，赞叹，崇拜。我也是敬仰武者先生一班人的，故也曾仔细考究这个问题。我考究的结果是不赞成这种运动。我以为中国的有志青年不应该仿行这种个人主义的新生活。

这种新村的运动有什么可以反对的地方呢？

第一，因为这种生活是避世的，是避开现社会的。这就是让步。这便不是奋斗。我们自然不应该提倡“暴力”，但是非暴力的奋斗是不可少的。我并不是说武者先生一班人没有奋斗的精神。他们在日本能提倡反对暴力的论调，——如《一个青年的梦》——自然是有奋斗精神的。但是他们的新村计划想避开现社会里“奋斗的生活”，去寻那现社会外“生活的奋斗”，这便是一大让步。武者先生的《一个青年的梦》里的主人公最后有几句话，很可玩味。他说：

……请宽恕我的无力。——宽恕我的话的无力。但我心里所有的对于美丽的国的仰慕，却要请诸君体察的。（《新青年》七，二，一〇二）

我们对于日向的新村应该做如此观察。

第二，在古代，这种独善主义还有存在的理由；在现代，我们就不该崇拜它了。古代的人不知道个人有多大的势力，故孟轲说：“穷则独善其身，达则兼善天下。”古人总想，改良社会是“达”了以后的事业，——是得君行道以后的事业；故承认个人——穷的个人——只能做独善的事业，不配做兼善的事业。古人错了。现在我们承认个人有许多事业可做。人人都是一个无冠的帝王，人人都可以做一些改良社会的事。去年的“五四”运动和“六三”运动，何尝是“得君行道”的人做出来的？知道个人可以做事，知道有组织的个人更可以做事，便可以知道这种个人主义的独善生活是不值得模仿的了。

第三，他们所信仰的“泛劳动主义”是很不经济的。他们主张：“一个人生存上必要的衣食住，论理应该用自己的力去得来，不该要别人代负这责任。”这话从消极一方面看，——从反对那“游民贵族”的方面看，——自然是有理的。但是从他们的积极实行方面看，他们要“人人尽劳动的义务，制造这生活的资料”，——就是衣食住的资料，——这便是“矫枉过正”了。人人要尽制造衣食住的资料的义务，就是人人要加入这生活的奋斗（周作人先生再三说新村里平和幸福的空气，也许不承认“生活的奋斗”的话；但是我说的，并不是人同人争面包米饭的奋斗，乃是人在自然界谋生存的奋斗；周先生说新村的农作物至今还不够自用，便是一证）。现在文化进步的趋势，是要使人类渐渐减轻生活的奋斗至最低度，使人类能多分一些精力出来，做增加生活意味的事业。新村的生活使人人都要尽“制造衣食住的资料”的义务，根本上否认分工进化的道理，增加生活的奋斗，是很不经济的。

第四，这种独善的个人主义的根本观念就是周先生说的“改造社会，还要从改造个人做起”。我对于这个观念，根本上不能承认。这个观念的根本错误在于把“改造个人”与“改造社会”分作两截；在于把个人看作一个可以提到社会外去改造的东西。要知道个人是社会上种种势力的结果。我们吃的饭，穿的衣服，说的话，呼吸的空气，写的字，有的思想，……没有一件不是社会的。我曾有几句诗，说：“……此身非吾有：一半属父母，一半属朋友”。当时我以为把一半的我归功社会，总算很慷慨了。后来我才知道这点算学做错了！父母给我的真是极少的一部分。其余各种极重要的部分，如思想，信仰，知识，技术，习惯，……大都是社会给我的。我穿线袜的法子是一个徽州同乡教我的；我穿皮鞋打的结能不散开，是一个美国女朋友教我的。这两件极细碎的例，很可以说明这个“我”是社会上无数势力所造成的。社会上的“良好分子”并不是生成的，也不是个人修炼成的，——都是因为造成他们的种种势力里面，良好的势力比不良的势力多些。反过来，不良的势力比良好的势力多，结果便是“恶劣分子”了。古代的社会哲学和政治哲学只为要妄想凭空改造个人，故主张正心，诚意，独善其身的办法。这种办法其实是没有办法，因为没有下手的地方。近代的人生哲学渐渐变了，渐渐打破了这种迷梦，渐渐觉悟：改造社会的下手方法在于改良那些造成社会的种种势力，——制度，习惯，思想，教育，等等。那些势力改良了，人也改良了。所以我觉得“改造社会要从改造个人做起”还是脱不了旧思想的影响。我们的根本观念是：

个人是社会上无数势力造成的。

改造社会须从改造这些造成社会，造成个人的种种势力做起。

改造社会即是改造个人。

新村的运动如果真是建筑在“改造社会要从改造个人做起”一个观念上，我觉得那是根本错误了。改造个人也是要一点一滴的改造那些造成个人的种种社会势力。不站在这个社会里来做这种一点一滴的社会改造，却跳出这个社会去“完全发展自己个性”，这便是放弃现社会，认为不能改造；这便是独善的个人主义。

以上说的是本篇的第一层意思。现在我且简单说明我所主张的“非个人主义的”新生活是什么。这种生活是一种“社会的新生活”；是站在这个现社会里奋斗的生活；是霸占住这个社会来改造这个社会的新生活。它的根本观念有三条：

（1）社会是种种势力造成的，改造社会须要改造社会的种种势力。这种改造一定是零碎的改造，——一点一滴的改造，一尺一步的改造。无论你的志愿如何宏大，理想如何彻底，计划如何伟大，你总不能笼统的改造，你总不能不做这种“得寸进寸，得尺进尺”的工夫。所以我说：社会的改造是这种制度那种制度的改造，是这种思想那种思想的改造，是这个家庭那个家庭的改造，是这个学堂那个学堂的改造。

（附注）有人说：“社会的种种势力是互相牵制的，互相影响的。这种零碎的改造，是不中用的。因为你才动手改这一种制度，其余的种种势力便围拢来牵制你了。如此看来，改造还是该做笼统的改造。”我说不然。正因为社会的势力是互相影响牵制的，故一部分的改造自然会影响到别种势力上去。这种影响是最切实的，最有力的。近年来的文字改革，自然是局部的改革，但是它所影响的别种势力，竟有意想不到的多。这不是一个很明显的例吗？

（2）因为要做一点一滴的改造，故有志做改造事业的人必须要时时刻刻存研究的态度，做切实的调查，下精细的考虑，提出大胆的假设，寻出实验的证明。这种新生活是研究的生活，是随时随地解决具体问题的生活。具体的问题多解决了一个，便是社会的改造进了那么多一步。做这种生活的人要睁开眼睛，公开心胸；要手足灵敏，耳目聪明，心思活泼；要欢迎事实，要不怕事实；要爱问题，要不怕问题的逼人！

（3）这种生活是要奋斗的。要避世的独善主义是与人无忤，与世无争的，故不必奋斗。这种“淑世”的新生活，到处翻出不中听的事实，到处提出不中听的问题，自然是很讨人厌的，是一定要招起反对的。反对就是兴趣的表示，就是注意的表示。我们对于反对的旧势力，应该做正当的奋斗，不可退缩。我们的方针是：奋斗的结果，要使社会的旧势力不能不让我们；切不可先就偃旗息鼓退出现社会去，把这个社会双手让给旧势力。换句话说，应该使旧社会变成新社会，使旧村变为新村，使旧生活变为新生活。

我且举一个实际的例。英美近二三十年来，有一种运动，叫做“贫民区域居留地”的运动（Social Settlements）。这种运动的大意是：一班青年的男女，——大都是大学的毕业生，——在本城拣定一块极龌龊，极不堪的贫民区域，买一块地，造一所房屋。这一班人便终日在这里面做事。这屋里，凡是物质文明所赐的生活需要品，——电灯，电话，热气，浴室，游水池，钢琴，话匣，等等，——无一不有。他们把附近的小孩子，——垢面的孩子，顽皮的孩子，——都招拢来，教他们游水，教他们读书，教他们打球，教他们演说辩论，组成音乐队，组成演剧团，教他们演戏奏艺。还有女医生和看护妇，天天出去访问贫家，替他们医病，帮他们接生和看护产妇。病重的，由“居留地”的人送入公家医院。因为天下贫民都是最安本分的，他们眼见那高楼大屋的大医院，心里以为这定是为有钱人家造的，绝不是替贫民诊病的；所以必须有人打破他们这种见解，教他们知道医院不是专为富贵人家的。还有许多贫家的妇女每日早晨出门做工，家里小孩子无人看管，所以“居留地”的人教他们把小孩子每天寄在“居留地”里，有人替他们洗浴，换洗衣服，喂他们饮食，领他们游戏。到了晚上，他们的母亲回来了，各人把小孩领回去。这种小孩子从小就在洁净慈爱的环境里长大，渐渐养成了良好习惯，回到家中，自然会把从前的种种污秽的环境改了。家中的大人也因时时同这种新生活接触，渐渐的改良了。我在纽约时，曾常常去看亨利街上的一所居留地，是华德女士（LilianWald）办的。有一晚我去看那条街上的贫家子弟演戏，演的是贝里（Barry）的名剧。我至今回想起来，他们演戏的程度比我们大学的新戏高得多咧！

这种生活是我所说的“非个人主义的新生活”！是我所说的“变旧社会为新社会，变旧村为新村”的生活！这也不是用“暴力”去得来的！我希望中国的青年要做这一类的新生活，不要去模仿那跳出现社会的独善生活。我们的新村就在我们自己的旧村里！我们所要的新村是要我们自己的旧村变成的新村！

可爱的男女少年！我们的旧村里我们可做的事业多得很咧！村上的鸦片烟灯还有多少？村上的吗啡针害死了多少人？村上缠脚的女子还有多少？村上的学堂成个什么样子？村上的绅士今年卖选票得了多少钱？村上的神庙香火还是那么兴旺？村上的医生断送了几百条人命？村上的煤矿工人每日只拿到五个铜子，你知道吗？村上多少女工被贫穷逼去卖淫，你知道吗？村上的工厂没有避火的铁梯，昨天火起，烧死了一百多人，你知道吗？村上的童养媳妇被婆婆打断了一条腿，村上的绅士逼他的女儿饿死做烈女，你知道吗？

有志求新生活的男女少年！我们有什么权利，丢开这许多的事业去做那避世的新村生活！我们放着这个恶浊的旧村，有什么面孔，有什么良心，去寻那“和平幸福”的新村生活！

九，一，二六

（原载1920年1月15日上海《时事新报》，又载1920年4月1日《新潮》第2卷第3号）

朋友与兄弟

——答王子直

中国是用家族伦理作中心的社会，故中国人最爱把家族的亲谊硬加到朋友的关系上去。朋友相称为弟兄，——“吾兄”，“仁兄”，“弟”，“小弟”，——又称朋友的父母为“老伯”，“老伯母”，都是这个道理。朋友结拜为弟兄，更是这个道理的极端。

其实朋友是人造的关系，是自由选择的“人伦”，弟兄是天然的关系，是不能自由选择的“天伦”。把朋友认作弟兄，并不能加上什么亲谊。自己弟兄尽有不和睦的，还有争财产相谋害的。朋友也有比弟兄更亲热更可靠的。所以我主张朋友不应该结拜为弟兄。不但新时代不应有，其实古人并无此礼。汉人始有“结交为弟昆”的话。但古人通信，仍不称弟兄。

（本文收入《胡适文存》时未经发表。后收入《胡适来往书信选》上册，从信后所署日期知作于1920年5月18日）

慈幼的问题

我的一个朋友对我说过一句很深刻的话："你要看一个国家的文明，只消考察三件事：第一，看他们怎样待小孩子；第二，看他们怎样待女人；第三，看他们怎样利用闲暇的时间。"

这三点都很扼要，只可惜我们中国禁不起这三层考察。这三点之中，无论哪一点都可以宣告我们这个国家是最野蛮的国家。我们怎样待孩子？我们怎样待女人？我们怎样用我们的闲暇工夫？——凡有夸大狂的人，凡是夸大我们的精神文明的人，都不可不想想这三件事。

其余两点，现今且不谈，我们来看看我们怎样待小孩子。

从生产说起。我们到今天还把生小孩看作最污秽的事，把产妇的血污看作最不净的秽物。血污一冲，神仙也会跌下云头！这大概是野蛮时代遗传下来的迷信。但这种迷信至今还使绝大多数的人民避忌产小孩的事，所以"接生"的事至今还在绝无知识的产婆的手里，手术不精，工具不备，消毒的方法全不讲究，救急的医药全不知道。顺利地生产有时还不免危险，稍有危难的征候便是有百死而无一生。

生下来了，小孩子的卫生又从来不讲究。小孩总是跟着母亲睡，哭时便用奶头塞住嘴，再哭时便摇他，再哭时便打他。饮食从没有分量，疾病从不知隔离。有病时只会拜神许愿，求仙方，叫魂，压邪。中国小孩的长大全是靠天，只是侥幸长大，全不是人事之功。

小孩出痘出花，都没有科学的防卫。供一个"麻姑娘娘"，供一个"花姑娘娘"，避避风，忌忌口；小孩子若安全过去了，烧香谢神；小孩子若遇了危险，这便是"命中注定"！

普通人家的男孩子固然没有受良好教育的机会，女孩子便更痛苦了。女孩子到了四五岁，母亲便把她的脚裹扎起来，小孩疼得号哭叫喊，母亲也是眼泪直滴。但这是为女儿的终身打算，不可避免的，所以母亲噙着眼泪，忍着心肠，紧紧地扎缚，密密地缝起，总要使骨头扎断，血肉干枯，变成三四寸的小脚，然后父母才算尽了责任，女儿才算有了做女人的资格！

孩子到了六七岁以上，女孩子固然不用进学堂去受教育，男孩子受的教育也只是十分野蛮的教育。女孩在家里裹小脚，男孩在学堂念死书。怎么"念死书"呢？他们的文字都是死人的文字，字字句句都要翻译才能懂，有时候翻译出来还不能懂。例如《三字经》上的"苟不教"，我们小孩子念起来只当是"狗不叫"，先生却说是"倘使不教训"。又如《千字文》上的"天地玄黄，宇宙洪荒"，我从五岁时读起，现在做了十年大学教授，还不懂得这八个字究竟说的是什么话！所以叫做"念死书"。

因为念的是死书，所以要下死劲去念。我们做小孩子时候，天刚亮，便进学堂去"上早学"，空着肚子，鼓起喉咙，念三四个钟头才回去吃早饭。从天亮直到天黑，才得回家。晚上还要"念夜书"。这种生活实在太苦了，所以许多小孩子都要逃学。逃学的学生，捉回来之后，要受很严厉的责罚，轻的打手心，重的打屁股。有许多小孩子身体不好的，往往有被学堂磨折死的，也有得神经病终身的。

这是我们怎样待小孩子！

我们深深感谢帝国主义者，把我们从这种黑暗的迷梦里惊醒起来。我们焚香顶礼感谢基督教的传教士带来了一点点西方新文明和新人道主义，叫我们知道我们这样待小孩子是残忍的，残酷的，不人道的，野蛮的。我们十分感谢这班所谓"文化侵略者"提倡"天足会"、"不缠足会"，开设新学堂，开设医院，开设妇婴医院。

我们用现在的眼光来看他们的工作，他们的学堂不算好学堂，他们的医院也不算好医院。但是他们是中国新教育的先锋，他们是中国"慈幼运动"的开拓者，他们当年的缺陷，是我们应该原谅宽恕的。

几十年来，中国小孩子比较的减少了一点痛苦，增加了一点乐趣。但"慈幼"的运动还只在刚开始的时期，前途的工作正多，前途的希望也正大。我们在这个时候，一方面固然要宣传慈幼运动的重要，一方面也应该细细计划慈幼事业的问题和他们的下手方法。中华慈幼协济会的主持人已请了许多专家分任各种问题的专门研究，我今天也想指出慈幼事业的几个根本问题，供留心这事的人的参考。

我以为慈幼事业在今日有这些问题：

（1）产科医院和“巡行产科护士”（Visiting nurses）的提倡。产科医院的设立应该作为每县每市的建设事业的最紧急部分，这是毫无可疑的。但欧美的经验使我们知道下等社会的妇女对于医院往往不肯信任，她们总不肯相信医院是为她们贫人设的，她们对于产科医院尤其怀疑畏缩。所以有“巡行护士”的法子，每一区区域内有若干护士到人家去访问视察，得到孕妇的好感，解释她们的怀疑，帮助她们解除困难，指点她们讲究卫生。这是慈幼事业的根本要着。

（2）儿童卫生固然重要，但儿童卫生只是公共卫生的一个部分。提倡公共卫生即是增进儿童卫生。公共卫生不完备，在蚊子苍蝇成群的空气里，在臭水沟和垃圾堆的环境里，在浓痰满地病菌飞扬的空气里，而空谈慈幼运动，岂不是一个大笑话？

（3）女子缠足的风气在内地还不曾完全消灭，这也是慈幼运动应该努力的一个方向。

（4）慈幼运动的中心问题是养成有现代知识训练的母亲。母亲不能慈幼，或不知怎样慈幼，则一切慈幼运动都一无是处。现在的女子教育似乎很忽略这一方面，故受过中等教育的女子往往不知道怎样养育孩子。上月西湖博览会的卫生馆有一间房子墙上陈列许多产科卫生的图画，和传染病的图画。我看见一些女学生进来参观，她们见了这种图画往往掩面飞跑而过。这是很可惜的。女子教育的目的固然是要养成能独立的“人”，同时也不能不养成做妻做母的知识。从前昏谬的圣贤说，“未有学养子而后嫁者也”。现在我们正要个个女子先学养子，学教子，学怎样保卫儿童的卫生，然后谈恋爱，择伴侣。故慈幼运动应该注重（甲）女学的扩充，（乙）女子教育的改善。

（5）儿童的教育应该根据儿童生理和心理。这是慈幼运动的一个基本原则。向来的学堂完全违背儿童心理，只教儿童念死书，下死劲。近年的小学全用国语教课，减少课堂工作，增加游戏运动，固然是一大进步。但我知道各地至今还有许多小学校不肯用国语课本，或用国语课本而另加古文课本；甚至于强迫儿童在小学二三年级作文言文，这是明明违背民国十一年以来的新学制，并且根本不合儿童生理和心理。慈幼的意义是改善儿童的待遇，提高儿童的幸福。这种不合儿童生理和心理的学校，便是慈幼运动的大仇敌，因为他们的行为便是虐待儿童，增加学校生活的苦痛。他们所以敢于如此，只因为社会上许多报纸和政府的一切法令公文都还是用死文字做的，一般父兄恐怕儿女不懂古文将来谋生困难，故一些学校便迎合这种父兄心理，加添文言课本，强迫作文言文。故慈幼运动者在这个时候一面应该调查各地小学课程，禁止小学校用文言课本或用文言作文；一面还应该为减少儿童痛苦起见，努力提倡国语运动，请中央及各地方政府把一切法令公文改成国语，使顽固的父兄教员无所借口。这是慈幼运动在今日最应该做而又最容易做的事业。

十八年十月

赠与今年的大学毕业生

这一两个星期里，各地的大学都有毕业的班次，都有很多的毕业生离开学校去开始他们的成人事业。学生的生活是一种享有特殊优待的生活，不妨幼稚一点，不妨吵吵闹闹，社会都能纵容他们，不肯严格的要他们负行为的责任。现在他们要撑起自己的肩膀来挑他们自己的担子了。在这个国难最紧急的年头，他们的担子真不轻！我们祝他们的成功，同时也不忍不依据我们自己的经验，赠与他们几句送行的赠言，——虽未必是救命毫毛，也许做个防身的锦囊罢！

你们毕业之后，可走的路不出这几条：极少数的人还可以在国内或国外的研究院继续作学术研究；少数的人可以寻着相当的职业；此外还有做官，办党，革命三条路；此外就是在家享福或者失业闲居了。第一条继续求学之路，我们可以不讨论。走其余几条路的人，都不能没有堕落的危险。堕落的方式很多，总括起来，约有这两大类：

第一是容易抛弃学生时代的求知识的欲望。你们到了实际社会里，往往所用非所学，往往所学全无用处，往往可以完全用不着学问，而一样可以胡乱混饭吃，混官做。在这种环境里，即使向来抱有求知识学问的决心的人，也不免心灰意懒，把求知的欲望渐渐冷淡下去。况且学问是要有相当的设备的：书籍，试验室，师友的切磋指导，闲暇的工夫，都不是一个平常要糊口养家的人所能容易办到的。没有做学问的环境，又谁能怪我们抛弃学问呢？

第二是容易抛弃学生时代的理想的人生的追求。少年人初次与冷酷的社会接触，容易感觉理想与事实相去太远，容易发生悲观和失望。多年怀抱的人生理想，改造的热诚，奋斗的勇气，到此时候，好像全不是那么一回事。渺小的个人在那强烈的社会炉火里，往往经不起长时期的烤炼就熔化了，一点高尚的理想不久就幻灭了。抱着改造社会的梦想而来，往往是弃甲曳兵而走，或者做了恶势力的俘虏。你在那俘虏牢狱里，回想那少年气壮时代的种种理想主义，好像都成了自误误人的迷梦！从此以后，你就甘心放弃理想人生的追求，甘心做现成社会的顺民了。

要防御这两方面的堕落，一面要保持我们求知识的欲望，一面要保持我们对于理想人生的追求。有什么好法子呢？依我个人的观察和经验，有三种防身的药方是值得一试的。

第一个方子只有一句话："总得时时寻一两个值得研究的问题!"问题是知识学问的老祖宗；古今来一切知识的产生与积聚，都是因为要解答问题，——要解答实用上的困难或理论上的疑难。所谓"为知识而求知识"，其实也只是一种好奇心追求某种问题的解答，不过因为那种问题的性质不必是直接应用的，人们就觉得这是"无所为"的求知识了。我们出学校之后，离开了做学问的环境，如果没有一个两个值得解答的疑难问题在脑子里盘旋，就很难继续保持追求学问的热心。可是，如果你有了一个真有趣的问题天天逗你去想它，天天引诱你去解决它，天天对你挑衅笑你无可奈何它，——这时候，你就会同恋爱一个女子发了疯一样，坐也坐不下，睡也睡不安，没工夫也得偷出工夫去陪她，没钱也得撙衣节食去巴结她。没有书，你自会变卖家私去买书；没有仪器，你自会典押衣服去置办仪器；没有师友，你自会不远千里去寻师访友。你只要能时时有疑难问题来逼你用脑子，你自然会保持发展你对学问的兴趣，即使在最贫乏的智识环境中，你也会慢慢地聚起一个小图书馆来，或者设置起一所小试验室来。所以我说：第一要寻问题。脑子里没有问题之日，就是你的知识生活寿终正寝之时！古人说，"待文王而兴者，凡民也。若夫豪杰之士，虽无文王犹兴"。试想伽利略（Calileo）和牛顿（Newton）有多少藏书？有多少仪器？他们不过是有问题而已。有了问题而后，他们自会造出仪器来解答他们的问题。没有问题的人们，关在图书馆里也不会用书，锁在试验室里也不会有什么发现。

第二个方子也只有一句话："总得多发展一点非职业的兴趣。"离开学校之后，大家总得寻个吃饭的职业。可是你寻得的职业未必就是你所学的，或者未必是你所心喜的，或者是你所学而实在和你的性情不相近的。在这种状况之下，工作就往往成了苦工，就不感觉兴趣了。为糊口而作那种非"性之所近而力之所能勉"的工作，就很难保持求知的兴趣和生活的理想主义。最好的救济方法只有多多发展职业以外的正当兴趣与活动。一个人应该有他的职业，又应该有他的非职业的玩意儿，可以叫做业余活动。凡一个人用他的闲暇来做的事业，都是他的业余活动。往往他的业余活动比他的职业还更重要，因为一个人的前程往往全靠他怎样用他的闲暇时间。他用他的闲暇来打麻将，他就成个赌徒；你用你的闲暇来做社会服务，你也许成个社会改革者；或者你用你的闲暇去研究历史，你也许成个史学家。你的闲暇往往定你的终身。英国十九世纪的两个哲人，弥儿（J. S. Mill）终身做东印度公司的秘书，然而他的业余工作使他在哲学上，经济学上，政治思想史上都占一个很高的位置；斯宾塞（Spencer）是一个测量工程师，然而他的业余工作使他成为前世纪晚期世界思想界的一个重镇。古来成大学问的人，几乎没有一个不是善用他的闲暇时间的。特别在这个组织不健全的中国社会，职业不容易适合我们性情，我们要想生活不苦痛或不堕落，只有多方发展业余的兴趣，使我们的精神有所寄托，使我们的剩余精力有所施展。有了这种心爱的玩意儿，你就做六个钟头的抹桌子工夫也不会感觉烦闷了，因为你知道，抹了六点钟的桌子之后，你可以回家去做你的化学研究，或画完你的大幅山水，或写你的小说戏曲，或继续你的历史考据，或做你的社会改革事业。你有了这种称心如意的活动，生活就不枯寂了，精神也就不会烦闷了。

第三个方子也只有一句话："你总得有一点信心。"我们生当这个不幸的时代，眼中所见，耳中所闻，无非是叫我们悲观失望的。特别是在这个年头毕业的你们，眼见自己的国家民族沉沦到这步田地，眼看世界只是强权的世界，望极天边好像看不见一线的光明，——在这个年头不发狂自杀，已算是万幸了，怎么还能够希望保持一点内心的镇定和理想的信任呢？我要对你们说：这时候正是我们要培养我们的信心的时候！只要我们有信心，我们还有救。古人说："信心（Faith）可以移山。"又说；"只要工夫深，生铁磨成绣花针。"你不信吗？当拿破仑的军队征服普鲁士占据柏林的时候，有一位穷教授叫做菲希特（Fichte）的，天天在讲堂上劝他的国人要有信心，要信仰他们的民族是有世界的特殊使命的，是必定要复兴的。菲希特死的时候（1814），谁也不能预料德意志统一帝国何时可以实现。然而不满五十年，新的统一的德意志帝国居然实现了。

一个国家的强弱盛衰，都不是偶然的，都不能逃出因果的铁律的。我们今日所受的苦痛和耻辱，都只是过去种种恶因种下的恶果。我们要收将来的善果，必须努力种现在的新因。一粒一粒的种，必有满仓满屋的收，这是我们今日应该有的信心。

我们要深信：今日的失败，都由于过去的不努力。

我们要深信：今日的努力，必定有将来的大收成。

佛典里有一句话："福不唐捐。"唐捐就是白白的丢了。我们也应该说："功不唐捐！"没有一点努力是会白白的丢了的。在我们看不见想不到的时候，在我们看不见想不到的方向，你瞧！你下的种子早已生根发叶开花结果了！

你不信吗？法国被普鲁士打败之后，割了两省地，赔了五十万万法郎的赔款。这时候有一位刻苦的科学家巴斯德（Pasteur）终日埋头在他的试验室里做他的化学试验和微菌学研究。他是一个最爱国的人，然而他深信只有科学可以救国。他用一生的精力证明了三个科学问题：（1）每一种发酵作用都是由于一种微菌的发展；（2）每一种传染病都是由于一种微菌在生物体中的发展；（3）传染病的微菌，在特殊的培养之下，可以减轻毒力，使它从病菌变成防病的药苗。——这三个问题，在表面上似乎都和救国大事业没有多大的关系。然而从第一个问题的证明，巴斯德定出做醋酿酒的新法，使全国的酒醋业每年减除极大的损失。从第二个问题的证明，巴斯德教全国的蚕丝业怎样选种防病，教全国的畜牧农家怎样防治牛羊瘟疫，又教全世界的医学界怎样注重消毒以灭除外科手术的死亡率。从第三个问题的证明，巴斯德发明了牲畜的脾热瘟的疗治药苗，每年替法国农家减除了二千万法郎的大损失；又发明了疯狗咬毒的治疗法，救济了无数的生命。所以英国的科学家赫胥黎（Huxley）在皇家学会里称颂巴斯德的功绩道："法国给了德国五十万万法郎的赔款，巴斯德先生一个人研究科学的成绩足够还清这一笔赔款了。"

巴斯德对于科学有绝大的信心，所以他在国家蒙奇辱大难的时候，终不肯抛弃他的显微镜与试验室。他绝不想他的显微镜底下能偿还五十万万法郎的赔款，然而在他看不见想不到的时候，他已收获了科学救国的奇迹了。

朋友们，在你最悲观最失望的时候，那正是你必须鼓起坚强的信心的时候。你要深信：天下没有白费的努力。成功不必在我，而功力必不唐捐。

二十一，六，二十七夜

（原载1932年7月3日《独立评论》第7号）

我们今日还不配读经

傅孟真先生昨天在《大公报》上发表星期论文，讨论学校读经的问题，我们得了他的同意，转载在这一期（《独立》第一四六号）里。他这篇文章的一部分是提倡读经的诸公所能了解（虽然不肯接受）的。但是其中最精确的一段，我们可以预料提倡读经的文武诸公决不会了解的。那一段是：

> 经过明末以来朴学之进步，我们今日应该充分感觉六经之难读。汉儒之师说既不可恃，宋儒的臆想又不可凭，在今日只有妄人才敢说诗书全能了解。有声音文字训诂学训练的人是深知“多闻阙疑”“不知为不知”之重要性的。那么，今日学校读经，无异于拿些教师自己半懂半不懂的东西给学生。……六经虽在专门家手中也是半懂半不懂的东西，一旦拿来给儿童，教者不是混沌混过，便要自欺欺人。这样的效用，究竟是有益于儿童的理智呢，或是他们的人格？

孟真先生这段话，无一字不是事实。只可惜这番话是很少人能懂的。今日提倡读经的人们，梦里也没有想到五经至今还只是一半懂得一半不懂得的东西。这也难怪。毛公、郑玄以下，说《诗》的人谁肯说《诗》三百篇有一半不可懂？王弼、韩康伯以下，说《易》的人谁肯说《周易》有一大半不可懂？郑玄、马融、王肃以下，说《书》的人谁肯说《尚书》有一半不可懂？古人且不谈，三百年中的经学家，陈奂、胡承珙、马瑞辰等人的《毛诗》学，王鸣盛、孙星衍、段玉裁、江声、皮锡瑞、王先谦诸人的《尚书》学，焦循、江藩、张惠言诸人的《易》学，又何尝肯老实承认这些古经他们只懂得一半？所以孟真先生说的“六经虽在专门家手中也是半懂半不懂的东西”，这句话只是最近二三十年中的极少数专家的见解，只是那极少数的"有声音文字训诂学训练的人"的见解。这种见解，不但陈济棠、何键诸公不曾梦见，就是一般文人也未必肯相信。

所以我们在今日正应该教育一般提倡读经的人们，教他们明白这一点。这种见解可以说是最新的经学，最新的治经方法。始创新经学的大师是王国维先生，虽然高邮王氏父子在一百多年前早已走上这条新经学的路了。王国维先生说：

> 《诗》、《书》为人人诵习之书，然于六艺中最难读。以弟之愚暗，于《书》所不能解者殆十之五；于《诗》，亦十之一二。此非独弟所不能解也，汉、魏以来诸大师未尝不强为之说，然其说终不可通。以是知先儒亦不能解也。（《观堂集林》卷一，《与友人论诗书中成语书》）

这是新经学开宗明义的宣言，说话的人是近代一个学问最博而方法最缜密的大师，所以说的话最有分寸，最有斤两。科学的起点在于求知，而求知的动机必须出于诚恳的承认自己知识的缺乏。古经学所以不曾走上科学的路，完全由于汉、魏以来诸大师都不肯承认古经的难懂，都要"强为之说"。南宋以后，人人认朱子、蔡沈的《集注》为集古今大成的定论，所以经学更荒芜了。顾炎武以下，少数学者走上了声音文字训诂的道路，稍稍能补救宋、明经学的臆解的空疏。然而他们也还不肯公然承认他们只能懂得古经的一部分，他们往往不肯抛弃注释全经的野心。浅识的人，在一个过度迷信清代朴学的空气里，也就纷纷道听途说，以为经过了三百年清儒的整理，五经应该可以没有疑问了。谁料到了这三百年的末了，王国维先生忽然公开揭穿了这张黑幕，老实地承认，《诗经》他不懂的有十之一二，《尚书》他不懂的有十之五。王国维尚且如此说，我们不可以请今日妄谈读经的诸公细细想想吗？

何以古经这样难懂呢？王国维先生说：

> 其难解之故有三：讹阙，一也（此以《尚书》为甚）。古语与今语不同，二也。古人颇用成语，其成语之意义与其中单语分别之意义又不同，三也。
>
> 唐、宋之成语，吾得由汉、魏、六朝人书解之；汉、魏之成语，

吾得由周、秦人书解之。至于《诗》、《书》，则书更无古于是者。其成语之数数见者，得比较之而求其相沿之意义。否则不能赞一词。若但合其中之单语解之，未有不龃龉者。(同上书)

王国维说的三点，第一是底本，第二是训诂，第三还是训诂。其实古经的难懂，不仅是单字，不仅是成语，还有更重要的文法问题。前人说经，都不注意古文语法，单就字面作训诂，所以处处"强为之说"，而不能满人意。王念孙、王引之父子的《经传释词》，用比较归纳的方法，指出许多前人误认的字是"词"（虚字)，这是一大进步。但他们没有文法学的术语可用，只能用"词""语词""助词""语已词"一类笼统的名词，所以他们的最大努力还不能使读者明了那些做古文字的脉络条理的"词"在文法上的意义和作用。况且他们用的比较的材料绝大部分还是古书的文字，他们用的铜器文字是绝少的。这些缺陷，现代的学者刚刚开始弥补：文法学的知识，从《马氏文通》以来，因为有了别国文法作参考，当然大进步了；铜器文字的研究，在最近几十年中，已有了长足的进展；甲骨文字的认识又使古经的研究添出了不少的比较的材料。所以今日可说是新经学的开始时期。路子有了，方向好像也对了，方法好像更精细了，只是工作刚开始，成绩还说不上。离那了解古经的时期，还很远哩！

正因为今日的工具和方法都比前人稍进步了，我们今日对于古经的了解力的估计，也许比王国维先生的估计还要更小心一点，更谦卑一点。王先生说他对《诗经》不懂的有十之一二，对《尚书》有十之五。我们在今日，严格的估计，恐怕还不能有他那样的乐观。《尚书》在今日，我们恐怕还不敢说懂得了十之五。《诗经》的不懂部分，一定不止十之一二，恐怕要加到十之三四吧。这并不是因为我们比前人更笨，只是因为我们今日的标准更严格了。试举几个例来做说明。(1)《大诰》开篇就说：

王若曰，猷大诰尔多邦。

《微子之命》开篇也说：

王若曰，猷殷王元子。

《多方》开篇也说：

周公曰，王若曰，猷告尔四国多方。

这个“猷”字，古训作“道”，清代学者也无异说。但我们在今日就不能这样轻轻的放过它了。(2) 又如“弗”“不”两个字，古人多不曾注意到他们的异同，但中央研究院的丁声树先生却寻出了很多的证据，写了两万多字的长文，证明这两个否定词在文法上有很大的区别，“弗”字是“不之”两字的联合省文，在汉以前这两字是从不乱用的。(3) 又如《诗》、《书》里常用的“诞”字，古训作“大”，固是荒谬；世俗用作“诞生”解，固是更荒谬；然而王引之《经传释词》里解作“发语词”，也还不能叫人明白这个字的文法作用。燕京大学的吴世昌先生释“诞”为“当”，然后我们懂得“诞弥厥月”就是当怀胎足月之时；“诞寘之隘巷”“诞寘之平林”就是当把他放在隘巷平林之时。这样说去，才可以算是认得这个字了。(4) 又如《诗经》里常见的“于以”二字：

于以采苹，南涧之滨。
于以采藻，于彼行潦。
于以采蘩，于沼于沚。
于以用之，公侯之事。
于以求之，于林之下。

“于以”二字，谁不认得？然而清华大学的杨树达先生指出这个“以”字应解作“何”字，就是“今王其如台”的“台”字。这样一来，我们只消在上半句加个疑问符号（?），如下例：

于以求之？于林之下。
于以采蘩？于沼于沚。

这样说经，才可算是“涣然冰释，怡然顺理”了。

我举的例子，都是新经学提出的小小问题，都是前人说经时所忽略的，所认为不须诂释的。至于近二三十年中新经学提出的大问题和他们的新解决，那都不是这篇短文里说得明白的，我们姑且不谈。

总而言之，古代的经典今日正在开始受科学的整理的时期，孟真先生说的“六经虽在专门家手中也是半懂半不懂的东西”，真是最确当的估计。《诗》，《书》，《易》，《仪礼》，固然有十之五是不能懂的，《春秋三传》也都有从头整理研究的必要；就是《论语》、《孟子》也至少有十之一二是必须经过新经学的整理的。最近一二十年中，学校废止了读经的功课，使得经书的讲授完全脱离了村学究的胡说，渐渐归到专门学者的手里，这是使经学走上科学的路的最重要的条件。二三十年后，新经学的成绩积聚的多了，也许可以稍稍减低那不可懂的部分，也许可以使几部重要的经典都翻译成人人可解的白话，充作一般成人的读物。

在今日妄谈读经，或提倡中小学读经，都是无知之谈，不值得通人的一笑。

二十四，四，八

（原载1935年4月14日《独立评论》第146号）

差不多先生传

你知道中国最有名的人是谁?

提起此人，人人皆晓，处处闻名。他姓差，名不多，是各省各县各村人氏。你一定见过他，一定听过别人谈起他。差不多先生的名字天天挂在大家的口头，因为他是中国全国人的代表。

差不多先生的相貌和你和我都差不多。他有一双眼睛，但看的不很清楚；有两只耳朵，但听得不很分明；有鼻子和嘴，但他对于气味和口味都不很讲究。他的脑子也不小，但他的记性却不很精明，他的思想也不很细密。

他常常说："凡事只要差不多，就好了。何必太精明呢?"

他小的时候，他妈叫他去买红糖，他买了白糖回来。他妈骂他，他摇摇头说："红糖白糖不是差不多吗?"

他在学堂的时候，先生问他："直隶省的西边是哪一省?"他说是陕西。先生说："错了。是山西，不是陕西。"他说："陕西同山西，不是差不多吗?"

后来他在一个钱铺里做伙计，他也会写，也会算，只是总不会精细。十字常常写成千字，千字常常写成十字。掌柜的生气了，常常骂他。他只是笑嘻嘻地赔小心道："千字比十字只多一小撇，不是差不多吗?"

有一天，他为了一件要紧的事，要搭火车到上海去。他从从容容地走到火车站，迟了两分钟，火车已开走了。他白瞪着眼，望着远远的火车上的煤烟，摇摇头道："只好明天再走了，今天走同明天走，也还差不多。可是火车公司未免太认真了。八点三十分开，同八点三十二分开，不是差不多吗?"他一面说，一面慢慢地走回家，心里总不明白为什么火车不肯等他两分钟。

有一天，他忽然得了急病，赶快叫家人去请东街的汪医生。那家人急急忙忙地跑去，一时寻不着东街的汪大夫，却把西街牛医王大夫请来了。差不多先生病在床上，知道寻错了人；但病急了，身上痛苦，心里焦急，等不得了，心里想道："好在王大夫同汪大夫也差不多，让他试试看罢。"于是这位牛医王大夫走近床前，用医牛的法子给差不多先生治病。不上一点钟，差不多先生就一命呜呼了。

差不多先生差不多要死的时候，一口气断断续续地说道："活人同死人也差……差……差不多，……凡事只要……差……差……不多……就……好了，……何……何……必……太……太认真呢？"他说完了这句格言，方才绝气了。

他死后，大家都很称赞差不多先生样样事情看得破，想得通；大家都说他一生不肯认真，不肯算账，不肯计较，真是一位有德行的人。于是大家给他取个死后的法号，叫他做圆通大师。

他的名誉越传越远，越久越大。无数的人都学他的榜样。于是人人都成了一个差不多先生。——然而中国从此就成为一个懒人国了。

（原载1924年6月28日《申报·平民周刊》第1期）

爱情与痛苦

《每周评论》第二十五号里，我的朋友陈独秀引我的话“爱情的代价是痛苦，爱情的方法是要忍得住痛苦”。他又加上一句评语道：“我看不但爱情如此，爱国爱公理也都如此。”这几句话出版后的第三日，他就被北京军警捉去了。现在已有半个多月，他还在警察厅里。我们对他要说的话是：“爱国爱公理的报酬是痛苦，爱国爱公理的条件是要忍得住痛苦。”

（原载 1919 年 6 月 29 日《每周评论》第 28 号）

爱情与痛苦

我的朋友陈独秀被捕之前做了一条《爱情与痛苦》的随感录（本报第二十五号）。后来我也做了一条《爱情与痛苦》的随感录（第二十八号）。有一天，我觉得这个意思可以入诗，遂用《生查子》词调作了这首小诗。

也想不相思，
免得相思苦。
几度细思量，
情愿相思苦！

（原载1919年7月6日《每周评论》第29号）

我们对于学生的希望

今天是5月4日。我们回想去年今日，我们两人都在上海欢迎杜威博士，直到5月6日方才知道北京5月4日的事。日子过得真快，匆匆又是一年了。

当去年的今日，我们心里只想留住杜威先生在中国讲演教育哲学，在思想一方面提倡实验的态度和科学的精神，在教育一方面输入新鲜的教育学说，引起国人的觉悟，大家来做根本的教育改革。这是我们去年今日的希望，不料事势的变化大出我们意料之外。这一年以来，教育界的风潮几乎没有一个月平静的。整整的一年光阴就在这风潮扰攘里过去了。

这一年的学生运动，从远大的观点看起来，自然是几十年来的一件大事。从这里面发生出来的好效果，自然也不少：引起学生的自动精神，是一件；引起学生对于社会国家的兴趣，是二件；引出学生的作文演说的能力、组织的能力、办事的能力，是三件；使学生增加团体生活的经验，是四件；引起许多学生求知识的欲望，是五件；这都是旧日的课堂生活所不能产生的。我们不能不认为学生运动的重要贡献。

社会若能保持一种水平线以上的清明，一切政治上的鼓吹和设施，制度上的评判和革新，都应该有成年的人去料理。未成年的一班人（学生时代的男女），应该有安心求学的权利，社会也用不着他们做学校生活之外的活动。但是，我们现在不幸生在这个变态的社会里，没有这种常态社会中人应该有的福气，社会上许多事，被一班成年的或老年的人弄坏了，别的阶级又都不肯出来干涉纠正，于是这种干涉纠正的责任，遂落在一般未成年的男女学生的肩膀上。这是变态的社会里一种不可避免的现象。现在许多人说学生不应该干预政治，其实并不是学生自己要这样干，这都是社会和政府硬逼出来的。如果社会国家的行为没有受学生干涉纠正的必要，如果学生能享安心求学的幸福而不受外界的强烈刺激和良心上的督责，他们又何必甘心抛了宝贵的光阴，冒着生命的危险，来做这种学生运动呢？

简单一句话：在变态的社会国家里面，政府太卑劣腐败了，国民又没有正式的纠正机关（如代表民意的国会之类），那时候干预政治的运动，一定是从青年的学生界发生的。汉末的太学生，宋代的太学生，明末的结社，戊戌政变以前的公车上书，辛亥以前的留学生革命党，俄国从前的革命党，德国革命前的学生运动，印度和朝鲜现在的独立运动，中国去年的“五四”运动与“六三”运动，都是同一个道理，都是有发生的理由的。

但是我们不要忘记，这种运动是非常的事，是变态的社会里不得已的事。但是他又是很不经济的不幸事，因为是不得已，故它的发生是可以原谅的；因为是很不经济的不幸事，故这种运动是暂时不得已的救急办法，却不可长期存在的。

荒唐的中年、老年人闹下了乱子，却要未成年的学生抛弃学业，荒废光阴，来干涉纠正，这是天下最不经济的事。况且中国眼前的学生运动更是不经济。何以故呢？试看自汉末以来的学生运动，试看俄国、德国、印度、朝鲜的学生运动，哪有一次用罢课作武器的。即如去年的“五四”与“六三”，这两次的成绩，可是单靠罢课作武器的吗？单靠用罢课作武器，是最不经济的方法，是下下策。屡用不已，是学生运动破产的表现。罢课于敌人无损，于自己却有大损失。这是人人共知的。但我们看来，用罢课作武器，还有精神上的很大损失：

（一）养成依赖群众的恶心理。现在的学生很像忘了个人自己有许多事可做。他们很像以为不全体罢课便无事可做。个人自己不肯牺牲，不敢做事，却要全体罢了课来呐喊助威，自己却躲在大众群里跟着呐喊。这种依赖群众的心理是懦夫的心理。

（二）养成逃学的恶习惯。现在罢课的学生，究竟有几个人出来认真做事。其余无数的学生，既不办事，又不自修，究竟为了什么事罢课，从前还可说是激于义愤的表示，大家都认作一种最重大的武器，不得已而用之。久而久之，学生竟把罢课的事看作很平常的事。我们要知道，多数学生把罢课看作很平常的事，这便是逃学习惯已养成的证据。

（三）养成无意识的行为的恶习惯。无意识的行为就是自己说不出为什么要做的行为。现在不但学生把罢课看作很平常的事，社会也把学生罢课看作很平常的事。一件很重大的事，变成了很平常的事，还有什么功效灵验。既然明知没有灵验功效，却偏要去做；一处无意识的做了，别处也无意识的盲从，这种心理的养成，实在是眼前和将来最可悲观的现象。

以上说的是我们对于现在学生运动的观察。

我们对于学生的希望，简单说来，只有一句话：“我们希望学生从今以后要注重课堂里，自修室里，操场上，课余时间里的学生活动。只有这种学生活动是能持久又最有功效的学生运动。”这种学生活动有三个重要部分。

（1）学问的生活。

（2）团体的生活。

（3）社会服务的生活。

第一，学问的生活。这一年以来，最可使人乐观的一种好现象，就是许多学生对于知识学问的兴趣渐渐增加了。新出的出版物的销数增加，可以估量学生求知识的兴趣增加。我们希望现在的学生充分发展这点新发生的兴趣，注重学问的生活，要知道社会国家的大问题绝不是没有学问的人能解决的。我们说的学问的生活，并不限于从前的背书抄讲义的生活。我们希望学生（无论中学、大学）都能注重下列的几项细目。

（1）注重外国文。现在中文的出版物，实在不够满足我们求知识的欲望。求新知识的门径在于外国文，每个学生至少须要能用一种外国语看书。学外国语需要经过查生字记生字的第一难关，千万不要怕难，若是学堂里的外国文教员确是不好，千万不要让他敷衍你们，不妨赶跑他。

（2）注重观察事实与调查事实。这是科学训练的第一步，要求学校里用实验来教授科学；自己去采集标本，自己去观察调查。观察调查须要有个目的（例如本地的人口、风俗、出产、植物、鸦片烟馆等项的调查），还要注重团体的互助，分工合作，做成有系统的报告。现在的学生天天谈《二十一条》，究竟二十一条是什么东西，有几个人说得出吗？天天谈“高徐济顺”，究竟有几个指得出这条路在什么地方吗？这种不注重事实的习惯，是不可不打破的。打破这种习惯的唯一法子，就是养成观察调查的习惯。

（3）建设的促进学校的改良。现在的学校课程和教员，一定有许多不能满足学生求学的欲望的。我们希望学生不要专做破坏的攻击，须要用建设的精神，促进学校的改良。与其提倡考试的废止，不如提倡考试的改良。与其攻击校长不多买博物标本，不如提倡学生自去采集标本。这种建设的促进，比教育部和教育厅的命令的功效大得多咧。

（4）注重自修。灌进去的知识学问，没有多大用处的。真正可靠的学问，都是从自修得来。自修的能力，是求学问的唯一条件，不养成自修的能力，决不能求学问。自修注重的事，是（一）看书的能力。（二）要求学校购备参考书报，如大字典、词典、重要的大部书之类。（三）结合同学多买书报，交换阅看。（四）要求教员指导自修的门径和自修的方法。

第二，团体的生活。“五四”运动以来，总算增加了许多学生的团体生活的经验，但是现在的学生团体有两大缺点：（一）是内容太偏枯了。（二）是组织太不完备了。内容偏枯的补救，应注意各方面的“俱分并进”。

（1）学术的团体生活。如学术研究会或讲演会之类，应该注重自动的调查、报告、试验、讲演。

（2）体育的团体生活。如足球、运动会、童子军、野外幕居，假期游行，等等。

（3）游艺的团体生活。如音乐、图画、戏剧，等等。

（4）社交的团体生活。如同学茶会、家人恳亲会、同乡会，等等。

（5）组织的团体生活。如本校学生会、自治会、各校联合会、学生联合总会之类。

要补救组织的不完备，应注重议会法规（parliamantary law）的重要条件。简单说来，至少须有下列的几个条件：

（1）法定开会人数。这是防弊的要件。

（2）动议的手续与修正议案的手续。这是议会法规里最繁难又最重要的一项。

（3）发言的顺序。这是维持秩序的要件。

（4）表决的方法。（一）须规定某种议案必须全体几分之几的可决。某种必须到会人数几分之几的可决。某种仅须过半数的可决。（二）须规定某种重要议案必须用无记名投票。某种必须用有记名投票。某种可用举手的表决。

（5）凡是代表制的联合会。无论校内校外，皆须有复决制（Referendum）。遇重大的案件，代表会议的议决案，必须再经过会员的总投票。总会的议决案，必须再经过各分会的复决。

（6）议案提出后，应有规定的讨论时间，并须限制每人发言的时间与次数。

现在许多学生会的章程，只注重职员的分配，却不注重这些最要紧的条件，这是学生团体失败的一个大原因。

此外还须注意团体生活最不可少的两种精神：

(1) 容纳反对党的意见。现在学生会议的会场上，对于不肯迎合群众心理的言论，往往有许多威压的表示，这是暴民专制，不是民治精神。民治主义的第一个条件，就是要使各方面的意见都可自由发表。

(2) 人人要负责任。天下有许多事，都是不肯负责任的“好人”弄坏的。好人坐在家里叹气，坏人在议场上做戏，天下事所以败坏了。不肯出头负责的人，便是团体的罪人，便不配做民治国家的国民。民治主义的第二个条件，是人人要负责任，要尊重自己的主张，要用正当的方法来传播自己的主张。

第三，社会服务的生活。学生运动是学生对于社会国家的利害发生兴趣的表示，所以各处都有平民夜学，平民讲演的发起。我们希望今后的学生继续推广这种社会服务的事业。这种事业，一来是救国的根本办法；二来是学生的能力做得到的；三来可以发展学生自己的学问与才干；四来可以训练学生待人接物的经验。我们希望学生注意以下各点。

(1) 平民夜校。注重本地的需要，介绍卫生的常识，职业的常识，和公民的常识。

(2) 通俗讲演。现在那些“同胞快醒，国要亡了”、“杀卖国贼”、“爱国是人生的义务”，等等空话的讲演，是不能持久的，说了两三遍就没有了。我们希望学生注重科学常识的讲演，改良风俗的讲演，破除迷信的讲演，譬如你今天演说“下雨”，你不能不先研究雨是怎样来的，何以从天上下来，听的人也可以因此知道雨不是龙王菩萨洒下来的，也可以知道雨不是道士和尚求得下来的。又如你明天演说“种田何以须用石灰做肥料”，你就不能不研究石灰的化学，听的人也可以因此知道肥料的道理。这种讲演，不但于人有益，于自己也极有益。

(3) 破除迷信的事业。我们希望学生不但用科学的道理来解释本地的种种迷信，并且还要实行破除迷信的事业。如求神合婚，求仙方、放焰口、风水等等迷信，都该破除。学生不来破除迷信，迷信是永远不会破除的。

(4) 改良风俗的事业。我们希望学生用力去做改良风俗的事业。如女子缠足的，现在各处多有，学生应该组织天足会。相戒不娶小脚的女子；

不能解放你的姊妹们的小脚，你就不配谈“女子解放”。又如鸦片烟与吗啡，现在各处仍旧很销行。学生应该组织调查队，或报告官府，或自动的捣毁烟间与吗啡店；你不能干涉你村上的鸦片、吗啡，你也不配干预国家的大事。

以上说的是我们对于学生的希望。

学生运动已发生了，是青年一种活动力的表现。是一种好现象，决不能压下去的，也决不可把它压下去的。我们对于办教育的人的忠告，是“不要梦想压制学生运动。学潮的救济只有一个法子，就是引导学生向有益有用的路上去活动”。

学生运动现在四面都受攻击，“五四”的后援也没有了，“六三”的后援也没有了。我们对于学生的忠告，是“单靠用罢课作武器是下下策，可一而再，再而三的么？学生运动如果要想保存‘五四’和‘六三’的荣誉，只有一个法子，就是改变活动的方向，把‘五四’和‘六三’的精神用到学校内外有益有用的学生活动上去”。

我们讲的话，是很直率，但这都是我们的老实话。

（原载1920年5月4日《晨报副刊》，又载1920年5月《新教育》第2卷第5期）

时间不值钱

我回中国所见的怪现状，最普通的是“时间不值钱”，中国人吃了饭没有事做，不是打麻雀，便是打“扑克”。有的人走上茶馆，泡了一碗茶，便是一天了。有的人拿一只鸟儿到处逛逛，也是一天了。更可笑的是朋友去看朋友，一坐下便生了根了，再也不肯走，有事商议，或是有话谈论，倒也罢了，其实并没有可议的事，可说的话。我有一天在一位朋友处有事，忽然来了两位客，是□□馆的人员，我的朋友走出去会客，我因为事没有完，便在他房里等他。我以为这两位客一定是来商议这□□馆中这什么要事的。不料我听得他们开口道：“□□先生，今回是打津浦火车来的，还是坐轮船来的?”我的朋友说是坐轮船来的，这两位客接着便说轮船怎样不便，怎样迟缓，又从轮船上谈到铁路上，从铁路上又谈到现在中、交两银行的钞洋跌价。因此又谈到梁任公的财政本领。又谈到梁士诒的行踪去迹。……谈了一点多钟，没有谈上一句要紧的话。后来我等的没法了，只好叫听差的去请我的朋友。那两位客还不知趣，不肯就走。我不得已，只好跑了，让我的朋友去领教他们的“二梁优劣论”罢。

美国有一位大贤名富兰克林（Benjamin Franklin）的曾说道：“时间乃是造成生命的东西。”时间不值钱，生命自然也不值钱了。上海那些拣茶叶的女工，一天拣到黑至多不过二百个钱，少的不过得五六十钱！茶叶店的伙计，一天做十六七点钟的工，一个月平均只拿得两三块钱！还有那些工厂的工人，更不用说了。还有那些更下等，更苦痛的工作，更不用说了。人力那样不值钱，所以卫生也不讲究，医药也不讲究。我在北京、上海看那些小店铺里和穷人家里的种种不卫生，真是一种黑暗世界，至于道路的不洁净，瘟疫的横行，更不消说了。最可怪的是无论阿猫阿狗都可挂牌医病，医死了人，也没有人怨恨，也没有人干涉。人命的不值钱，真可算达到了极端了。

（原载 1926 年 12 月 5 日《生活周刊》第 2 卷第 7 期）

拜金主义

吴稚晖先生在今年5月底曾对我说："适之先生，你千万再不要提倡那害人误国的国故整理了。现在最要紧的是要提倡一种纯粹的拜金主义。"

我因为个人兴趣上的关系，大概还不能完全抛弃国故的整理。但对于他说的拜金主义的提倡，我却表示二十四分的赞成。

拜金主义并没有什么深奥的教旨，吴稚晖先生在他的《一个新信仰的宇宙观与人生观》里，曾发挥过这种教义。简单说来，拜金主义只有三个信条：

第一，要自己能挣饭吃。

第二，不可抢别人的饭吃。

第三，要能想出法子来，开出生路来，叫别人有挣饭吃的机会。

《朱砂痣》里有一句说白："原来银子是一件好宝贝"。这就是拜金主义的浅说。银子为什么是一件好宝贝呢？因为没有银子便是贫穷，贫穷便是一切罪恶的来源。《朱砂痣》里那个男子因为贫穷，便肯卖妻子，卖妻子便是一桩罪恶。你仔细想想，哪一件罪恶不是由于贫穷的？小偷，大盗，扒手，绑票，卖娼，贪贼，卖国，哪一件不是由于贫穷？

所以古人说：

> 衣食足而后知荣辱，
> 仓廪实而后知礼节。

这便是拜金主义的人生观。

一班瞎了眼睛，迷了心头孔的人，不知道人情是什么，偏要大骂西洋人，尤其是美国人，骂他们"崇拜大拉"（Worship the dollar）！你要知道，美国人因为崇拜大拉，所以已经做到了真正"夜不闭户，路不拾遗"的理想境界了（几个大城市里自然还有罪恶，但乡间真能夜不闭户，路不拾遗是西洋的普遍现状）。

我们不配骂人崇拜大拉；请回头看看我们自己崇拜的是什么！一个老太婆，背着一只竹箩，拿着一根铁扦，天天到衖堂里扒垃圾堆，去寻找那垃圾堆里一个半个没有烧完的煤球，一寸两寸稀烂奇脏的破布。——这些人崇拜的是什么！

要知道，这种人连半个没有烧完的煤球也不肯放过，还能有什么“道德”、“牺牲”、“廉洁”、“路不拾遗”？

所以现今的要务是要充分提倡拜金主义，提倡人人要挣饭吃。

上海青年会里的朋友们现在办了一种职业学校，要造成一些能自己挣饭吃的人才，这真是大做好事，功德无量。我想社会上一定有些假充道学的人，嫌这个学校的拜金气味太重，所以写这篇短文，预先替他们做点辩护。

十六，八，廿六

（原载1927年10月《文社月刊》第2卷第10册）

保寿的意义

我们中国古代有一个无名诗人留下了两句最有害的诗：

我躬不阅，遑恤我后。

译成白话，这就是说：

我自己看不见了，
何必顾虑后来的事呢？

这个意思是根本大错的。正因为我们自己有看不见的时候，所以我们必须在看得见的时候先给后来的事作点准备。人类所以比别的动物强，全靠这预计未来的能力。凡未雨绸缪，积谷防饥，都是预计未来的事。如果人人都不管将来的事，只图个今朝有酒今朝醉，那就是自己堕落下去和禽兽一样了。

我们中国人在这几千年中，受了老、庄思想的毒，往往只顾眼前的享乐，不顾将来的准备。常言道：

儿孙自有儿孙福，
莫为儿孙做马牛。

替儿孙做牛马，固然大可以不必。但儿女是我们生的，我们对他们应该负教养的责任，我们难道连这一点准备都没有吗？况且我们既不愿替儿孙做牛马，也就不应该叫儿孙替我们自己做牛马。我们平日毫不准备将来，一朝两脚伸直，一口气转不过来，还要连累儿孙去借债买棺买坟来葬我们的老骨头，这就未免太对不起儿孙了。

生在这个新时代的人们，应该学一点新时代的新伦理。新伦理的最小限度有这几点：

第一，自己要能独立生活，生不靠朋友，死不累子孙。

第二，我对子女应该负教养的责任，这是我自己尽责，不希望子女将来还债。

第三，今天总得预备明天的事，总要使明天的景况胜似今天。

要做到这几点，只有储蓄的一个法子。储蓄的种类很多，保寿便是今日世界最通行的一种方法。保寿的意义只是今日作明天的准备，生时作死时的准备，父母做儿女的准备，儿女幼小时做儿女长大时的准备，如此而已。今天预备明天，这是真稳健。生时预备死时，这是真旷达。父母预备儿女，这是真慈爱。不能做到这三步的，不能算作现代的人。

我的朋友郝先生本是热心宗教事业的人，现在决心做人寿保险的事，他希望我说几句提倡保寿的话，所以我写这篇短文给他。

十九，三，五

（收入耿云志主编：《胡适遗稿及秘藏书信》第12册）

赠言北大哲学系毕业纪念

一个大学里，哲学系应该是最不时髦的一系，人数应该最少。但北大的哲学系向来有不少的学生，这是我常常诧异的事。我常常想，这许多哲学学生，毕业之后，应该做些什么事？能够做些什么事？

现在你们都要毕业了。你们自然也都在想，“我们应该做些什么？我们能够做些什么？”

依我的愚见，一个哲学系的目的应该不是教你们死读哲学书，也不是教你们接受某派某人的哲学。

禅宗有个和尚曾说，“达摩东来，只是要寻一个不受人惑的人”。我想借用这句话来说：“哲学教授的目的也只是要造出几个不受人惑的人。”

你们应该做些什么？你们应该努力做个不受人惑的人。

你们能够做个不受人惑的人吗？这个全凭自己的努力。

如果你们不敢十分自信，我这里有一件小小法宝，送给你们带去做一件防身工具。这件小法宝只是四个字：“拿证据来！”

这里还有一只小小锦囊，装着这件小法宝的用法：“没有证据，只可悬而不断；证据不够，只可假设，不可武断；必须等到证实之后，方才可以算做定论。”

必须自己能够不受人惑，方才可以希望指引别人不受人惑。

朋友们，大家珍重！

二十，五，五

（收入耿云志主编：《胡适遗稿及秘藏书信》第12册）

思想的方法

一个人的思想，差不多是防身的武器，可以批评什么主义，可以避免一切纷扰。我们人总以为思想只有知识阶级才有，可是这是不尽然的；有的时候，思想不但普通人没有，就是学者也没有。普通人每天做事，吃饭，洗脸，漱口，……都是照着习惯做去，没有思想的必要，所以不能称为有思想；就是关着窗子，闭着门户，一阵子的胡思乱想，也绝对不是思想的本义。原来思想是有条理，有系统，有方法的。

我们遇着日常习惯的事，总是马马虎虎的过去；及至有一个异于平常的困难发生，才用思想去考虑和解决。譬如学生每天从宿舍到课堂，必须经过三岔路和电车站，再走过二行绿茵茵的柳树，和四层楼的红房子，然后才至课堂。这在每天来往的学生，是极平常而不注意的事；但要是一个新考进来的学生，当他到了三岔路口的辰光，一定有一个问题发生：就是在这三条路中，究竟打哪一条路走能到目的地？那个时候，要解决这个困难，思想便发生了。

要管理我们的思想，照心理学上讲，须要用五种步骤：

1. 困难的发生　人必遇有歧路的环境或疑难问题的时候，才有思想发生。倘无困难，绝不会发生思想。

2. 指定困难的所在　有的困难是很容易解决的，那就没有讨论和指定困难的所在的必要。要是像医生的看病，那就有关人命了。我们遇着一个人生病的时光，往往自己说不出病之所在；及至请了医生来，他诊了脉搏，验了小便，就完了事；后来吃了几瓶药水，就能够恢复原状。他所以能够解决困难，和我们所以不能解决困难的不同点，就在能否指定和认清困难之所在罢了。

3. 假设解决困难的方法　这就是所谓出主意了。像三岔路口的困难者，他有了主意，必定向电车站杨柳树那边跑。这种假说的由来，多赖平日的知识与经验。语云："养兵千日，用在一朝。"我们求学亦复如此。这一步实是最重要的一步。要是在没有思想的人，他在脑袋中，东也找不到，西也找不到，虽是他在平常，能够把书本子倒背出来；可是没有观察的经验，和考虑的能力，一辈子的胡思乱想，终是不能解决困难的啊。

但是也有人，因为学识太足了，经验太富了，到困难来临的时候，脑海中同时生了许多不同的解决方法；有的时候，把对的主意，给个人的感情和嗜好压了下去，把不对的主意，反而实行了。及后铸成大错，追悔莫及。所以思想多了，一定还要用精密谨慎的方法，去选定一个最好的主意。

4. 判断和选定假设之结果　假若我脑海中有了三种主意：第一主意的结果是A. B. C. D，第二主意的结果是E. F. G，第三主意的结果是H. I，那个时候，就要考虑他三个结果的价值和利害；然后把其中最容易而准确的结果设法证明。

还有我们做事，往往用主观的态度，而不用客观的态度；这就是我们常说的"某人说话，不负责任"的解释了。

此次五卅惨案，也有许多激烈的青年，主张和英国宣战，他们没有想到战争时，和战争后，政治上，商业上，交通上，经济上，军事上的一切设备和结果。他们只知唱高调，不负责任的胡闹，只被成见和一时感情的冲动所驱使，没有想到某种条件有某种结果，和某种结果有没有解决某种条件的可能。

5. 证实结果　既已择定一个解决困难的方法，再要实地实验，看它实效的如何以定是非与价值。遇有事实不易在自然界发生的，则用人力造成某种条件以试验之。例如欲知水是否为氢氧二元素所构成，此事在自然界不易发生，于是以人力合二原质于一处，加以热力，考察是否能成水。更以水分析之，看能否成氢氧二元素，即从效果上来证实水的成分。

从前我的父亲有一次到满洲去勘界。一天到了一个大森林，走了多天，竟迷了路；那个时候干粮也吃完了，马也疲乏了，在无可奈何的时光，他爬上山顶，登高一望，只见翠绿的树叶，弥漫连续，他用来福枪放起来，再把枯树焦叶烧起来，可是等了半天，连救援人的影踪也找不到。他便着急起来了，隔一会儿，他想起从前古书里有一句话，叫做"水必出山"。他便选定了这个办法，找到了河，遵了河道，走了一日夜，竟到达了目的地。

又有一例。禅宗中有一位烧饭的，去问他的大法师道：“佛法是什么？”那大法师算了半天，才回答道：“上海的棉花，二个铜子一斤。”烧饭的便说道：“我问你的是佛法，你答我的是棉法，这真是牛头不对马面了。”隔了三年，他到了杭州的灵隐寺去做烧饭，他又乘便问那住持的和尚道：“佛法是什么？”那住持和尚道：“杭州的棉花，也是二个铜子一斤。”他更莫名其妙；于是他便跑到普陀山，峨眉山……途中饱尝了饥渴盗匪之苦，问了许多和尚法师，竟没有得到一个圆满的解决。有一天，他到了一个破庙旁，碰到一个老年的女丐，口中咿晤的在自语着，他在不知不解间，听得一句不相干的话，忽然间竟觉悟了世界上怎样的困难，他也就明白了“佛法是什么”。他在几十年中所怀的闷葫芦，一旦竟明白了，不是偶然的。这就是孟子所说“资之深，则取之左右逢其源”，只要把自己的思想运用，把自己的脑筋锻炼，那么，什么东西都可以迎刃而解了！

在宋朝有一个和尚，名叫法贤，人家称他做五祖大师，他最喜欢讲笑话。他讲：从前有一个贼少爷，问贼老爷道：“我的年纪也大了，也不能天天玩耍了，爹爹也可以教我一点立身之道吗？”那贼老爷并不回答他，到了晚上，导他到一座高大的屋宇，进了门，便把自己身边的钥匙，开了一个很大的衣橱，让他的儿子进去，待到贼少爷跨进衣橱，贼老爷把橱门啪的关上，并且锁着；自己连喊“捉贼，捉贼”的逃了。那时候，贼少爷在衣橱里是急极了，他想，“我的爹爹叫我来偷东西，那么他为什么把我锁在里边，岂不是叫他们活剥剥的把我捉住，送我到牢狱里去，尝铁窗风味吗？”可是他继而一想，“怎么样我可以出去？”便用嘴作老鼠咬衣服的声音，吱吱的一阵乱叫，居然有人给他开门了，他便乘着这个机会，把开门的人打倒，把蜡烛吹灭，等仆人们来追赶他，他早已一溜烟地跑回家了。他看见父亲之后，第一声便问道：“你为什么把我关在橱里呢？”那贼老爷道：“我先要问你，你是怎么样出来的？”他便把实情一五一十地讲给贼老爷听，他听了之后，眉开眼笑的说道：“你也干得了！”要是这位贼少爷，在困难发生的时候，不用思想，他早已大声地喊道：“爹爹啊！不要关门啊”了。

我们读书不当死读，要讲合用；在书本之外，尤其要锻炼脑力，运用思想，和我的父亲，禅宗中的烧饭者和贼少爷一般无二。他们是能用有条理有系统有方法的思想，去解决他们的困难的。

我记得前几天有一个日本新闻记者问我：“现在中国青年的思想是什

么?”我便很爽快地答道:“中国的青年,是没有思想的。”这一句话,我觉得有一点武断,并且很对不起我国的青年,可是我也有不得已的苦衷。当我在北京大学教伦理学的时光,我出了三个问题:

(一)照你自己经验上讲,有何可称为思想的事实?

(二)在福尔摩斯的侦探案中,用科学方法分析出来有何可称为思想的事实?

(三)在科学发明史上,有何可称为思想的事实?

到了后来,第二、第三个问题都能回答得很对,第一个问题简直回答的不满十分之二,而他们所回答的,完全是答非所问,这便因为他们平时不注意运用思想的缘故。

(本文为1925年10月28日胡适在光华大学的演讲,赵家璧记,原载1926年1月5日《学生杂志》第13卷第1期)

学生与社会

今天我同诸君所谈的题目是“学生与社会”。这个题目可以分两层讲：一、个人与社会，二、学生与社会。现在先说第一层。

一、个人与社会

（一）个人与社会有密切的关系，个人就是社会的出产品。我们虽然常说“人有个性”，并且提倡发展个性，其实个性于人，不过是千分之一，而千分之九百九十九全是社会的。我们的说话，是照社会的习惯发音；我们的衣服，是按社会的风尚为式样；就是我们的一举一动，无一不受社会的影响。

六年前我作过一首《朋友篇》，在这篇诗里我说：“清夜每自思，此身非吾有；一半属父母，一半属朋友”。如今想来，这百分之五十的比例算法是错了。此身至少有千分之九百九十九是属于广义的朋友的。我们现在虽在此地，而几千里外的人，不少的同我们发生关系。我们不能不穿衣，不能不点灯，这衣服与灯，不知经过多少人的手才造成功的。这许多为我们制衣、造灯的人，都是我们不认识的朋友，这衣与灯就是这许多不认识的朋友给予我们的。

再进一步说，我们的思想，习惯，信仰……都是社会的出产品，社会上都说“吃饭”，我们不能改转来说“饭吃”。我们所以为我们，就是这些思想，信仰，习惯，……这些既都是社会的，那么除开社会，还能有我吗？

这第一点内要义：我之所以为我，在物质方面，是无数认识与不认识的朋友的，在精神方面，是社会的，所谓“个人”差不多完全是社会的出产品。

（二）个人——我——虽仅是千分之一，但是这千分之一的“我”是很可宝贵的。普通一班的人，差不多千分之千都是社会的，思想，举动，言语，服食都是跟着社会跑。有一二特出者，有千分之一的我——个性，余跟着社会跑的时候，要另外创作，说人家未说的话，做人家不做的事。社会一班人就给他一个诨号，叫他“怪物”。

怪物原有两种：一种是发疯，一种是个性的表现。这种个性表现的怪物，是社会进化的种子，因为人类若是一代一代的互相仿照，不有变更，那就没有进化可言了。唯其有些怪物出世，特立独行，做人不作的事，说人未说的话，虽有人骂他打他，甚而逼他至死，他仍是不改他的怪言，怪行。久而久之，渐渐的就有人模仿他了，由少数的怪，变为多数，更变而为大多数，社会的风尚从此改变，把先前所怪的反视为常了。

宗教中的人物，大都是些怪物，耶稣就是一个大怪物。当时的人都以为有人打我一掌，我就应该还他一掌。耶稣偏要说：“有人打我左脸一掌，我应该把右边的脸转送给他。”他的言语，行为，处处与当时的习尚相反，所以当时的人就以为他是一个怪物，把他钉死在十字架上。但是他虽死不改其言行，所以他死后就有人尊敬他，爱慕他，模仿他的言行，成为一个大宗教。

怪事往往可以轰动一时，凡轰动一时的事，起先无不是可怪异的。比如缠足，当初一定是很可怪异的，而后来风行了几百年。近来把缠小的足放为天足，起先社会上同样以为可怪，而现在也渐风行了。可见不是可怪，就不能轰动一时。社会的进化，纯是千分之一的怪物，可以牺牲名誉，性命，而做可怪的事，说可怪的话以演成的。

社会的习尚，本来是革不尽，而也不能够革尽的，但是改革一次，虽不能达完全目的，至少也可改革一部分的弊习。譬如辛亥革命，本是一个大改革，以现在的政治社会情况看，固不能说是完全成功，而社会的弊习——如北京的男风，官家厅的公门，等等——附带革除的，实在不少。所以在实际上说，总算是进化的多了。

这第二点的要义：个人的成分，虽仅占千分之一，而这千分之一的个人，就是社会进化的原因。人类的一切发明，都是由个人一点一点改良而成功的。唯有个人可以改良社会，社会的进化全靠个人。

二、学生与社会

由上一层推到这一层，其关系已很明白。不过在文明的国家，学生与社会的特殊关系，当不大显明，而学生所负的责任，也不大很重。唯有在文明程度很低的国家，如像现在的中国，学生与社会的关系特深，所负的改良的责任也特重。这是因为学生是受过教育的人，中国现在受过完全教育的人，真不足千分之一，这千分之一受过完全教育的学生，在社会上所负的改良责任，岂不是比全数受过教育的国家的学生，特别重大吗？

教育是给人戴一副有光的眼镜，能明白观察；不是给人穿一件锦绣的衣服，在人前夸耀。未受教育的人是近视眼，没有明白的认识，远大的视力；受了教育，就是近视眼戴了一副近视镜，眼光变了，可以看明清楚远大。学生读了书，造下学问，不是为要到他的爸爸面前，要吃肉菜，穿绸缎；是要认他爸爸认不得的，替他爸爸说明，来帮他爸爸的忙。他爸爸不知道肥料的用法，土壤的选择，他能知道，告诉他爸爸，给他爸爸制肥料，选土壤，那他家中的收获，就可以比别人家多出许多了。

从前的学生都喜欢戴平光的眼镜，那种平光的眼镜戴如不戴，不是教育的结果。教育是要人戴能看从前看不见，并能看人家看不见的眼镜。我说社会的改良，全靠个人，其实就是靠这些戴近视镜，能看人所看不见的个人。

从前眼镜铺不发达，配眼镜的机会少，所以近视眼，老是近视看不远。现在不然了，戴眼镜的机会容易得多了，差不多是送上门来，让你去戴。若是我们不配一副眼镜戴，那不是自弃吗？若是仅戴一副看不清，看不远的平光镜，那也是可耻的事呀。

这是一个比喻，眼镜就是知识，学生应当求知识，并应当求其所要的知识。

戴上眼镜，往往容易招人家厌恶。从前是近视眼，看不见人家脸上的麻子，戴上眼镜，看见人家脸上有麻子，就要说："你是个麻子脸"。有麻子的人，多不愿意别人说他的麻子。要听见你说他是麻子，他一定要骂你，甚而或许打你。这一改意思，就是说受过教育，就认识清社会的恶习，而发不满意的批评。这种不满意社会的批评，最容易引起社会的反感。但是人受教育，求知识，原是为发现社会的弊端，若是受了教育，而对于社会仍是处处觉得满意，那就是你的眼镜配错了光了，应该返回去审查审查，重配一副光度合适的才好。

从前格里林因人家造的望远镜不适用，他自己造了一个扩大几百倍的望远镜，能看木星现象。他请人来看，而社会上的人反以为他是魔术迷人，骂他为怪物，革命党，几乎把他弄死。他唯其不屈不挠，不可抛弃他的学说，停止他的研究，而望远镜竟成为今日学问上、社会上重要的东西了。

总之，第一要有知识，第二要有图书。若是没有骨子便在社会上站不住。有骨子就是有奋斗精神，认为是真理，虽死不畏，都要去说去做。不以我看见我知道而已，还要使一班人都认识，都知道。由少数变为多数，由多数变为大多数，使一班人都承认这个真理。譬如现在有人反对修铁路，铁路是便利交通，有益社会的，你们应该站在房上喊叫宣传，使人人都知道修铁路的好处。若是有人厌恶你们，阻挡你们，你们就要拿出奋斗的精神，与他抵抗，非把你们的目的达到。不只你们的喊叫宣传，这种奋斗的精神，是改造社会绝不可少的。

二十年前的革命家，现在哪里去了？他们的消灭不外两个原因：

（1）眼镜不适用了。二十年前的康有为是一个出风头的革命家，不怕死的好汉子。现在人都笑他为守旧，老古董，都是由他不去把不适用的眼镜换一换的缘故。（2）无骨子。有一班革命家，骨子软了，人家给他些钱，或给他一个差事，教他不要干，他就不敢干了。没有一种奋斗精神，不能拿出“你不要我干，我偏要干”的决心，所以都消灭了。

我们学生应当注意的就是这两点，眼镜的光若是不对了，就去换一副对的来戴；摸着脊骨软了，要吃一点硬骨药。

我的话讲完了，现在讲一个故事来做结，易卜生所作的《国民公敌》一剧，写一个医生司铎门发现了本地浴场的水里有传染病菌，他还不敢自信，请一位大学教授代为化验，果然不错。他就想要去改良它。不料浴场董事和一般股东因为改造浴池要耗费资本，拼死反对，他的老大哥与他的老丈人也都多方的以情感利诱，但他总是不可软化。他于万分困难之下设法开了一个公民会议，报告他的发明。会场中的人不但不听他的老实话，还把他赶出场去，裤子撕破，宣告他为国民公敌。他气愤不过，说：“出去争真理，不要穿好裤子”。他是真有奋斗精神，能够特立独行的人，于这种逼迫之下还是不少退缩。他说："世界最有强力的人就是那最孤立的人"。我们要改良社会，就要学这"争真理不穿好裤子"的态度，相信这"最孤立的人是最有强力的人"的名言。

（本文为1922年2月19日胡适在平民中学的演讲，半尘节记，原载1922年3月10日《共进》半月刊第11期）

为什么读书

青年会叫我在未离南方赴北方之前在这里谈谈，我很高兴，题目是为什么读书。现在读书运动大会[①]开始，青年会拣定了三个演讲题目。我看第二个题目《怎样读书》很有兴味，第三个题目《读什么书》[②] 更有兴味，第一题目无法讲，为什么读书，连小孩子都知道，讲起来很难为情，而且也讲不好。所以我今天讲这个题目，不免要侵犯其余两个题目的范围，不过我仍旧要为其余两位演讲的人留一些余地。现在我就把这个题目来试一下看。我从前也有过一次关于读书的演讲，后来我把那篇演讲录略事修改，编入三集文存里面，那篇文章题目叫做《读书》，[③] 其内容性质较近于第二题目，诸位可以拿来参考。今天我就来试试为什么读书这个题目。

从前有一位大哲学家[④]做了一篇读书乐，说到读书的好处，他说："书中自有千钟粟，书中自有黄金屋，书中自有颜如玉。"这意思就是说，读了书可以做大官，获厚禄，可以不至于住茅草房子，可以娶得年轻的漂亮太太（台下哄笑）。诸位听了笑起来，足见诸位对于这位哲学家所说的话不十分满意，现在我就讲所以要读书的别的原因。

为什么要读书？有三点可以讲：第一，因为书是过去已经知道的知识、学问和经验的一种记录，我们读书便是要接受这人类的遗产；第二，

---

① "读书运动大会"，上海青年会智育部干事沈嗣庄发起。会务设在青年会二楼。会期自 11 月 6 日至 9 日。

② 《读什么书》当时讲者为王云五先生。

③ 《读书》此篇已选入敝局初中活叶文选第 100 号。

④ "一位大哲学家"疑为朱柏庐。唯宋真宗《劝学篇》中亦有此数语。其全文云："富家不用买良田，书中自有千钟粟；安居不可架高堂，书中自有黄金屋；娶妻莫恨无良媒，书中有女颜如玉。出门莫恨无人随，书中车马多如簇。男女欲遂平生志，五经劝向窗前读。"

为要读书而读书，读了书便可以多读书；第三，读书可以帮助我们解决困难，应付环境，并可获得思想材料的来源。我一踏进青年会的大门，就看见许多关于读书的标语。为什么读书？大概诸位看了这些标语就都已知道了，现在我就把以上三点更详细的说一说。

第一，因为书是代表人类老祖宗传给我们的知识的遗产，我们接受了这遗产，以此为基础，可以继续发荣光大，更在这基础之上，建立更高深更伟大的知识。人类之所以与别的动物不同，就是因为人有语言文字，可以把知识传给别人，又传至后人，再加以印刷术的发明，许多书报便印了出来。人的脑很大，与猴不同，人能造出语言，后来更进一步而有文字，又能刻木刻字；所以人最大的贡献就是过去的知识和经验，使后人可以节省许多脑力。非洲野蛮人在山野中遇见鹿，他们就画了一个人和一只鹿以代信，给后面的人叫他们勿追。但是把知识和经验遗给儿孙有什么用处呢？这是有用处的，因为这是前人很好的教训。现在学校里各种教科，如物理、化学、历史，等等，都是根据几千年来进步的知识编纂成书的，一年，两年，或者三年，教完一科。自小学、中学，而至大学毕业，这十六年中所受的教育，都是代表我们老祖宗几千年来得来的知识学问和经验，所谓进化，就是叫人节省劳力，蜜蜂虽能筑巢，能发明，但传下来就只有这一点知识，没有继续去改革改良，以应付环境，没有做格外进一步的工作。人呢，达不到目的，就再去求进步，而以前人的知识学问和经验作参考。如果每样东西，要个个人从头学起，而不去利用过去的知识，那不是太麻烦吗？所以人有了这知识的遗产，就可以自己去成家立业，就可以缩短工作，使有余力做别的事。

第二点稍复杂，就是为读书而读书。读书不是那么容易的一件事情，不读书不能读书，要能读书才能多读书。好比戴了眼镜，小的可以放大，糊涂的可以看得清楚，远的可以变为近。读书也要戴眼镜。眼镜越好，读书的了解力也越大。王安石对曾子固说："读经而已，则不足以知经。"所以他对于本草，内经，小说，无所不读，这样对于经才可以明白一些。王安石说："致其知而后读。"

请你们注意，他不说读书以致知，却说，先致知而后读书。读书固然可以扩充知识；但知识越扩充了，读书的能力也越大。这便是"为读书而读书"的意义。

试举《诗经》作一个例子。从前的学者把《诗经》看作"美""刺"

的圣书，越讲越不通。现在的人应该多预备几副好眼镜，人类学的眼镜，考古学的眼镜，文法学的眼镜，文学的眼镜。眼镜越多越好，越精越好。例如“野有死麕，白茅包之。有女怀春，吉士诱之”；我们若知道比较民俗学，便可以知道打了野兽送到女子家去求婚，是平常的事。又如“钟鼓乐之，琴瑟友之”，也不必说什么文王太姒，只可看作少年男子在女子的门口或窗下奏乐唱和，这也是很平常的事。再从文法方面来观察，像《诗经》里“之子于归”，“黄鸟于飞”，“凤凰于飞”的“于”字，[1] 此外，《诗经》里又有几百个的“维”字，还有许多“助词”，“语词”，这些都是有作用而无意义的虚字，但以前的人却从未注意及此。这些字若不明白，《诗经》便不能懂。再说在《墨子》一书里，有点光学、力学；又有点经济学。但你要懂得光学，才能懂得墨子所说的光；你要懂得各种知识，才能懂得墨子里一些最难懂的文句。总之，读书是为了要读书，多读书更可以读书。最大的毛病就在怕读书，怕读难书。越难读的书我们越要征服它们，把它们作为我们的奴隶或向导，我们才能够打倒难书，这才是我们的“读书乐”。若是我们有了基本的科学知识，那么，我们在读书时便能左右逢源。我再说一遍，读书的目的在于读书，要读书越多才可以读书越多。

第三，读书可以帮助解决困难，应付环境，供给思想材料。知识是思想材料的来源。思想可分作五步。思想的起源是大的疑问。吃饭拉屎不用想，但逢着三岔路口，十字街头那样的环境，就发生困难了。走东或走西，这样做或是那样做，有了困难，才有思想。第二步要把问题弄清，究竟困难在哪一点上。第三步才想到如何解决，这一步，俗话叫做出主意。但主意太多，都采用也不行，必须要挑选。但主意太少，或者竟全无主意，那就更没有办法了。第四步就是要选择一个假定的解决方法。要想到这一个方法能不能解决。若不能，那么，就换一个；若能，就行了。这好比开锁，这一个钥匙开不开，就换一个；假定是可以开的，那么，问题就解决了。第五步就是证实。凡是有条理的思想都要经过这步，或是逃不了这五个阶级。科学家要解决问题，侦探要侦探案件，多经过这五步。

这五步之中，第三步是最重要的关键。问题当前，全靠有主意（Ideas）。主意从哪儿来呢？从学问经验中来。没有知识的人，见了问题，

---

① “于字”参看《青年界》第四期胡适的《〈周南〉新解》。

两眼白瞪瞪，抓耳挠腮，一个主意都不来。学问丰富的人，见着困难问题，东一个主意，西一个主意，挤上来，涌上来，请求你录用。读书是过去知识学问经验的记录，而知识学问经验就是要用在这时候，所谓养军千日，用在一朝。否则，学问一些都没有，遇到困难就要糊涂起来。例如达尔文把生物变迁现象研究了几十年，却想不出一个原则去整统他的材料。后来无意中看到马尔萨斯的人口论，说人口是按照几何学级数一倍一倍的增加，粮食是按照数学级数增加，达尔文研究了这原则，忽然触机，就把这原则应用到生物学上去，创了物竞天择的学说。读了经济学的书，可以得着一个解决生物学上的困难问题，这便是读书的功用。古人说："开卷有益"，正是此意。读书不是单为文凭功名，只因为书中可以供给学问知识，可以帮助我们解决困难，可以帮助我们思想。又譬如从前的人以为地球是世界的中心，后来天文学家哥白尼却主张太阳是世界的中心，绕着地球而行。据罗素说，哥白尼所以这样的解说，是因为希腊人已经讲过这句话；假使希腊没有这句话，恐怕更不容易有人敢说这句话吧。这也是读书的好处。有一家书店印了一部旧小说叫做《醒世姻缘》，要我作序。这部书是西周生所著的，印好在我家藏了六年，我还不曾考出西周生是谁，这部小说讲到婚姻问题，其内容是这样：有个好老婆，不知何故，后来忽然变坏，作者没有提及解决方法，也没有想到可以离婚，只说是前世作孽，因为在前世男虐待女，女就投生换样子，压迫者变为被压迫者。这种前世作孽，起先相爱，后来忽变的故事，我仿佛在什么地方看见过。后来忽然想起《聊斋》一书中有一篇和这相类似的笔记，也是说到一个女子，起先怎样爱着她的丈夫，后来怎样变为凶太太，便想到这部小说大约是蒲留仙或是蒲留仙的朋友做的。去年我看到一本杂记，也说是蒲留仙做的，不过没有多大证据。今年我在北京，才找到了证据。这一件事可以解释刚才我所说的第二点，就是读书可以帮助读书，同时也可以解释第三点，就是读书可以供给出主意的来源。当初若是没有主意，到了逢着困难时便要手足无措，所以读书可以解决问题，就是军事、政治、财政、思想等问题，也都可以解决，这就是读书的用处。

我有一位朋友，有一次傍着灯看小说，洋灯装有油，但是不亮，因为灯芯短了。于是他想到《伊索寓言》里有一篇故事，[1] 说是一只老鸦要喝

---

① 《老鸦和水瓮》，见《伊所伯的寓言》（亚东版）第192面。

瓶中的水，因为瓶太小，得不到水，它就衔石投瓶中，水乃上来，这位朋友是懂得化学的，于是加水于灯中，油乃碰到灯芯。这是看《伊索寓言》给他看小说的帮助。读书好像用兵，养兵求其能用，否则即使坐拥十万二十万的大兵也没有用处，难道只好等他们“兵变”吗？

至于“读什么书”，下次陈钟凡先生要讲演，今天我也附带的讲一讲。我从五岁起到了四十岁，读了三十五年的书。我可以很诚恳地说，中国旧籍是经不起读的。中国有五千年文化，四部的书已是汗牛充栋。究竟有几部书应该读，我也曾经想过。其中有条理有系统的精心结构之作，两千五百年以来恐怕只有半打。“集”是杂货店，“史”和“子”还是杂货店。至于“经”，也只是杂货店，讲到内容，可以说没有一些东西可以给我们改进道德增进知识的帮助的。中国书不够读，我们要另开生路，辟殖民地，这条生路，就是每一个少年人必须至少要精通一种外国文字。读外国语要读到有乐而无苦，能做到这地步，书中便有无穷乐趣。希望大家不要怕读书，起初的确要查阅字典，但假使能下一年苦功，继续不断做去，那么，在一两年中定可开辟一个乐园，还只怕求知的欲望太大，来不及读呢。我总算是老大哥，今天我就根据我过去三十五年读书的经验，给你们这一个临别的忠告。

（本文为1930年11月下旬胡适在上海青年会的演讲，文稿经胡适校正，原载1930年12月至1931年2月《现代学生》第1卷第3、5期）

读书的习惯重于方法

读书会进行的步骤，也可以说是采取的方式大概不外三种：

第一种是大家共同选定一本书读，然后互相交换自己的心得及感想。

第二种是由下往上的自动方式，就是先由会员共同选定某一个专题，限定范围，再由指导者按此范围拟定详细节目，指定参考书籍。每人须于一定期限内作成报告。

第三种是先由导师拟定许多题目，再由各会员任意选定。研究完毕后写成报告。

至于读书的方法我已经讲了十多年，不过在目前我觉到读书全凭先养成好读书的习惯。读书无捷径，是没有什么简便省力的方法可言的。读书的习惯可分为三点：一是勤，二是慎，三是谦。

勤苦耐劳是成功的基础，做学问更不能欺己欺人，所以非勤不可。其次谨慎小心也是很需要的，清代的汉学家著名的如高邮王氏父子，段茂堂等的成功，都是遇事不肯轻易放过，旁人看不见的自己便可看见了。如今的放大几千万倍的显微镜，也不过想把从前看不见的东西现在都看见罢了。谦就是态度的谦虚，自己万不可先存一点成见，总要不分地域门户，一概虚心的加以考察后，再决定取舍。这三点都是很要紧的。

其次还有个买书的习惯也是必要的，闲时可多往书摊上逛逛，无论什么书都要去摸一摸，你的兴趣就是凭你伸手乱摸后才知道的。图书馆里虽有许多的书供你参考，然而这是不够的。因为你想往上圈画一下都不能。更不能随便的批写。所以至少像对于自己所学的有关的几本必备书籍，无论如何，就是少买一双皮鞋，这些书是非买不可的。

青年人要读书，不必先谈方法，要紧的是先养成好读书，好买书的习惯。

（原载1935年5月14日《大学新闻周报》）

选科与择业

——台中农学院座谈会上答问

林一民院长：胡先生今天除了公开讲演外，并在国大联谊会，师范学校讲话，已经很累，本来不应该再要求胡先生讲话了。只以胡先生是学术界的权威，很难得这个机会，所以还是请胡先生指教。

胡适之先生：我从上月19日回到台北直到今天，差不多天天说话。昨天接到通知，是要我参加谈话会，所以没有准备，我也愿意听听各位先生的话。或者提出什么问题来讨论，或要我答复都可以，假使我不能答复的，钱校长、陈厅长、董教授，也可以帮助我答复。

今天我到这里，感到很惭愧。我当初是在美国纽约州康奈尔大学学农的，学了三个学期，请求改行，改到文科。从那时起，东摸西摸，到现在四十年了，不知道改的哪一科。林院长说我是学术界的权威。其实我没有一项专门学问。哲学弄弄，文学弄弄，最近又回到《水经注》，成了学术界的流民。

农学院某教授问：

第一，台湾国民教育发达，升学困难，毕业的学生只能有十分之一升学，至于初中毕业投考高中的，一万五千人当中只有二千五百人获取。于是发生两个问题：一、国民教育发达，如何扩大容纳？二、如何使他们就业？

第二，高等教育，应该从质方面找途径呢？抑从量方面找途径？

第三，胡先生研究考证学，是独到的心得，还是有师傅？

此外，胡先生的《哲学大纲》，中编、下编几时出版？希望先睹为快。

陈雪屏厅长：关于升学比例，不大符合，我作一个说明。台湾教育，最严重的问题，不错，一个是升学，一个是就业。在升学方面，历年来的预算，平均百分之三十，就是国民学校毕业接受中等学校教育的是百分之三十。国民学校毕业的学生，每年有增加，譬如去年十二万，今年增到十五万，明年可能增到十八万。而升学的数字，也是按年增加的。今天升学感到困难的，是台北、台中、台南、高雄几个大的都市。其他乡县升学的不到百分之十五，而台北市则达百分之六十。明年升学的预算，还是百分之三十。

胡适之先生：我很惭愧，《中国哲学史大纲》上编系民国八年二月出版，后两个月我的大儿子才出世，于今我的大儿子已三十三岁了，上编出版了三十三年，中、下编尚无下文，许多朋友都问起我。我现拟以“中国中古思想史”及“中国近世思想史”作为《中国哲学史大纲》的中编、下编。“中国中古思想史”差不多可完稿，整理后即出版，“中国近世思想史”，还有几个大的问题未曾获得解决，打算在一两年内完成它；趁头发不太白，体力不太衰时偿还三十三年前——写《中国哲学史大纲》上编时所许下的愿。

关于考证学的方法，我在台大的三次讲学中曾经提过。所谓考证学也可以说是治文史的方法，并没有什么秘诀，更不是三更半夜得过师傅的真传，只是在暗中摸索出来的；也就是我讲“治学方法”的结论“勤谨和缓”四字。——养成不拆烂污、不躲懒、不苟且、不武断、虚心、找证据、不急于发表的好习惯。

目前教育的偏枯，雪屏先生已解答了一部分；这个毛病世界各国都有，经济能力强的如美国，在一二十年前大学不过六百余所，最近增到一千余所，因第二次世界大战之后，美国政府颁布的“军人权利”中，规定退伍青年免费进大学肄业，故大学和专门学院大有增加，有许多还是利用活动房屋作教室和宿舍。

台湾大学在日据时代，学生不过二百至一千人，现在则有四千多人，在数年间，容纳学生的数额增加了四倍。刚才我所看到的台中师范学生的洋洋大观，也是很难得的，在困难的环境中教育能够做到这样的地步，已经是不容易了。

民国十一年我国改订新学制，我是起草人之一。将小学七年制改为六年，中学四年制改为六年制（三三制），而把大学预科取消，大学本科仍为四年，毕业后再进研究院。当时预定的中等教育分为普通教育与职业教育两条路（师范教育包括在职业教育内），中等教育的普通教育提倡多设初中，高中每省只限一所，后来因为政治上的大变动，和设立职业学校需有设备，需要较多的经费的关系，致未能收到“注重”的效果，且已设立的职业学校，因不能维持而日益减少，几等于零了。兼以当时的社会仍未脱离科举的思想，以进小学、中学、大学，比为中秀才、举人、进士，考普通中学的人多，设普通中学的也多；政府无严格限制的办法，复未予以严格监督，于是凡中学几皆设高中，把中学水准都降低了，这是起草教育新制时所始料不及的。

台湾国民学校的基础广大，超过大陆，职业学校和普通中学设备的规模也比大陆高明得多；台大和三个省立学院的教授，尤属人才济济。在我看来，目前的教育与五十年前我们受教育的时代比起来，已经是不可以道里计了。

陈雪屏厅长：投考的人数与录取的名额，相差很远，其最大的原因，是一个学生投考几个学校。假如把整个投考的人数与录取的作一个比例，相差并不太远。譬如今年高中毕业的学生六千四百多人，加上去年没有升学的，以及已经就业，或已就读于别的专科学校如行政专科学校，又以高中文凭来投考的，一共九千多人，不到一万。而录取的两千多人，加上军事学校一千九百人，还有国防医学院招考了一些人，一共约四千人，以过去大陆来比较，台湾学生今天升学的机会好得多了。

另一方面看看录取学生的成绩。前年工学院录取的学生平均二十六分。这样的成绩来学工科，是不是很好的现象？所以应该提高程度，决定提高到平均四十分。今年台湾大学，就是以这个标准来录取。

又从今年招生考试的情形来看，有一个很可虑的现象。也是今后高等教育很可虑的一个现象。就是国文、英文、历史程度好的，不是投考文学院的学生，而是投考工学院、理学院的学生。文理学院还有几系，只有几十个人投考，程度很差，没有法子录取。又台大农学院投考的学生，如照工学院的标准，只能录取八人，从宽才录取二十六人。台湾需要学农学的人，而且学农的人出国的机会很多，可是只能勉强录取二十六人，这种现象，不知道要用什么方法，才能纠正得过来。

胡适之先生：我在北大二十年，前后参加办理学生入学考试，由出题阅卷至放榜，不下十三四次之多，对学生投考情形，颇为了解。大概考理学院的平均四人取一，考文学院的八人取一，考法学院的十二人取一。顶好的考理工科，因为须数学程度好，次一点的考文学院，这些人多从家庭或教师中得到良好的国、英文基础教育，考法学院的人最多，认为考政治、经济、法律，人人可以尝试。外国的情形也是如此，程度顶好的学生选工科，现在工科里最时髦的是航空工程，其次是物理，物理中最时髦的是原子能。这种现象，不知道有什么方法可以纠正？我个人觉得只有希望教育的领导人多方面向青年们开导，使他们明了选择专门学科与将来的职业是一件事，选科与将来的职业有两个标准：一个是社会的需要，一个是我配干什么？这两个标准中，第二个标准比第一个更重要，因为社会的需要是跟着时代变迁的，过去社会的职业普通多说三百六十行，现在的社会职业恐怕三千六百行、三万六千行都不止了，需要航空工程，需要原子能，也需要诗人、戏剧家、哲学家；做马桶、开水沟的卫生工程，也不可少。而个人兴之所近，力之所能的只有一行，天才高的最多不过两三行，怎能样样都能适合社会的需要呢？如果为了迎合社会需要，放弃个人兴之所近，成功的往往很少，故“社会需要”的标准应在其次，个人兴之所近，力之所能最重要。青年学生在选择学科时，切不要太迁就社会需要。

近年来中国的大学教育有一个缺点，便是必修科太多，选修科太少。大学里应该提倡选修科，使青年学生们可以自由挑选。

历史上有很多明显的例子，如西洋新科学的老祖宗伽利略，他的父亲是个数学家，因当时数学不得用，不喜欢伽利略学数学，要他学医。可是伽利略对于医学并不感兴趣，许多朋友见他的绘画很好，认为他有美术素养，多劝他学美术。当他正要改系的时候，某日偶在校内专为公爵们补习几何学的补习班里，偷听了一两个钟头的几何学，觉得大有兴趣，于是不学医不学画而专学他父亲不要他学的数学。结果，伽利略成了新天文学新物理学的老祖宗。选修科就有这样的好处！

选修科等于探险，在座的董作宾先生是世界有名的考古学家，假使你在探险中偶然听了董先生的课，而对考古学发生了兴趣，你就可能成了董作宾先生的一个好徒弟。

所以，教育的领导人应该教青年学生明了选择学科要注意两个标准：社会的需要和你能干什么？尤其要减少必修科，使青年学生可以有余力去作各种的试探，这样也许可以挽救偏枯的趋势。

（本文为1952年12月11日胡适在台中农学院座谈会上的答问，收入《胡适言论集》乙编）

中学生的修养与择业

刚才吴县长报告了五十八年前我在此地的一段历史——我在三岁至四岁间，随先人在台东州住过一年多，在台南住过十个月——要我把台东看作第二家乡；昨天台南市市长也向台南市市民介绍我是台南人；这番盛意，我非常感谢！吴县长预备在这里要做纪念我先人的举动，实在不敢当。明天举行县议员选举，我将以不是候选人也不是选举人，冒充同乡，到各投票所去参观。

今天我看到了吴县长老太太，看到了她，我非常感动，她可算台东年龄最高的了，她与先母年龄相当，先母如在世，已经有七十九岁了。

我到这里不久，与县长、教育科长、校长等几位谈话，知道了台东的教育是在异常困难的情况下来推进的，我非常敬佩他们艰苦不移紧守岗位的坚毅意志，本来教育厅陈雪屏厅长预备与我们同来的，因台北有事，临时由台南赶回去了，不过教育厅还有一位视察杨日旭先生是同来的，我已经特地要他到各校去视察，并将视察结果报告教育厅，以使省府对台东的教育情形有所了解。

今天我应该讲些什么？事先曾请教吴县长，师范刘校长和同来的几位朋友，他们以今天到场的大多数是青年朋友们，也有青年朋友们的父兄，因此要我讲讲中等教育的东西。同时，我到过的地方，许多朋友常常问我中学生应注重什么？中学毕业后，升学的应该怎样选科？到社会里去的应该怎样择业？我是不懂教育的，不过年纪大些，并且自己也是经过中学大学出来的，同时看到朋友们与我们自己的子弟经过中学，得到一点认识，愿意将自己的认识提出来供大家参考，今天讲的题目，就是："中学生的修养与中学生的择业"。

中学生的修养应注重两点：

一、工具的求得

中学生大概是从十二岁的幼年到十八岁的青年，这个时期是决定他将来最重要的一个时期。求知识与做人、做事的工具，要在这个时期求得。古人说："工欲善其事，必先利其器"，中学生要将来有成就，便应该注意到"求工具"——学业上、事业上，求知识上所需要的工具。求工具的目标有二：一是中学毕业后无力升学要到社会里去就业；一是继续升学。

第一种工具是言语文字。不论就业升学，以我个人的经验和观察所得，语言文字是最需要的工具。在中学里不仅应该学好本国的语言文字，最好能多学一两种外国的语言文字。它是就业升学的钥匙，能为我们打开知识的门。多学得一种语言，等于辟开一个新的花园、新的世界。语言文字，可以说是中学时期应该求得的工具当中非常重要的了。在中学时期如果没有打好语言文字的基础，以后做学问非常的困难。而且过了这个时期，很少能够把语言文字弄好的。

第二种工具是科学的基本知识。许多人都说学了数学，将来没有什么用处，这是错误的。数学是自然科学重要的钥匙，如果不能把这个重要的钥匙——数学，与物理学、化学、生物学、矿物学、植物学等，在中学时期学好，则不能求得新的知识。所以中学时期最重要的，是把这些基本知识弄好。

青年们在学校里对于各种基本科学，不能当它是功课，是学校课程里面需要的功课，应该把它当成求知识、做学问、做人的工具，必不可少的工具。拿工具这个观念来看课程，课程便活了。拿工具这个观念来批评课程，可以得到一个标准。首先看看那些功课够得上做工具，并分出哪些功课是求知识做学问的工具，哪些功课是做人的工具。哪些功课是重要，哪些功课是次要。同时拿工具这个观念来督促自己，来分别轻重缓急，先生的教法，也可以拿工具这个观念来衡量，哪种教法是死的笨的，请先生改良，哪些应该特别注重，请先生注意。我这个话，不是叫学生对先生造反，而是请先生以工具来教，不要死板的照课本讲，这样推动先生，可以使得先生从没有精神提起精神，不是造反而是教学相长，不把功课当做功课看，把它当做必需的工具看。拿工具的观念看功课，功课便是活的。这一点也可以说是中学生治学的方法。

二、良好习惯的养成

良好习惯的养成，即普通所谓的人品教育，品性人格的陶冶。教育学家心理学家都告诉我们说：人品性格是习惯的养成，好的品格是好的习惯养成。中学生是定型的阶段，中学生时期与其注重治学方法，毋宁提倡良好习惯的养成。一个人的坏习惯在中学还可纠正，假使在中学里不能养成良好的习惯，这个人的前途便算完了，在大学里不会是个好学生，在社会里不会是个有用的人才。我愿在这里提醒青年学生们的注意，也请学生的父兄教师们注意。

我们的国家以前专注重文字教育，读书人的指甲蓄得很长，手脸都是白白的，行动是文绉绉的，读书可以从“学而时习之”背诵起，写文章摇摇摆摆地会写出许多好听的词句来，可是他们是无用的，不能动手，也不能动脚，连桌凳有一点坏了，也不能拿起斧头钉子来修理。这种只能背书写文章的读书人就是没有养成良好的习惯——动手动脚的习惯。

我在台湾大学讲《治学方法》时，讲到一个故事：宋时有一新进士请教老前辈做官的秘诀，老前辈告诉他四个字：勤、谨、和、缓。这四个字，大家称为做官秘诀，我把它看作做人、做事、做学问的秘诀。简单的分别说：

勤，就是不偷懒，不走捷径，要切切实实，辛辛苦苦地去做。要用眼睛的用眼睛，用手的用手，用脚的用脚，先生叫你找材料，你就到应该到的地方去找。叫你找标本，你就到田野，到树林里去找，无论在实验室里，自然界里，都不要偷懒，一点一滴的去做。

谨，就是谨慎，不粗心，不苟且。以江浙的俗话来说，不拆烂污。写字，一点、一横都不放过。写外国字，i 的一点，t 的一横，也一样的不放过。作数学，一个圈，一个小数点都不可苟且。不要以为这是小事情，做事关系天下的大事，做学问关系成败，所以细心谨慎，是必须要养成的习惯。

和，就是不要发脾气，不要武断。要虚心，要和和平平。什么叫做虚心？脑筋不存成见，不以成见来观察事，不以成见来对待人。就做学问来说：要以心平气和的态度来做化学、数学、历史、地理，并以心平气和的态度来学语文。无论对事、对人、对物、对问题、对真理，完全是虚心的，这叫做和。

缓，这个字很重要，缓的意思不要忙，不轻易下一个结论。如果没有缓的习惯，前面三个字都不容易做到。譬如找证据，这是很难的工作，如果要几点钟交卷，就不能做到勤的工夫。忙于完成，证据不够，不管它了，这样就不能做到谨的工夫。匆匆忙忙地去做，当然不能做到和的工夫。所以证据不够，应该悬而不断，就是姑且挂在那里，悬而不断，并不是叫你搁下来不管，是要你勤，要你谨，要你和。缓，就是南方人说的“凉凉去吧”，缓的意思，是要等着找到了充分的证据，然后根据事实来下判断。无论做学问、作事、作官、作议员，都是一样的。大家知道治花柳病的名药“六〇六”吧？什么叫“六〇六”呢？经过六百零六次的试验才成功的。“九一四”则试验了九百一十四次，达尔文的生物进化论，认为动植物的生存进化与环境有绝大的关系，也费了三十年的工夫，到四海去搜集标本和研究，并与朋友们往复讨论。朋友们都劝他发表，他仍然不肯。后来英国皇家学会收到另一位科学家华莱士的论文，其结论与达尔文的一样，朋友们才逼着达尔文把研究的结论公布，并提出与朋友们讨论的信件，来证明他早已获得结论，于是皇家学会才决定同华莱士的论文同时发表，达尔文这种持重的态度，不是缺点，是美德，这也是科学史上勤、谨、和、缓的实例。值得我们去想想，作为榜样，尤其青年学生们要在中学里便养成这种好习惯。有了这种好习惯，无论是做人做事做学问，将来不怕没有成就。

中学生高中毕业后，面临的问题是继续升学或到社会去找职业。升学应如何选科？到社会去应如何择业？简单地说，有两个标准：

（一）社会的标准

社会上所需要的，最易发财的，最时髦的是什么？这便是社会的标准。台湾大学钱校长告诉我说，今年台大招生，投考学生中外文成绩好的都投考工学院，尤其是考电机工程、机械工程的特多，考文史的则很少，因为目前社会需要工程师，学成后容易得到职业而且待遇好。这种情形，在外国也是一样的，外国最吃香的学科是原子能、物理学和航空工程，干这一行的，最受欢迎，最受优待。

（二）个人的标准

所谓个人的标准，就是个人的兴趣、性情、天才近哪门学科，适于哪一行业。简单地说，能干什么。社会上需要工程师，学工程的固不忧失业，但个人的性情志趣是否与工程相合？父母兄长爱人都希望你学工程，而你的性情志趣，甚至天才，却近于诗词，小说，戏剧，文学，你如迁就父母兄长爱人之所好而去学工程，结果工程界里多了一个饭桶，国家社会失去了一个第一流的诗人、小说家、文学家、戏剧学家，不是可惜了吗？所以个人的标准比社会的标准重要。因为社会标准所需要的太多，中国人常说社会职业有三百六十行，这是以前的说法，现在何止三百六十行，也许三千六百行，三万六千行都有，三千六百行，三万六千行，行行都需要。社会上需要建筑工程师，需要水利工程师，需要电力工程师，也需要大诗人、大美术家、大法学家、大政治家，同时也需要做新式马桶的工人。能做新式马桶的，照样可以发财。社会上三万六千行，既是行行都需要，一个人绝不可能会做每行的事，顶多会两三行，普通都只能会一行的。在这种情形之下，试问是社会的标准重要？还是个人的标准重要？当然是个人的重要！因此选科择业不要太注重社会上的需要，更不要迁就父母兄长爱人的所好。爸爸要你学赚钱的职业，妈妈要你学时髦的职业，爱人要你学社会上有地位的职业，你都不要管它，只问你自己的性情近乎什么？自己的天才力量能做什么？配做什么？要根据这些来决定。

历史上在这一方面，有很好的例子。意大利的伽利略是科学的老祖宗，是新的天文学家，新的物理学家的老祖宗。他的父亲是一个数学家，当时学数学的人很少。在伽利略进大学的时候（三百多年前），他父亲因不喜欢数学，所以要他学医，可是他读医科，毫无兴趣，朋友们以他的绘画还不坏，认为他有美术天才，劝他改学美术，他自己也颇以为然。有一天他偶然走过雷积教授替公爵府里面做事的人补习几何学的课室，便去偷听，竟大感兴趣，于是医学不学了，画也不学了，改学他父亲不喜欢的数学。后来替全世界创立了新的天文学、新的物理学，这两门学问都建筑于数学之上。

最后说我个人到外国读书的经过，民国前二年，考取官费留美，家兄特从东三省赶到上海为我送行，以家道中落，要我学铁路工程，或矿冶工程，他认为学了这些回来，可以复兴家业，并替国家振兴实业。不要我学文学、哲学，也不要学做官的政治、法律，说这是没有用的。当时我同许多人谈谈这个问题。以路矿都不感兴趣，为免辜负兄长的期望，决定选读农科，想做科学的农业家，以农报国。同时美国大学农科，是不收费的，可以节省官费的一部分，寄回补助家用。进农学院以后第三个星期，接到实验系主任的通知，要我到该系报到实习。报到以后，他问我："你有什么农场经验?"我说："我不是种田的。"他又问我："你做什么呢?"我说："我没有做什么，我要虚心来学，请先生教我。"先生答应说："好。"接着问我洗过马没有，要我洗马。我说："我们中国种田，是用牛不是用马。"先生说："不行。"于是学洗马，先生洗一半，我洗一半。随即学驾车，也是先生套一半，我套一半。做这些实习，还觉得有兴趣。下一个星期的实习，为包谷选种，一共有百多种，实习结果，两手起了泡，我仍能忍耐，继续下去，一个学期结束了，各种功课的成绩，都在八十五分以上。到了第二年，成绩仍旧维持到这个水准。依照学院的规定，各科成绩在八十五分以上的，可以多选两个学分的课程，于是增选了种果学。起初是剪树、接种、浇水、捉虫，这些工作，也还觉得有兴趣。在上种果学的第二星期，有两小时的实习苹果分类，一张长桌，每个位子分置了四十个不同种类的苹果，一把小刀，一本苹果分类册，学生们须根据每个苹果的长短，开花孔的深浅、颜色、形状、果味和脆软等标准，查对苹果分类册，分别其类别（那时美国苹果有四百多类，现恐有六百多类了），普通名称和学名。美国同学都是农家子弟，对于苹果的普通名称一看便知，只需在苹果分类册里查对学名，便可填表交卷，费时甚短。我和一位郭姓同学则需一个一个的经过所有鉴别的手续，花了两小时半，只分类了二十个苹果，而且大部分是错的。晚上我对这种实习起了一种念头：我花了两小时半的时间，究竟是在干什么？中国连苹果种子都没有，我学它有什么用处？自己的性情不相近，干吗学这个？这两个半钟头的苹果实习使我改行，于是，决定离开农科。放弃一年半的时间（这时我已上了一年半的课）牺牲了两年的学费，不但节省官费补助家用已不可能，维持学业很困难，以后我改学文科，学哲学、政治、经济、文学，在没有回国时，以前与朋友们讨论文学问题，引起了中国的文学革命运动，提倡白话，拿白话作文，作教育工具，这与农场经验没有关系，苹果学没有关系，是我那时的兴趣所在。我的玩意儿对国家贡献最大的便是文学的"玩意儿"，我所没有学过的东西。最近研究《水经注》（地理学的东西）。我已经六十二岁了，还不知道我究竟学什么？都是东摸摸、西摸摸，也许我以后还要学学水利工程亦未可知，虽则我现在头发都白了，还是无所专长，一无所成。可是我一生很快乐，因为我没有依社会需要的标准去学时髦。我服从了自己的个性，根据个人的兴趣所在去做，到现在虽然一无所成，但是我生活得很快乐，希望青年朋友们，接受我经验得来的这个教训，不要问爸爸要你学什么，妈妈要你学什么，爱人要你学什么。要问自己性情所近，能力所能做的去学。这个标准很重要，社会需要的标准是次要的。

（本文为1952年12月27日胡适在台东县公共体育场的演讲，收入《胡适言论集》甲编）

找书的快乐

主席、诸位先生：

我不是藏书家，只不过是一个爱读书，能够用书的书生，自己买书的时候，总是先买工具书，然后才买本行书，换一行时，就得另外买一种书。今年我六十九岁了，还不知道自己的本行到底是哪一门？是中国哲学呢？还是中国思想史？抑或是中国文学史？或者是中国小说史？《水经注》？中国佛教思想史？中国禅宗史？我所说的“本行”，其实就是我的兴趣，兴趣越多就越不能不收书了。十一年前我离开北平时，已经有一百箱的书，大约有一、二万册。离开北平以前的几小时，我曾经暗想着：我不是藏书家，但却是用书家。收集了这么多的书，舍弃了太可惜，带吧，因为坐飞机又带不了。结果只带了一些笔记，并且在那一、二万册书中，挑选了一部书，作为对一、二万册书的纪念，这一部书就是残本的《红楼梦》。四本只有十六回，这四本《红楼梦》可以说是世界上最老的抄本。收集了几十年的书，到末了只带了四本，等于当兵缴了械，我也变成一个没有棍子，没有猴子的变把戏的叫花子。

这十一年来，又蒙朋友送了我很多书，加上历年来自己新买的书，又把我现在住的地方堆满了，但是这都是些不相干的书，自己本行的书一本也没有。找资料还需要依靠中研院史语所的图书馆和别的图书馆如台湾大学图书馆、中央图书馆等救急。

找书有甘苦，真伪费推敲

我这个用书的旧书生，一生找书的快乐固然有，但是，找不到书的苦处也尝到过。民国九年（1920 年）7 月，我开始写《水浒传考证》的时候，参考的材料只有金圣叹的七十一回本《水浒传》、《征四寇》及《水浒后传》等，至于《水浒传》的一百回本、一百一十回本、一百一十五回本、一百廿回本、一百廿四回本，还都没有看到。等我的《水浒传考证》问世的时候，日本才发现《水浒传》的一百一十五回本及一百回本、一百一十回本及一百廿回本。同时我自己也找到了一百一十五回本及一百廿四回本。做考据工作，没有书是很可怜的。考证《红楼梦》的时候，大家知道的材料很多，普通所看到的《红楼梦》都是一百廿回本。这种一百廿回本并非真的《红楼梦》。曹雪芹四十多岁死去时，只写到八十回，后来由程伟元、高鹗合作，一个出钱，一个出力，完成了后四十回。乾隆五十六年的活字版排出了一百廿回的初版本，书前有程、高二人的序文说："世人都想看到《红楼梦》的全本，前八十回中黛玉未死，宝玉未娶，大家极想知道这本书的结局如何，但却无人找到全的《红楼梦》。近因程、高二人在一卖糖摊子上发现有一大卷旧书，细看之下，竟是世人遍寻无着的《红楼梦》后四十回，因此特加校订，与前八十回一并刊出。"可是天下这样巧的事很少，所以我猜想序文中的说法不可靠。

考证《红楼梦》，清查曹雪芹

三十年前我考证《红楼梦》时，曾经提出两个问题，这是研究红学的人值得研究的：一、《红楼梦》的作者是谁？作者是怎样一个人？他的家世如何？家世传记有没有可考的资料？曹雪芹所写的那些繁华世界是有根据的吗？还是关着门自己胡诌乱说？二、《红楼梦》的版本问题，是八十回？还是一百廿回？后四十回是哪里来的？那时候有七、八种《红楼梦》的考证，俞平伯、顾颉刚都帮我找过材料。最初发现乾隆五十七年（1792年）有程伟元序的乙本，其中并有高鹗的序文及引言七条，以后发现早一年出版的甲本，证明后四十回是高鹗所续，而由程伟元出钱活字刊印。又从其他许多材料里知道曹雪芹家为江南的织造世职，专为皇室纺织绸缎，供给宫内帝后、妃嫔及太子、王孙等穿戴，或者供皇帝赏赐臣下，后来在清理故宫时，从康熙皇帝一秘密抽屉内发现若干文件，知道曹雪芹的祖父曹寅，等于皇帝派出的特务，负责察看民心年成，或是退休丞相的动态，由此可知曹家为阔绰大户。《红楼梦》中有一段说到王熙凤和李嬷嬷谈皇帝南巡，下榻贾家，可知是真的事实。以后我又经河南的一位张先生指点，找到杨钟羲的《雪桥诗话》及《八旗经文》，以及有关爱新觉罗宗室敦诚、敦敏的记载，知道曹雪芹名霑、号雪芹，是曹寅的孙子，接着又找到了《八旗人诗抄》、《熙朝雅颂集》，找到敦诚、敦敏兄弟赐送曹雪芹的诗，又找到敦诚的《四松堂集》，是一本清抄未删底本，其中有挽曹雪芹的诗，内有“四十年华付杳冥”句，下款年月日为甲申（即乾隆甲申廿九年，西历 1764 年）。从这里可以知道曹雪芹去世的年代，他的年龄为四十岁左右。

险失好材料，再评石头记

民国十六年我从欧美返国，住在上海，有人写信告诉我，要卖一本《脂砚斋评石头记》给我，那时我以为自己的资料已经很多，未加理会。不久以后和徐志摩在上海办新月书店，那人又将书送来给我看，原来是甲戌年手抄再评本，虽然只有十六回，但却包括了很多重要史料。里面有：“壬午除夕，书未成，芹为泪尽而逝。甲年八月泪笔”的句子，指出曹雪芹逝于乾隆廿七年冬，即西历 1763 年 2 月 12 日：“字字看来皆是血，十年辛苦不寻常”诗句，充分描绘出曹雪芹写《红楼梦》时的情态。脂砚斋则可能是曹雪芹的太太或朋友。自从民国十七年二月我发表了《考证红楼梦的新材料》之后，大家才注意到《脂砚斋评石头记》。不过，我后来又在民国廿二年从徐星署先生处借来一部庚辰秋定本脂砚斋四阅评过的《石头记》，是乾隆廿五年本，八十回，其中缺六十四、六十七两回。

谈《儒林外史》，推赞吴敬梓

现在再谈谈我对《儒林外史》的考证：《儒林外史》是部骂当时教育制度的书，批评政治制度中的科举制度。我起初发现的只有吴敬梓的《文木山房集》中的赋一卷（四篇），诗二卷（一三一首），词一卷（四七首），拿这当做材料。但是在一百年前，我国的大诗人金和，他在跋《儒林外史》时，说他收有《文木山房集》，有文五卷。可是一般人都说《文木山房集》没有刻本，我不相信，便托人在北京的书店找，找了几年都没有结果，到了民国七年才在带经堂书店找到。我用这本集子参考安徽《全椒县志》，写成一本一万八千字的《吴敬梓年谱》，中国小说传记资料，没有一个能比这更多的，民国十四年我把这本书排印问世。

如果拿曹雪芹和吴敬梓二人作一个比较，我觉得曹雪芹的思想很平凡，而吴敬梓的思想则是超过当时的时代，有着强烈的反抗意识。吴敬梓在《儒林外史》里，严刻地批评教育制度，而且有他的较科学化的观念。

有计划找书，考证神会僧

前面谈到的都是没有计划的找书，有计划的找书更是其乐无穷。所谓有计划的找书，便是用“大胆的假设，小心的求证”方法去找书，现在再拿我找神会和尚的事做例子，这是我有计划的找书：神会和尚是唐代禅宗七祖大师，我从《宋高僧传》的慧能和神会传里发现神会和尚的重要，当时便作了个大胆的假设，猜想有关神会和尚的资料只有在日本和敦煌两地可以发现。因为唐朝时，日本派人来中国留学的很多，一定带回去不少史料，经过“小心的求证”，后来果然在日本找到宗密的《圆觉大疏抄》和《禅源诸诠集》，另外又在巴黎的国家图书馆及伦敦的大英博物馆发现数卷神会和尚的资料。知道神会和尚是湖北襄阳人，到洛阳、长安传布大乘佛法，并指陈当时的两京法祖三帝国师非禅宗嫡传，远在广东的六祖慧能才是真正禅宗一脉相传下来的。但是神会的这些指陈不为当时政府所取信，反而贬走神会。刚好那时发生安史之乱，唐玄宗远避四川，肃宗召郭子仪平乱，这时国家财政贫乏，军队饷银只好用度牒代替，如此必须要有一位高僧宣扬佛法令人乐于接受度牒。神会和尚就担任了这项推行度牒的任务。郭于仪收复两京（洛阳、长安），军饷的来源，不得不归功神会。安史之乱平了后，肃宗迎请神会入宫奉养，并且尊神会为禅宗七祖，所以神会是南宗的急先锋，北宗的毁灭者，新禅学的建立者，《坛经》的创作者，在中国佛教史上没有第二个人有这样伟大的功勋。我所研究的《神会和尚全集》可望在明年由中央研究院历史语言研究所出版。

最后，根据我个人几十年来找书的经验，发现我们过去的藏书的范围是褊狭的，过去收书的目标集于收藏古董，小说之类决不在藏书之列。但我们必须了解了解，真正收书的态度，是要无所不收的。

（本文为1959年12月27日胡适在台湾“中国图书馆学会”年会上的演讲，原载1962年12月台北《中国图书馆学会会报》第14期）

女子问题

我本没有预备讲这个题目，到安庆后，有一部分人要求讲这个，这问题也是很重要的，所以就临时加入了。

人类有一种“半身不遂”的病，在中风之后，有一部分麻木不仁；这种人一半失去了作用，是很可怜的。诸位！我们社会上也害了这“半身不遂”的病几千年了，我们是否应当加以研究？

世界人类分男女两部分，习惯上对于男子很发展，对于女子却剥夺她的自由，不准她发展，这就是社会的“半身不遂”的病。社会有了“半身不遂”的病，当然不如健全的社会了。女子问题发生，给我们一种觉悟，不再牺牲一半人生的天才自由，让女子本来有的天才，享受应有的权利，和男子共同担任社会的担子；使男子成一个健全的人，女子也成一个健全的人！于是社会便成了一个健全的社会！

我们以前从不将女子当做人：我们都以为她是父亲的女儿，以为她是丈夫的老婆，以为她是儿子的母亲；所以有“在家从父，出嫁从夫，夫死从子”的话，从来总不认她是一个人！在历史上，只有孝女，贤女，烈女，贞女，节妇，慈母，却没有一个“女人”！诸位！在历史上也曾见过传记称女子是人的么？

研究女子教育是研究的什么？——昔日提倡女子教育的，是提倡良妻贤母；须知道良妻贤母是“人”，无所谓“女子”的！女子愿做良妻贤母，便去做她的良妻贤母，假使女子不愿意做良妻贤母，依旧可以做她的人的。先定了这个目标，然后再说旁的。

女子问题可以分两部分讲：

（一）女子解放。

（二）女子改造。

解放一部分是消极的：解放中包含有与束缚对峙的意思，所以是消极的。改造却是积极的：改造是研究如何使女子成为人，用何种方法使女子自由发展。

（一）女子解放　解放必定先有束缚。这有两种讲法：一是形体的，一是精神的。

先讲形体的解放。在从前男子拿玩物看待女子，女子便也以玩物自居：许多不自由的刑具，女子都取而加在自己身上，现在算是比较的少了。如缠足，穿耳朵，束胸……都是，可以算得形体上已解放了。这种不过谈女子解放中的初级。试问除了少数受过教育的女子而外，中国有多少女子不缠足？如果我们不能实行天足运动，我们就不配谈女子解放！——我来安庆时候，所见的女子，大半是缠足；这可以用干涉，讲演种种方法禁止她们，我希望下次再来安庆时候，见不着一个缠足女子！——再谈束胸，起初因为美观起见，并不问合卫生与否；我的一个朋友曾经对我说，假使个个女子都束胸，以后都不可以做人的母亲了！

次讲精神的解放。在解放上面，以精神解放最为重要。精神解放怎样讲？——就是几千年来，社会上男子用了许多方法压制女子，引诱女子，便是女子精神上手镣脚铐。择几桩大的说：第一，未讲之先，提出一个标准来：——标准就是"为什么"？——"女子不为后嗣"：中国古时候，最重的是"有后"——女子不算——家中有财产，女儿不能承受；没有儿子的，一定去在弟兄的儿子中间找一个来承继受领。女子的不能为后嗣，大半为着经济缘故；所以应当从经济方面提倡独立。有一个人临死，分财产做三股，两个女儿得两股，一个侄子得一股，但是他的本家，还要打官司。这个问题如若不打破，对于经济，对于道德，都有极大的关系。还有"娶妾"：一个人年长了，没有儿子，大家便劝他娶妾，——就是他的夫人，也要劝他，不如此，人家便要说她不贤惠——请问这一种恶劣的行为，是从什么地方产生的？再进一步说，既然认同女子是个人，又何以不能承受财产，不能为后？——这是应当打破的邪说之一！第二，"女子贞操问题"：何谓贞操？——贞操是因男女间感情浓厚，不愿意再及于第三者身上。依新道德讲，男女都应当守贞操；历史上沿袭却不然，男子可以嫖，可以纳妾；女子既不可以和人家通奸，反要受种种的限制，大概拿牌坊引诱，使女子守一个无爱情没有见过面的人；一部分女子，因而被他们引诱了。如此的社会，实在是杀人不抵命的东西！贞操实是双方男女共有的，我从前说："男子嫖婊子，与女子和人通奸，是有同等的罪！"所以：

“男子叫女子守节，女子也可以叫男子守节！男子如果可以讨姨太太，女子也就可以娶姨老爷！”谢太傅——谢安——晚年想纳妾，但他却怕老婆；他的朋友劝他，说公例可以纳妾；他的夫人在里面应道：“婆例不可！”——历来都用惯了“公例”，未常实行“婆例”。这种虚伪的贞操，委实可以打破。再简单说：“贞操是根据爱情的，是双方的！男子可以不守节，女子也可以不守节！”第三，“女子责在阃内说”：女子的职务，在家庭以内，这种学说也是捆女子的一根铁索，如果不打断，就难说到解放。有许多女子，足能够做学问，可以学美术，文学……，可以当教员……；有许多男子，只配抱孩子煮饭的。有许多事，男子不能做而女子能做。如果不打破这种学说，只是养成良妻贤母，实在不行。我们要使女子发展天才，绝不能叫她永远待在家里头。女子会抱孩子煮饭，也只是女子中的一部分，女子绝不全是会抱孩子煮饭的；有天才的女子，却往往因为这个缘故，不得尽量的发展，就说女子不能做他种事业，但她们做教师便比男子好得多了。总结一句：我们不应当拿家里洗衣，煮饭，抱孩子许多事体来难女子。我们吃饭，可以吃一品香、海洞春厨子做的，衣服可以拿到洗衣厂里去洗了！第四，“防闲的道德论”：由古代相传，男子对女子总有怀疑的态度，总有防闲的道德。现在人对女子，依旧有这一种态度。我听说安庆讲演会里职员，有许多女子加入，便引起了社会上的非难。我将告诉他们：“防闲绝不是道德！”如把鸟雀关在笼中，一放它便飞了，不然，一年两年的工夫，也就闷死了。当我在西洋的时候，见中国许多留学生，常常闹笑话；在交际场中，遇见了女子和他接洽，他便以为有意。由此，我连带想起一件故事。某人的笔记上说：“有一个老和尚，养了一个小孩子，作为小和尚；老和尚对他防闲得厉害，使他不知世故。某年，老和尚带这小和尚下山，小和尚一件东西也不认识，逢到东西，老和尚不等他问，便一一地告诉他。恰巧有个女子经过，老和尚恐怕他沾染红尘，便不和他说。小和尚就问，老和尚便扯道，是吃人的老鬼。等到回山的时候，老和尚便问他下山一日，有所爱否？小和尚说，所爱的只是吃人的老鬼！”“防闲的道德，就是最不道德！”我国学生，何以多说是不道德？实是因为防闲太厉害了，一遇到恶人，便要堕落！我希望以后要打破防闲的道德论！平心而论，完全自由，也有流弊，不过总不可因噎废食的。不要以一两人的堕落而及于全部。而且自由的流弊，绝不是防闲所可免，若求自由不流弊，必定要再加些自由于上面；自由又自由，丝毫流弊都没有了！因为怕流弊而禁止自由，流弊必定更多，而且更不自由了！社会上应存“容人的态度”，须知社会上决没有无流弊的。张小姐闹事，只是张小姐；李小姐闹事，只是李小姐；决不能因为一两人而及于全体的！愿再加解放许多自由，叫他们晓得所以，自然没有流弊了！

（二）女子改造　改造方面，比较简单些。解放是对外的要求；改造却是对内的要求，但也不完全靠自己的！

先说内部。女于本身的改造，无论女子本身或提倡女子问题的，都要认明目标：第一，“自立的能力”：女子问题第一个要点，就在这问题，女子嫁人，总要攀高些，却不问自立；我觉女子要做人，须注意“自立”，假如女子不能自立，决不能够解放去奋斗的。第二，“独立的精神”：这个名词，是老生常谈，不过我说的是精神上，不怕社会压制；社会反对，也是要干的！像现在这种时代，是很不容易谈解放的。不顾社会非难，可以独行其是。第三，“先驱者的责任”：做先锋的责任，在谈女子问题中是很重要的。我们一举一动，在社会上极受影响。先驱者的责任，只要知道公德，不要过问私德；一人如此，可以波及全体的。不要使我个人行为，在女子运动上加了一个污点！我最不相信道德，但为了这个起见，也不得不相信了！我常常说：“当学生的，如其提倡废考，不如提倡严格考试；社交解放的先驱者，如提倡自由恋爱，不如提倡独身主义！”这是诸位要注意的！

（本文为1921年8月4日夜胡适在安庆青年会的演讲，张友鸾、陈东原记录，原载1922年5月1日《妇女杂志》第8卷第5号）

怕老婆的故事

刚才董彦堂（作宾）先生将本人的生日和内人的生日作了一个考证，说我是属“兔”的，内人属“虎”，当然兔子见了老虎就要怕。他这个考证使我想起一个笑话：

记得抗战期间，我在驻美大使任内，有一位新闻记者写了一篇关于我的报道，说我是个收藏家：一是收藏洋火盒，二是收藏荣誉学位。这篇文章当时曾给我看过，我觉得没有什么不可以的地方，就让他发表了。

谁知这篇文章发表之后，惹出大乱子来。于是有许多人寄给我各式各样的洋火盒，因此我还得对每个人写信去道谢。后来我把自己的洋火盒寄给一些送给我洋火盒的人，谁知有一位朋友把我送的洋火盒在报上刊出来（我的洋火盒是我篆文姓名胡适两字的图章，白底红字的封面），于是又惹来不少麻烦，很多读者纷纷来信向我要洋火盒。我对收藏洋火盒，并不是有特别大的兴趣；只不过是我旅行到过的旅馆，或宴会中的洋火盒，随便收集一些；加上别人送我的，在我的大使任内，就积有五千多个，后来都留在大使馆内。

另外是收藏荣誉学位三十多个，这都是人家送的，不算是我的收藏。

我真正的收藏，是全世界各国怕老婆的故事，这还没有人知道，这个很有用，的确可以说是我极丰富的收藏。世界各种文字的怕老婆故事，我都收藏了。在这个收集里，我有一个发现，在全世界国家里，只有三个国家没有怕老婆的故事，一个是德国，一个是日本，一个是苏俄。现在我们从这个收藏里可以得到一个结论：凡是有怕老婆故事的国家，都是民主自由的国家；反之，凡是没有怕老婆故事的国家，都是独裁的或极权的国家。

苏俄没有怕老婆的故事的，当时苏俄是我们的同盟国，所以没有提出，而意大利倒有很多的怕老婆故事。到了1943年夏天，我收到玛吉亚维利（Machiavelli）写的一个意大利最有名的怕老婆故事，我就预料到意大利是会跳出轴心国的，果然，不到四个月，意大利真的跳出来了。

（本文为1959年12月17日胡适在台湾中央研究院同人祝寿会上的演讲，收入胡颂平编撰：《胡适之先生年谱长编初稿》第5册）

大学的生活

校长，主席，各位同学：

我刚才听见主席说今天大家都非常愉快和兴奋，我想大家一定会提出抗议的，在这大热的天气，要大家挤在一起受罪，我的内心感到实在不安，我首先要向各位致百分之百的道歉。回来后一直没有做公开演讲，有许多团体来邀请，我都谢绝了，因为每次演讲房子总是不够用。以前在三军球场有过一次演说，我也总以为房子是没问题了，但房子仍是不够。今天要请各位原谅，实在不是我的罪过，台大代联会邀请了几次，我只好勉强地答应下来。

前两天我就想究竟要讲些什么？我问了钱校长和好几位朋友，他们都很客气，不给我出题，就是主席也不给我出题。今天既是台大代联会邀请，那么，我想谈谈大学生的生活，把我个人的或者几位朋友的经验，贡献给大家，也许可作各位同学的借镜，给各位一点暗示的作用。

记得在民国三十八年应傅斯年校长之请，在中山堂作一次公开演讲。我也总以为房子够用了，谁知又把玻璃窗弄破了不少。从民国三十八年到今天已有八、九年的工夫了，这九年来，看到台大的进步和发展，不仅在学生人数方面已增加到七千多，设备、人才和学科方面也进步很多，尤其是医、农两学院的进步，更得国外来参观过的教育家很大的赞誉。这是我要向校长、各位同学道贺的。

不过，我又听见许多朋友讲，目前很多学生选择科系时，从师长的眼光看，都不免带有短见，倾向于功利主义方面。天才比较高的都跑到医、工科去，而且只走入实用方面，而又不选择基本学科，譬如学医的，内科、外科、产科、妇科，有很多人选，而基本学科譬如生物化学、病理学，很少青年人去选读，这使我感到今日的青年不免短视，带着近视眼镜去看自己的前途与将来。我今天头一项要讲的，就是根据我们老一辈的对选科系的经验，贡献给各位。我讲一段故事。

记得四十八年前，我考取了官费出洋，我的哥哥特地从东三省赶到上海为我送行，临行时对我说，我们的家早已破坏中落了，你出国要学些有用之学，帮助复兴家业，重振门楣，他要我学开矿或造铁路，因为这是比较容易找到工作的，千万不要学些没用的文学、哲学之类没饭吃的东西。我说好的，船就要开了。那时和我一起去美国的留学生共有七十人，分别进入各大学。在船上我就想，开矿没兴趣，造铁路也不感兴趣，于是只好采取调和折中的办法，要学有用之学，当时康奈尔大学有全美国最好的农学院，于是就决定进去学科学的农学，也许对国家社会有点贡献吧！那时进康大的原因有二：一是康大有当时最好的农学院，且不收学费，而每个月又可获得八十元的津贴；我刚才说过，我家破了产，母亲待养，那时我还没结婚，一切从俭，所以可将部分的钱拿回养家。另一是我国有百分之八十的人是农民，将来学会了科学的农业，也许可以有益于国家。

入校后头一星期就突然接到农场实习部的信，叫我去报到。那时教授便问我："你有什么农场经验？"我答："没有。""难道一点都没有吗？""要有嘛，我的外公和外婆，都是道地的农夫。"教授说："这与你不相干。"我又说："就是因为没有，才要来学呀！"后来他又问："你洗过马没有？"我说："没有。"我就告诉他中国人种田是不用马的。于是老师就先教我洗马，他洗一面，我洗另一面。他又问我会套车吗，我说也不会。于是他又教我套车，老师套一边，我套一边，套好跳上去，兜一圈子。接着就到农场做选种的实习工作，手起了泡，但仍继续的忍耐下去。农复会的沈宗瀚先生写一本《克难苦学记》，要我为他作一篇序，我也就替他做一篇很长的序。我们那时学农的人很多，但只有沈宗瀚先生赤过脚下过田，是唯一确实有农场经验的人。学了一年，成绩还不错，功课都在八十五分以上。第二年我就可以多选两个学分，于是我选种果学，即种苹果学。分上午讲课与下午实习。上课倒没有什么，还甚感兴趣；下午实验，走入实习室，桌上有各色各样的苹果三十个，颜色有红的、有黄的、有青的……形状有圆的、有长的、有椭圆的、有四方的……要照着一本手册上的标准，去定每一苹果的学名，蒂有多长？花是什么颜色？肉是甜是酸？是软是硬？弄了两个小时一个都弄不了，满头大汗，真是冬天出大汗。抬头一看，呀！不对头，那些美国同学都做完跑光了，把苹果拿回去吃了。他们不需剖开，因为他们比较熟悉，查查册子后面的普通名词就可以定学名，在他们是很简单。我只弄了一半，一半又是错的。回去就自己问自己学这个有什么用？要是靠当时的活力与记性，用上一个晚上来强记，四百多个名字都可记下来应付考试。但试想有什么用呢？那些苹果在我国烟台也没有，青岛也没有，安徽也没有……我认为科学的农学无用了，于是决定改行，那时正是民国元年，国内正在革命的时候，也许学别的东西更有好处。

那么，转系要以什么为标准呢？依自己的兴趣呢？还是看社会的需要？我年轻时候的《留学日记》有一首诗，现在我也背不出来了。我选课用什么做标准？听哥哥的话？看国家的需要？还是凭自己？只有两个标准：一个是“我”，一个是“社会”，看看社会需要什么？国家需要什么？中国现代需要什么？但这个标准——社会上三百六十行，行行都需要，现在可以说三千六百行，从诺贝尔得奖人到修理马桶的，社会都需要，所以社会的标准并不重要。因此，在定主意的时候；便要依着自我的兴趣了——即性之所近，力之所能。我的兴趣在什么地方？与我性质相近的是什么？问我能做什么？对什么感兴趣？我便照着这个标准转到文学院了。但又有一个困难，文科要缴费，而从康大中途退出，要赔出以前二年的学费，我也顾不得这些。经过四位朋友的帮忙，由八十元减到三十五元，终于达成愿望。在文学院以哲学为主，英国文学、经济、政治学之门为副。后又以哲学为主，经济理论、英国文学为副科。到哥伦比亚大学后，仍以哲学为主，以政治理论、英国文学为副。我现在六十八岁了，人家问我学什么？我自己也不知道学些什么？我对文学也感兴趣，白话文方面也曾经有过一点小贡献。在北大，我曾做过哲学系主任、外国文学系主任、英国文学系主任，中国文学系也做过四年的系主任，在北大文学院六个学系中，五系全做过主任。现在我自己也不知道学些什么，我刚才讲过现在的青年太倾向于现实了，不凭性之所近，力之所能去选课。譬如一位有作诗天才的人，不进中文系学做诗，而偏要去医学院学外科，那么文学院便失去了一个一流的诗人，而国内却添了一个三四流甚至五流的饭桶外科医生，这是国家的损失，也是你们自己的损失。

在一个头等，第一流的大学，当初日本筹划帝大的时候，真的计划远大，规模宏伟，单就医学院就比当初日本总督府还要大。科学的书籍都是从第一号编起。基础良好，我们接收已有十余年了，总算没有辜负当初的计划。今日台大可说是国内唯一最完善的大学，各位不要有成见，带着近视眼镜来看自己的前途，看自己的将来。听说入学考试时有七十二个志愿可填，这样七十二变，变到最后不知变成了什么，当初所填的志愿，不要当做最后的决定，只当做暂时的方向。要在大学一、二年的时候，东摸摸西摸摸的瞎摸。不要有短见，十八九岁的青年仍没有能力决定自己的前途、职业。进大学后第一年到处去摸、去看，探险去，不知道的我偏要去学。如在中学时候的数学不好，现在我偏要去学，中学时不感兴趣，也许是老师不好。现在去听听最好的教授的讲课，也许会提起你的兴趣。好的先生会指导你走上一个好的方向，第一、二年甚至于第三年还来得及，只要依着自己“性之所近，力之所能”的做去，这是清代大儒章学诚的话。

现在我再说一个故事，不是我自己的，而是近代科学的开山大师——伽利略（Galileo)，他是意大利人，父亲是一个有名的数学家，他的父亲叫他不要学他这一行，学这一行是没饭吃的，要他学医。他奉命而去。当时意大利正是文艺复兴的时候，他到大学以后曾被教授和同学捧誉为“天才的画家”，他也很得意。父亲要他学医，他却发现了美术的天才。他读书的佛罗伦萨地方是一工业区，当地的工业界首领希望在这所大学多造就些科学的人才，鼓励学生研究几何，于是在这大学里特为官儿们开设了几何学一科，聘请一位叫 Ricci 氏当教授。有一天，他打从那个地方过，偶然的定脚在听讲，有的官儿们在打瞌睡，而年轻的伽利略却非常感兴趣。于是不断地继续下去，趣味横生，便改学数学，由于浓厚的兴趣与天才，就决心去东摸摸西摸摸，摸出一条兴趣之路，创造了新的天文学、新的物理学，终于成为一位近代科学的开山大师。

大学生选择学科就是选择职业。我现在六十八岁了，我也不知道所学的是什么？希望各位不要学我这样老不成器的人。勿以七十二志愿中所填的一愿就定了终身，还没有的，就是大学二、三年也还没定。各位在此完备的大学里，目前更有这么多好的教授人才来指导，趁此机会加以利用。社会上需要什么，不要管它，家里的爸爸、妈妈、哥哥、朋友等，要你做律师、做医生，你也不要管他们，不要听他们的话，只要跟着自己的兴趣走。想起当初我哥哥要我学开矿、造铁路，我也没听他的话，自己变来变去变成一个老不成器的人。后来我哥哥也没说什么。只管我自己，别人不要管他。依着“性之所近，力之所能”学下去，其未来对国家的贡献也许比现在盲目所选的或被动选择的学科会大得多，将来前途也是无可限量的。下课了！下课了！谢谢各位。

（本文为1958年6月胡适在台大法学院的演讲，原载1958年6月19日台北《大学新闻》）

一个防身药方的三味药

毕业班的诸位同学，现在都得离开学校去开始你们自己的事业了，今天的典礼，我们叫做“毕业”，叫做“卒业”，在英文里叫做“始业”(Commencement)，你们的学校生活现在有一个结束，现在你们开始进入一段新的生活，开始撑起自己的肩膀来挑自己的担子，所以叫做“始业”。

我今天承毕业班同学的好意，承阎校长的好意，要我来说几句话，我进大学是在五十年前（1910），我毕业是在四十六年前（1914），够得上做你们的老大哥了，今天我用老大哥的资格，应该送你们一点小礼物，我要送你们的小礼物只是一个防身的药方，给你们离开校门，进入大世界，作随时防身救急之用的一个药方。

这个防身药方只有三味药：

第一味药叫做“问题丹”。

第二味药叫做“兴趣散”。

第三味药叫做“信心汤”。

第一味药，“问题丹”，就是说：每个人离开学校，总得带一两个麻烦而有趣味的问题在身边做伴，这是你们入世的第一要紧的救命宝丹。

问题是一切知识学问的来源，活的学问、活的知识，都是为了解答实际上的困难，或理论上的困难而得来的。年轻入世的时候，总得有一个两个不大容易解决的问题在脑子里，时时向你挑战，时时笑你不能对付它，不能奈何它，时时引诱你去想它。

只要你有问题跟着你，你就不会懒惰了，你就会继续有知识上的长进了。

学堂里的书，你带不走；仪器，你带不走；先生，他们不能跟你去，但是问题可以跟你走到天边！有了问题，没有书，你自会省吃省穿去买书；没有仪器，你自会卖田卖地去买仪器！没有好先生，你自会去找好师友；没有资料，你自会上天下地去找资料。

各位青年朋友，你今天离开学校，夹袋里准备了几个问题跟着你走？

第二味药，叫做“兴趣散”，这就是说：每个人进入社会，总得多发展一点专门职业以外的兴趣——“业余”的兴趣。

你们多数是学工程的，当然不愁找不到吃饭的职业，但四年前你们选择的专门职业，真是你们自己的自由志愿吗？你们现在还感觉你们手里的文凭真可以代表你们每个人终身的志愿，终身的兴趣吗？——换句话说，你们今天不懊悔吗？明年的今天还不会懊悔吗？

你们在这四年里，没有发现什么新的，业余的兴趣吗？在这四年里，没有发现自己在本行以外的才能吗？

总而言之，一个人应该有他的职业，又应该有他的非职业的玩意儿。不是为吃饭而是心里喜欢做的，用闲暇时间做的，——这种非职业的玩意儿，可以使他的生活更有趣，更快乐，更有意思，有时候，一个人的业余活动也许比他的职业还更重要。

英国十九世纪的两个哲学家，一个是弥尔（J. S. Mill），他的职业是东印度公司的秘书，他的业余工作使他在哲学上、经济学上、政治思想史上，都有很大的贡献。一个是斯宾塞（Hebert Spencer），他是一个测量工程师，他的业余工作使他成为一个很有势力的思想家。

英国的大政治家丘吉尔，政治是他的终身职业，但他的业余兴趣很多，他在文学、历史，两方面，都有大成就；他用余力作油画，成绩也很好。

今天美国大总统艾森豪威尔先生，他的终身职业是军事，人都知道他最爱打高尔夫球，但我们知道他的油画也很有功夫。

各位青年朋友，你们的专门职业是不用愁的了，你们的业余兴趣是什么？你们能做的，爱做的业余活动是什么？

第三味药，我叫它做“信心汤”，这就是说：你总得有一点信心。

我们生存在这个年头，看见的、听见的，往往都是可以叫我们悲观、失望的——有时候竟可以叫我们伤心，叫我们发疯。

这个时代，正是我们要培养我们的信心的时候，没有信心，我们真要发狂自杀了。

我们的信心只有一句话：“努力不会白费”，没有一点努力是没有结果的。

对你们学工程的青年人，我还用多举例来说明这种信心吗？工程师的人生哲学当然建筑在“努力不白费”的定律的基石之上。

我只举这短短几十年里大家都知道的两个例子：

一个是亨利·福特（Henry Ford），这个人没有受过大学教育，他小时候半工半读，只读了几年书，十六岁就在一小机器店里做工，每周工钱两块半美元，晚上还得去帮别家做夜工。

五十七年前（1903）他三十九岁，他创立 Ford Motor Co.（福特汽车公司），原定资本十万美元，只招得两万八千美元。

五年之后（1908），他造成了他的最出名的 model T 汽车，用全力制造这一种车子。

1913 年——我已在大学三年级了，福特先生创立他的第一副“装配线”（Assembly line）。

1914 年——四十六年前，——他就能够完全用“装配线”的原理来制造他的汽车了。同时（1914）他宣布他的汽车工人每天只工作八点钟，比别处工人少一点钟——而每天最低工钱五美元，比别人多一倍。

他的汽车开始是九百五十美元一部，他逐年减低卖价，从九百五十美元直减到三百六十美元——第一次世界大战之后，减到二百九十美元一部。

他的公司，在创办时（1903）只有两万八千美元的资本，——到二十三年之后（1926）已值得十亿美元了！已成了全世界最大的汽车公司了。1915 年，他造了一百万部汽车，1928 年，他造了一千五百万部车。

他的“装配线”的原则在二十年里造成了全世界的“工业新革命”。

福特的汽车在五十年中征服全世界的历史还不能叫我们发生“努力不白费”的信心吗？

第二个例子是航空工程与航空工业的历史。

也是五十七年前——1903 年 12 月 17 日，正是我十二整岁的生日，——那一天，在北加罗林那州的海边 Kitty Hawk（基帝霍克）沙滩上，两个修理脚踏车的匠人，兄弟两人，用他们自己制造的一架飞机，在沙滩上试起飞，弟弟叫 Owille Wright，他飞起了十二秒钟。哥哥叫 Wilbur Wright，他飞起了五十九秒钟。

那是人类制造飞机飞在空中的第一次成功，——现在那一天（12 月 17 日）是全美国庆祝的“航空日”——但当时并没有人注意到那两个弟兄的试验，但这两个没有受过大学教育的脚踏车修理匠人，他们并不失望，他们继续试飞，继续改良他们的飞机，一直到四年半之后（1908 年 5 月），才有重要的报纸来报导那两个人的试飞，那时候，他们已能在空中飞三十八分钟了！

这四十年中，航空工程的大发展，航空工业的大发展，这是你们学工程的人都知道的，航空工业在最近三十年里已成了世界最大工业的一种。

我第一次看见飞机是在 1912 年。我第一次坐飞机是在 1930 年（30 年前）。我第一次飞过太平洋是在二十三年前（1937）；第一次飞过大西洋是在十五年前（1945 年），当我第一次飞渡太平洋的时候，从香港到旧金山总共费了七天！去年我第一次坐 Jet 机，从旧金山到纽约，五个半钟点飞了三千英里！下月初，我又得飞过太平洋，当天中午起飞，当天晚上就到美国西岸了！

五十七年前，Kitty Hawk 沙滩上两个脚踏车修理匠人自造的一架飞机居然在空中飞起了十二秒钟，那十二秒钟的飞行就给人类打开了一个新的时代，——打开了人类的航空时代。

这不够叫我们深信“努力不会白费”的人生观吗？

古人说：“信心可以移山”（Faith moves mountains），又说：“功不唐捐”（唐是空的意思），又说：“只要功夫深，生铁磨成绣花针。”青年朋友，你们有这种信心没有？

（本文为 1960 年 6 月 18 日胡适在台南成功大学毕业典礼上的演讲，原载 1960 年 6 月 19 日台北《中央日报》）